图 1　埃及金字塔

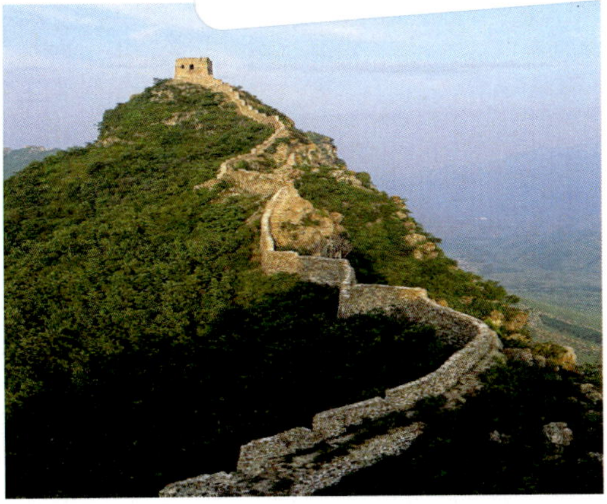

图 3　地连墙施工

图 4　深基坑支护

图 5　秦山核电站

图 6　鸟巢

图 7　阿拉伯塔酒店

图 8　国家游泳中心

图 9　深圳龙岗商业中心

图 10　上海环球金融中心

图 11　中国台北 101 大厦

图 12　悉尼歌剧院

图 13　福建漳龙高速公路

图 14　高速公路

图 15　湘西矮寨公路

图 16　广州城市立交桥

图 17　上海南浦立交桥

图 18　高速铁路

图 19　哈大高铁

图 20　京沪高铁

图 21　杭州湾跨海大桥

图 22　苏通大桥“合龙块”施工

图 23　桂林两江机场

图 24　天津滨海机场

图 25　唐山港

图 26　鹿岛港

图 27　地下停车场入口

图 28　终南山隧道

图 29　隧道

图 30　三峡大坝

图 31　海啸

图 32　泥石流

图 33　山崩

图 34　滑坡

21 世纪高等教育土木工程系列教材

土木工程概论

第 3 版

主　编　陈学军
副主编　肖桂元
参　编　王亮清　尹　霞　宋　宇　杨　逾　栾凯先
　　　　颜荣涛　李培俊　齐运来　卢丽霞　赵志永
　　　　黄　翔　余　意　李　科　咸玉建　郭宇彬
　　　　陈文闻　王志驹　龙进彬　孙立霞

机械工业出版社

本书内容涵盖了大土木工程的主要研究领域，力求构建大土木的知识体系，尽可能多地反映现代土木工程的新技术、新方法、新工艺和新成就，突出综合运用土木工程及相关学科的基础理论和知识，培养学生解决工程实践问题的能力，满足新时期人才培养的需要。本书主要内容包括：绪论，土木工程材料，基础工程，建筑工程，道路工程，铁路工程，桥梁工程，机场工程，港口工程，隧道工程及地下工程，建设项目管理，给水排水工程，土木工程施工，土木工程防灾、减灾，计算机在土木工程中的应用。本书可作为普通高等院校土木工程专业的本科生教材，也可供相关专业工程技术人员参考。

图书在版编目（CIP）数据

土木工程概论/陈学军主编. —3版. —北京：机械工业出版社，2016.2（2023.1重印）

21世纪高等教育土木工程系列教材

ISBN 978-7-111-52949-1

Ⅰ.①土… Ⅱ.①陈… Ⅲ.①土木工程-高等学校-教材 Ⅳ.①TU

中国版本图书馆CIP数据核字（2016）第026537号

机械工业出版社（北京市百万庄大街22号 邮政编码100037）
策划编辑：马军平 责任编辑：马军平
版式设计：霍永明 责任校对：陈延翔
封面设计：张 静 责任印制：单爱军
北京虎彩文化传播有限公司印刷
2023年1月第3版第6次印刷
184mm×260mm · 16印张 · 3插页 · 395千字
标准书号：ISBN 978-7-111-52949-1
定价：48.00元

电话服务 网络服务
客服电话：010-88361066 机 工 官 网：www.cmpbook.com
010-88379833 机 工 官 博：weibo.com/cmp1952
010-68326294 金 书 网：www.golden-book.com
封底无防伪标均为盗版 机工教育服务网：www.cmpedu.com

前　言

本书在第2版的基础上，根据《高等学校土木工程本科指导性专业规范》的要求，以满足土木工程的本科教育为出发点，同时也兼顾相关专业的教学需要和相关工程技术人员的应用修订而成。本书在内容上涵盖了大土木工程的主要研究领域，力求构建大土木的知识体系，尽可能多地反映现代土木工程的新技术、新方法、新工艺和新成就，突出综合运用土木工程及相关学科的基础理论和知识，培养学生解决工程实践问题的能力，满足新时期人才培养的需要。

本书力求层次分明、条理清楚、结构合理，既考虑了土木工程的整体性，又结合现阶段课程设置的实际情况，在大土木工程的框架内，各研究领域各成体系，便于组织教学。

本书按30~40学时编写，由于学时限制，本书篇幅不可能太大，而大土木工程内容繁多，因此本书不可能对土木工程各领域的具体内容和具体的研究方法进行详细介绍，请大家见谅!

本书由桂林理工大学陈学军教授主编，共15章。具体编写分工如下：第1章由陈学军、宋宇编写；第2章由尹霞、李培俊编写；第3章由王亮清、龙进彬编写；第4、13章由肖桂元、齐运来、卢丽霞编写；第5章由陈学军、孙立霞编写；第6章由陈学军、赵志永编写；第7章由肖桂元、王志驹编写；第8章由黄翔、余意编写；第9章由肖桂元、李科编写；第10章由颜荣涛、郭宇彬编写；第12章由肖桂元、余意编写；第11、14章由陈学军、栾凯先、杨逾编写；第15章由陈文闻、咸玉建编写。

由于时间仓促，加之编者水平有限，本书难免存在疏漏之处，恳请读者批评指正。

编　者

目　　录

第 1 章

1

绪 论

1.1 土木工程专业培养目标和人才素质要求

1.1.1 土木工程和土木工程专业

“土木”在中国是一个古老的名词，意指建筑房屋等工事，如把大量建造房屋称作大兴土木。古代建房主要依靠泥土和木料，所以称为土木工程。在国外，土木工程一词是1750年设计建造艾德斯通灯塔的英国人J. 斯米顿首先引用的，意即民用工程，以区别于当时的军事工程。1828年，伦敦土木工程师学会为土木工程下的定义为：“Civil Engineering是利用伟大的自然资源为人类造福的艺术……”，与中国土木工程的含义相近，故译作土木工程。事实上，土木工程为所有工程中发展最早、内容最广的工程学科，是人类改造和建设生活、生产环境的先行基本手段。它所建造的各种工程设施，满足了当时的生活和生产的需求，也反映了各个历史时期的社会、经济、文化和科学技术的面貌。中国国务院学位委员会在学科简介中将土木工程定义为：土木工程是建造各类工程设施的科学技术的统称。它既指所应用的材料、设备和所进行的勘测、设计、施工、保养维修等技术活动；也指工程建设的对象，即建造在地上或地下、陆上或水中，直接或间接为人类生活、生产、军事、科研服务的各种工程设施。

随着科学技术的迅速发展，工程建设活动日趋增多，土木工程也随之形成多个具有自身特色的专门学科。如从事建（构）筑物等工业与民用建筑工程活动称之为房屋建筑工程。当前，土木工程专业将运用一些基础性学科的理论（如数学、力学、物理学、材料科学等），同时运用工程建设活动中的工程实践经验分析处理问题，从而向更高层次发展。

土木工程具有以下四个基本属性：

（1）社会性　土木工程随社会不同历史时期的科学技术和管理水平而发展。

（2）综合性　土木工程是运用多种工程技术进行勘测、设计、施工工作的成果。

（3）实践性　由于影响土木工程的因素众多且错综复杂，使得土木工程对实践的依赖性很强。

（4）技术、经济和艺术统一性　土木工程是为人类需要服务的，它必然是每个历史时期技术、经济、艺术统一的见证。

1.1.2 土木工程专业的培养目标

随着我国社会经济的发展和加入WTO，土木工程专业人才的需求已完全市场化，并呈现出明显的多样化的特征。首先，是人才市场需求量的扩大，用人企业、单位的类型增多，除设计单位、教育部门、规划部门外，房产企业、一般企事业的基建部门等也都需要一定量的高层次专业人才；其次，职业综合素质能力的要求在强化，除具有传统教育所注重培养的设计创新能力外，应具备管理、公共关系、社会协调、自我推销、通力合作等能力素质，符合建筑商品化趋势，有较强的经济意识和效益观念及竞争意识；再次，职业范畴及分工在细化，更加层次化、多样化，出现了对专门承接涉外工程项目的设计人员，以及专门从事施工图的设计人才、专门从事方案设计的人才、专门从事AutoCAD及效果图制作的人才等；最后，社会对专业人才的业务范畴要求多样，人才类型与职业不再一一对应，而是更加社会化、市场化，既要求具备一定相关学科背景知识，能够成为拥有宽口径的复合型人才模式，又具有可变性、适应性的潜能，在择业中具有更大的自主度，在社会竞争中有更多的机会。

土木工程专业培养掌握工程力学、流体力学、岩土力学和市政工程学科的基本理论和基本知识，能够面向基层，具有时代气息和开放意识，具备健全人格、社会责任、国际视野，创新意识强、团队协作好、综合素质高，能在建筑工程、市政工程、地下工程、隧道工程、道路与桥梁工程等土木工程相关部门的设计、规划、研究及管理工作的高素质、多样化人才。

在校学习期间，学生可获得建筑结构设计能力、施工技术问题解决能力、施工组织与管理能力及工程项目管理能力；掌握工程造价评估能力、工程监测和工程质量鉴定与评价能力；具有工程监理、建筑设计的初步能力。学生在校学习期间，经考核可获得社会承认的见习造价工程师资格，参加工作一年后，可转为三级造价工程师。

土木工程专业人才的培养面临从教学内容、方法到组织形式与专业实践、工程环境的塑造、职业意识的培养等适合匹配，培养出一种新型的、复合型的、具有广泛社会适应性的应用型人才和创造性人才。培养的目标主要包括以下几个方面：

1. 综合分析能力的培养

学生必须应用所掌握的建筑知识，对不同类型的建筑单元和环境规划进行正确的解释、分析与综合，最终设计出既能解决工程实际问题，又充满新意的空间环境。提高学生的综合分析能力，首先需要拓宽学生的知识面，不仅要学习建筑工程科技知识，还要了解哲学、文化、生态等方面的知识；其次要能多角度、多途径地构思空间方案，思维敏捷，目光敏锐，不墨守成规；最后要善于总结经验教训，注重知识积累，加强自信，使学生具备良好的创造性心理品质。

2. 自学能力的培养

21世纪，新理论新技术日新月异，土木工程专业学生要适应社会发展，所学知识要能同步更新，因此，仅仅学习课本知识是远远不够的，还应培养自学能力，主动通过网络和其他途径掌握建筑理论的最新动向。这样才能开拓知识领域，才能将所学领域的知识融会贯通。

3. 创造性思维和创新能力的培养

建筑科技的发展体现了以信息化和国际化为特征的、各国凭借知识资产在世界上进行激烈竞争这一鲜明的时代特征，土木工程专业的发展离不开创新思维和创新能力的培养。当今时代，各类土木工程专业理论层出不穷，多种设计思潮此起彼伏，新型建筑材料不断发明，先进施工工艺纷纷涌现。建筑科技的发展必须与时俱进，土木工程专业理论必须推陈出新。

土木工程专业学生的创新能力的培养需要有深厚的土木工程专业知识作基础，但知识不等于创新能力。创新意识、创造性思维与创造性实践相结合，才能培养出创新能力。土木工程创新意识是指具有敏锐、强烈的空间设计动机；创造性思维是指空间想象丰富，风格新颖独特，能冲破传统模式、独辟蹊径的思维模式；创造性实践是指为了达到预期创造性目标，勤奋探索、刻苦钻研、科学严谨、百折不挠的实践活动。只有将这三者有机地结合在一起，才有利于土木工程专业学生创新能力的培养。

有人认为，21 世纪的工程师至少要做好回答以下四个问题的准备：

1）会不会去做，即能否在科学技术上解决工程中的难题。

2）可不可以做，即能否在政策法规下遵照法律把事办成。

3）值不值得做，即能否在人、财、物和时空约束条件下经济合理地完成任务。

4）应不应该做，即能否自觉地考虑生态可行性和工程持续性。

以上的四个问题也给土木工程专业的教学指明了方向，给本专业的学生指明了方向。

1.1.3 对所培养人才的素质要求

土木工程专业是一门综合性较强的学科，通过对土木工程专业的学习，学生各种素质都要求达到一定的水平。

1. 技术素质

当今世界，科技迅猛发展、信息膨胀、知识爆炸已成为时代的特征。以互联网为特征的信息载体发挥巨大作用，新的知识经济以其特有的生命力异军突起。新科技革命的本质是知识革命，其任务是突破人脑的局限性，解放人的智力，加速科技向现实生产力转化。在新科技革命浪潮中出现的主要是知识密集型和技术密集型工业，形成了现代生产具有科学化、智能化的特点。高新技术不断被采用，要求生产者既要有一定的科学文化知识，又要有较高的劳动技能，否则不能进入生产过程，不能构成现实生产力。现代生产的特点表明高科技与人的文化技术素质对现代生产的重要作用。由于高科技是人创造发明的，要由人来掌握、运用与推广，这就需要我们通过教育培训活动，使劳动者从体力型经过文化型向科技型转化，提高劳动者的技术素质以适应高科技发展的步伐。

技术素质是一个综合的概念，包括多种因素，学生可以通过多种途径加强自身的技术素质。首先，可以从课程学习上来加强，比如“建筑构造”“建筑材料”等；其次，在教学中则可结合实际工程、组织工地实习或参观建筑材料展览等方式，提高学生的学习兴趣；再次，提高学生的技术素质，增加绘图练习量，让学生基本掌握这门工程师的语言。对另外一些专业课程如“建筑设计”，尤其是高年级的建筑设计，可以结合建筑结构、设备、法律法规等知识对学生进行指导，让学生更全面地认识建筑，这不仅有利于学生将来更快地进入工作角色，也是学生形成科学建筑观的必要手段。由于建筑教育中的技术素质并不仅限于建筑结构、设备等方面的知识，它是一个随着科学技术发展不断变化的范畴，因此，我们还可以根据实际情况开设一些选修课或聘请校外专家举办专题讲座等，让学生根据自己的职业规划学习相关的知识。

2. 人文素质

为什么土木工程专业学生的培养要加强人文素质教育呢？

首先，当前自然科学与人文科学一体化的发展趋势给高等学校的人才培养提出了新的要求。它要求文科学生应当有必要的自然科学素养，理工科学生则应有必备的人文社会科学知识，学生不但要能掌握所学知识，而且能够把握所学知识的社会意义，进而要求具备一定的了解社会现状，分析社会需求和把握社会发展的能力。目前我国理工科学生由于过早的文理分科及知识结构不合理等多种因素，人文素质贫乏，具体表现为文字表达能力差、思维方式片面、心理承受能力脆弱等。因此，我们应大力加强学生人文素质的培养，尤其是理工科学生。随着知识经济时代的到来，社会更需要既有专业知识又有经济意识，既有科学功底又具备人文素质的通才，而不是只懂一门专业的专才。

其次，土木工程专业学科的特殊性也对该学科大学生人文素质的培养提出了较高的要求。土木工程学科并不是单纯的工科，而是一门具有多元特性的知识学科体系。

加强学生的人文素质教育具体来说首先应优化学生的知识结构，要从单一型结构转向复合型结构，以便能容纳更多门类的知识，如开设一些文学、历史、艺术等人文社会科学方面的选修课，邀请校外知名的专家学者举办讲座等；要从封闭型结构转向开放型结构，改变传统的教学方式，最大限度地发挥学生的主观能动性，让学生从被动地接受知识转变为主动地学习知识，使学生能随着时代的发展自觉地进行知识更新。另外，人文素质的教育还应走出课堂，走进学生的课余生活。与中学生相比，大学生拥有更多的课余时间，学校可以把这段时间利用起来，作为人文素质培养的阵地。比如，建筑学专业的学生可以结合专业课的学习内容联系当地的历史文化，参观一些历史建筑或做一些相关调研，这样不仅巩固了专业知识，也了解了风土人情和历史文化。

3. 拓宽专业，加强基础和应变能力

当前土木工程专业学科教育要尽快理顺、完善和充实引导性专业目录，并且与研究生专业目录相互比照和对应，既与国外建筑本科的专业目录相呼应，又体现我国教育特色。高校建筑教育要面向世界，要进行国际间的教育合作与科技交流，要更广泛地使用科技信息资源这一无形的宝库，尽可能地使土木工程学科专业设置及人才的培养具有国际性。

加强基础是指加强土木工程专业基础课程和技术基础课程的教学及教学改革。首先，可以考虑根据学校特点，加强外语和计算机系列课程的建设，支持从教学条件、教学方法、教学效果等方面加强建设，从而使学生具备扎实的土木工程专业基础知识和技术基础知识；其次，要进一步进行这些课程教学内容和课程体系的改革，以达到拓宽和加强学生基础的目的。

1.2 土木工程概论课程的任务

面对充满挑战的新世纪，知识经济的端倪已在全世界范围显现。知识经济的发展对人才及人才培养的模式提出了更高的要求，土木工程学科同样面临着全面的改革。本书的编写主要是实现两个目标：一是使学生较全面地了解土木工程所涉及领域的内容和发展情况，初步构建专业基础；二是为学生提供一个清晰的、有逻辑性的工程学科的基本概念和方法，初步树立专业思想和方法。

同时在本书中始终体现了结合时代发展的实际，提出了创新思维和应用型人才的发展要求，希望能够全方位、多角度地启发学生大胆创新的思维能力。古人云：尽信书不如无书！从一个编者的角度来说，我们不能束缚学生个性的发展，而应为其提供条件、创造空间。没有个性，创造就没有基础！从一个求知的角度来说，我们希望以后有更多更好的成果，来建设、装扮祖国这一美好家园！

1.3 土木工程发展历史与展望

1.3.1 古代土木工程

古代土木工程时间大致从新石器时代开始至17世纪中叶。古代土木工程又可以分为如下的三个阶段：

1）原始社会阶段。主要的土木工程活动是解决人类的生存居住问题。从穴居、巢居到原始房屋是该历史时期建筑的发展历程，如我国长江流域多水地区的杆栏式建筑、黄河流域的木骨泥墙房屋等。

2）奴隶社会阶段。大量青铜生产工具的出现带动了土木工程技术的发展，出现了雄伟的都城、宫殿、庙宇、陵墓等建筑群，同时出现了桥梁、道路、水坝等工程设施。

3）封建社会阶段。封建社会由于生产力的提高促进了土木工程技术的发展，土木工程的规划、设计、施工技术有了很大进步。

古代土木工程有以下的特征：①从选用的材料来看，古代土木工程材料主要是泥土、砾石、树木到稍后的土坯、砖瓦、铜铁等；②从土木工程工艺技术来分析，主要采用的建筑器具为石斧、石刀到随后的铜铁工具到封建社会后期的煅烧加工、打桩机、桅杆起重机等施工机械；③从工程分工分析，古代土木工程已有很清楚的分工，如木工、瓦工、泥工、土工、窑工、雕工、石工等；④从土木工程设计理论和思想来看，古代土木工程缺乏理论依据和指导。

从古代建筑的结构形式来看，可以分为木结构、石结构、砖结构。

1. 木结构

木结构建筑是我国古代建筑史中的光辉一页，它全部由木材质建筑而成。木材也是当时社会历史时期的天然材料。如山西应县木塔（见图1-1），该塔位于山西省应县西街北侧，建于辽清宁二年（公元1056年），原名“佛宫寺释迦塔”，因塔身全部用木质构成，俗称“木塔”。塔为楼阁式，用优质松木建成，高67.13m，底层直径30m，

图1-1 山西应县木塔

平面呈八角形。塔的第一层有高10m的释迦像，塔壁上有6幅如来佛像，像及壁画为辽代风格。应县木塔结构设计精巧，保存至今已近千年，是我国现存木结构建筑之最。

2. *石结构*

石结构顾名思义是以石头为原材料堆砌而成的，典型的建筑为埃及的金字塔。胡夫金字塔（见彩图1）是用上百万块巨石垒起来的，每块石头平均质量达2t，最大的超过160t。这些巨石是从尼罗河东岸开采出来的，既无起重机装卸，也无轮车运送。在那时开采石头并不容易，因为当时人们并没有炸药，也无钢钎。埃及人当时是用铜或青铜的凿子在岩石上打上眼，然后插进木楔，灌上水，当木楔被水泡胀时，岩石便被胀裂。这样的方法在今天看来也许很笨拙，但在4000多年前，却是很了不起的技术。从采石场运往金字塔工地也极为困难，古代埃及人是将石头装在雪橇上，用人和牲畜拉。为此需要宽阔而平坦的道路，仅修建运输石料的路和金字塔的地下墓室就用了10年的时间。

3. *砖结构*

在我国古代，随着社会技术水平的发展，砖作为一种强度高的建筑材料而广泛采用，气势磅礴的万里长城就是个典范。八达岭长城（见彩图2）在北京延庆县，是长城的一个隘口。其关城为东窄西宽的梯形，建于明弘治十八年（1505年），嘉靖、万历年间曾修缮。关城有东西二门，东门额题“居庸外镇”，刻于嘉靖十八年（1539年），西门额题“北门锁钥”，刻于万历十年（1582年）。两门均为砖石结构，券洞上为平台，台之南北各有通道，连接关城城墙，台上四周砌垛口。京张公路从城门中通过，为通往北京的咽喉。从“北门锁钥”城楼左右两侧，延伸出高低起伏、曲折连绵的万里长城。长城全长6700km，是世界上古老的伟大建筑之一。

1.3.2 近代土木工程

近代土木工程的历史主要指的是从17世纪中叶至20世纪中叶300年间的历史，它有了以下鲜明的特征：

1）有力学和结构理论指导。

2）砖瓦木石等材料应用广泛，钢材、钢筋混凝土、早期预应力混凝土得到发展。

3）施工技术进步很大，建筑规模大、建造速度加快。

在近代土木工程历史上有重大意义的大事有：

1）意大利学者伽利略在1638年出版的著作《关于两门新科学的谈话和数学证明》中论述了建筑材料的力学性质和梁的强度，首次用公式表达了梁的设计理论。

2）英国科学家牛顿在1687年总结了力学三大定律，它们是土木工程设计理论的基础。

3）瑞士数学家欧拉1744年出版的《曲线的变分法》建立了柱的压屈理论，得到计算柱的临界受压力的公式，为分析土木工程结构物的稳定问题奠定了基础。

4）1825年纳维建立了土木工程中结构设计的允许应力法；19世纪末里特尔等人提出极限平衡的概念。他们都为土木工程结构理论分析打下了基础。

5）1824年英国人阿斯普丁取得了波特兰水泥的专利权，1850年开始生产。水泥是制备混凝土的主要材料，水泥的出现使得混凝土在土木工程中得到广泛应用。20世纪初，有人发表了水灰比等学说，初步奠定了混凝土强度的理论基础。

6）1859年发明了贝赛麦转炉炼钢法，使得钢材得以大量生产，并能越来越多地应用于土木工程。

7）1867 年法国人莫尼埃用钢丝加固混凝土制成花盆，并把这种方法推广到工程，建造了一座蓄水池，这是应用钢筋混凝土的开端。1875 年，他主持建造了第一座长 16m 的钢筋混凝土桥。

8）1883 年美国在芝加哥建造的 11 层保险公司大楼，是世界上最先用铁框架（部分钢梁）承受全部大楼里的重力，外墙仅为自承重墙的高层建筑。1889 年法国在巴黎建成的高 320m 的埃菲尔铁塔，使用钢约 7000t，它是近代钢高层建筑结构的萌芽。

9）1886 年美国人杰克逊首先应用预应力混凝土制作建筑配件，后又用它制作楼板。1930 年法国工程师弗涅希内将高强度钢丝用于预应力混凝土，克服了因混凝土徐变造成所施加的预应力完全丧失的问题。于是，预应力混凝土在土木工程中得到广泛应用。

10）土木工程在铁路、公路、桥梁建设中得到大规模发展。1825 年英国人斯蒂芬森在英格兰北部斯多克斯和达林顿之间修筑了世界第一条长 21km 的铁路；1863 年，英国又在伦敦建成了世界第一条地下铁路；1779 年英国用铸铁建成跨度为 30.5m 的拱桥；1826 年英国用锻铁建成第一座跨度为 177m 悬索桥；1890 年英国又建成两孔主跨达 521m 的悬臂式桁架桥。这样，现代桥梁的三种基本形式（梁式桥、拱桥、悬索桥）相继出现。1931—1942 年，德国率先修筑了长达 3860km 的高速公路网。

11）1906 年美国旧金山大地震、1923 年日本关东大地震，这些自然灾害推动了结构动力学和工程抗震技术的发展。

图 1-2 埃菲尔铁塔

典型的建筑如图 1-2 所示埃菲尔铁塔，铁塔高 320m，分三层，共 1711 级台阶，分别在离地面 57m、115m 和 276m 处建有平台。该塔共用钢铁 7000t，12000 个金属部件用 250 万只铆钉联接起来。

1.3.3 现代土木工程

现代土木工程为 20 世纪中叶第二次世界大战结束后至今的土木工程。产业革命以后，特别是到了 20 世纪，一方面社会向土木工程提出了新的需求；另一方面，社会各个领域为土木工程的前进创造了良好的条件，因而这个时期的土木工程得到突飞猛进的发展。在世界各地出现了现代化规模宏大的工业厂房、摩天大厦、核电站、高速公路和铁路、大跨桥梁、大直径运输管道长隧道、大运河、大堤坝、大飞机场、大海港及海洋工程等。现代土木工程不断地为人类社会创造崭新的物质环境，成为人类社会现代文明的重要组成部分。

它的特点是首先社会经济建设对土木工程提出日益复杂和高标准的要求，更具体的一般表现为以下三个方面：

1）土木工程功能化，即土木工程日益同它的使用功能或生产工艺紧密结合。要求公共和住宅建筑物中的各种现代技术设备结合成整体；工业建筑物往往要求对各方面破坏有预防作用，并向大跨度、超重型、灵活空间方向发展；发展高新技术对土木工程提出了更高的标准和要求。

2）城市建设立体化。20世纪中叶以来，城市建设有三个趋向：高层建筑的大量兴起；地下工程的高速发展；城市高架公路、立交桥大量涌现。

3）交通运输高速化。它的标志是高速公路的大规模修建、铁路电气化的形成和大量发展、高速铁路及长距离海底隧道的出现和发展。

由于社会发展出现了以上三方面的要求，使得构成土木工程的三个要素——材料、施工和理论也出现了新的发展趋势。

1）建筑材料的轻质高强化。高强钢丝、钢绞线和粗钢筋的大量生产，使预应力混凝土结构在桥梁、房屋等工程中得以推广。近年来轻集料混凝土和加气混凝土已用于高层建筑。而大跨、高层、结构复杂的工程又反过来要求混凝土进一步轻质、高强化。高强钢材与高强混凝土的结合使预应力结构得到较大的发展。

2）施工过程的工业化、装配化。大规模现代化建设使建筑标准化达到了很高的程度。力求推行机械化和工业化的生产方式，同时组织管理开始应用系统工程的理论和方法，日益走向科学化；有些工程设施的建设继续趋向结构和构件标准化和生产工业化。在标准化向纵深发展的同时，种种现场机械化施工方法在20世纪70年代以后发展得特别快。此外，钢制大型模板、大型吊装设备与混凝土自动化搅拌楼、混凝土搅拌输送车、输送泵等相结合，形成了一套现场机械化施工工艺，使传统的现场混凝土浇筑方法获得了新生命，在多层、高层房屋和桥梁中部分地取代了装配化，成为一种发展很快的方法。这样，不仅可以降低造价、缩短工期、提高劳动生产率，而且可以解决特殊条件下的施工作业问题，以建造过去难以施工的工程。

3）设计理论的精确化、科学化。它表现为理论分析由线性分析到非线性分析，由平面分析到空间分析，由单个分析到系统的综合整体分析，由静态分析到动态分析，由经验定值分析到随机分析乃至随机过程分析，由数值分析到模拟试验分析，由人工手算、人工做方案比较、人工制图到计算机辅助设计、计算机优化设计、计算机制图。此外，土木工程各理论，如可靠度理论、土力学和岩体力学理论、结构抗震理论、动态规划理论、网络理论等也得到迅速发展。

由以上近代和现代土木工程的分析可知，现代土木工程的发展速度是土木工程发展史上又一次质的飞跃。这也是由于现代土木工程技术的发展是建立在近代土木工程的技术上的。近代土木工程为以后的发展提供了一系列经典的理论、多样的材料、卓越的发明创造及大量宝贵的经验。现代土木工程的建设基础是在近代的300年间所建立起来的。而如今的土木工程建设是在之前的基础上，一方面将现成的科学技术知识更加灵活地运用，使建筑多元化，以满足人们日益增长的物质生活需要，另一方面是在现有的科学技术知识上探索出更先进的道路。新的设计方法、新的施工工艺、新的建材在高层建筑、桥梁、路基、港口及近海结构等工程中得到广泛采用，现代土木工程建设对地基基础提出了更高的要求。

土木工程是具有很强的实践性的学科。在早期，土木工程是通过工程实践，总结成功的经验，尤其是吸取失败的教训发展起来的。从17世纪开始，以伽利略和牛顿为先导的近代力学同土木工程实践结合起来，逐渐形成材料力学、结构力学、流体力学、岩体力学，作为土木工程的基础理论的学科。这样土木工程才逐渐从经验发展成为科学。在土木工程的发展过程中，工程实践经验常先行于理论，工程事故常显示出未能预见的新因素，触发新理论的研究和发展。至今不少工程问题的处理，在很大程度上仍然依靠实践经验。

以往的总体规划常是凭借工程经验提出若干方案，从中选优。由于土木工程设施的规模日益扩大，现在已有必要，也有可能运用系统工程的理论和方法以提高规划水平。特大的土木工程，例如高大水坝会引起自然环境的改变、影响生态平衡和农业生产等，这类工程的社会效果有利也有弊。在规划中，对于趋利避害要进行全面的考虑。

近代土木工程有力学和结构理论作为指导，建筑材料更为丰富，施工技术进步很大，且建造规模日益扩大，建造速度也比古代大大加快；现代土木工程日益复杂，标准更高，特别是在社会要求的功能化、城市建设立体化、交通运输高速化等要求下，建筑材料变得轻质高强，施工过程工业化、装配化，施工手段也得到很大的发展，设计理论更为精确化、科学化。

随着土木工程规模的扩大和由此产生的施工工具、设备、机械向多品种、自动化、大型化发展，施工日益走向机械化和自动化。同时组织管理开始应用系统工程的理论和方法，日益走向科学化，有些工程设施的建设继续趋向结构和构件标准化、生产工业化。这样，不仅可以降低造价、缩短工期、提高劳动生产率，而且可以解决特殊条件下的施工作业问题，以建造过去难以施工的工程。

苏通大桥（见图1-3）位于江苏省东部的南通市和苏州（常熟）市之间，路线全长32.4km，由跨江大桥和南、北岸接线三部分组成。跨江大桥由主跨1088m双塔斜拉桥及辅桥和引桥组成。主桥主孔通航净空高62m，宽891m，满足5万t级集装箱货轮和4.8万t级船队通航需要。工程始于2003年6月27日，于2008年6月30日建成通车。

1.3.4 未来土木工程

由于受到现有可利用土地等资源的限制，现代土木工程的可持续发展随之受到一定制约。因此，未来土木工程更趋于向水下、荒漠化地区、盐碱化地区和地球以外空间等区域扩张，所运用的工程建筑材料具有经济、环保、高强度等特点，设计理念更趋于精准、智能，同时信息智能控制系统也将大规模引入土木工程领域。

未来土木工程以美国的太空建筑、德国的智能建筑及其他西欧国家的绿色建筑为代表，日本还拟建高空城市，来缓解人口过于密集的状况（见图1-4）。

图1-3 中国苏通大桥

图1-4 高空城市（日本）

1. 太空城市

太空城市将是什么样子呢？地球的人口急剧增长，导致了城市的快速扩张，耕地减少，城市污染严重，而随着航天技术的发展，建立太空城市，到太空中去生活和工作，有望在21世纪变成现实。科学家们提出了许多方案。美国科学家奥尼尔1975年设计出一种最简便的方案，称之为“宇宙岛”。这个“宇宙岛”外形像一个车轮子，直径约500m，它以一定的速度旋转，产生模仿地球引力的“人造重力”。人在“岛”内不会四处飘浮，感觉像在地球上一样，同样可以头顶蓝天，脚踏实地。“岛”的外壁有一层约2m厚的粗糙外壳，用以抵挡宇宙中外来物的撞击。“岛”内建有工厂、农场、住宅、商店、医院、学校、娱乐场所等，可容纳上万人，是一个封闭的自给自足的人造生态系统。

还有一种比较典型的设计是大型圆筒形太空城。城市建在一个直径为6.7km、高32km的大圆筒内。圆筒绕竖直轴自转，产生人造重力，居民可有上百万。这座“太空城”中有人造陆地、湖泊、河流，还有大片森林、公园，光照充足，气候宜人，并可人工控制昼夜和季节的变化，真可算得上是世外桃源。

很多建筑师包括一些物理学家设计的太空城，它们大多采用了圆环式的结构，通过旋转产生重力。人造重力是太空城的设计重点。美国斯坦福大学设计的轮胎形太空城，圆环直径1.8km，以1r/min的速度旋转，以产生人造重力，这就是俗称的“斯坦福圆环”，里面有住房、学校和农业生产区，可供一万人居住。而普林斯顿大学的奥尼尔博士设计的太空城，像一把没有伞衣张开的大伞，一个个农业舱室连成圆环构成伞的边缘，伞柄是个直径达6.5km的大圆筒，高32km，两分钟旋转一圈，以产生人造重力。

1975年，美国有一位科学家曾经提出了一个叫“向日葵”城的太空城方案，顾名思义，这座太空城的样式有点像向日葵，主体是一个直径达450m的圆筒，以2r/min的速度自转，这样可以产生像地面一样的重力，人在上面生活工作像在地面上一样。周围配备圆锥形反射镜反射阳光，最外边是农业区，最上面是聚光镜，靠这面镜子聚集的阳光发电为城内提供电能。“向日葵”城可居住1万人。

美国太空总署为配合星际探险计划的开展，与波音公司合作研制了一种名为“愉快花园”的适应性太空舱。这个太空舱实际上是一个保持受控状态的生命保障系统。在这个系统中，将种植各种花卉，果树和粮食作物，既为太空人提供良好的环境，又为他们提供食品和水果。整个花园里产生的二氧化碳将由小球藻系统来排除和制造氧气，保持新鲜空气。太空花园还专门设立了“运动区”，供到这里旅游参观的客人进行太空运动，运动区的引力相对较弱。

为实现太空移民和长期载人航天，美、日和西欧在21世纪的太空计划中，将植物在密闭太空舱内的长期生长试验作为重点研究项目。同时，太空集体农庄的设计工作已经开始进行。

美国航空航天局2014年12月5日公布，计划送人类重返月球并建立永久基地，为登上火星作准备。最初，科学家们会先在月球建立一个仅供少数人长期居住的科研基地，然后依靠机器人和其他设备进一步发掘月球资源，并利用这些资源不断扩大建筑规模，逐步从地球迁移人口至月球居住。

国际太空站（见图1-5）是太空中最大的建筑。该建筑于2004年竣工，它长为79.9m，翼展为108.6m，质量达456t。它由44次发射来完成，是目前最大的国际太空工程。美国、俄罗斯、加拿大、日本、巴西及11个欧洲国家参与了此项工程。到太空中去工作、旅游，甚至移民，需要一系列人工建筑物，于是将出现一项崭新的产业——太空建筑业。

图1-5 国际太空站

在太空工地里，建筑工将在太空环境中作业，必须穿上笨重的宇航服工作，必须学会如何在太空中行走、工作。譬如要拧紧一枚螺钉，在地面上可说是易如反掌，但在太空中却不那么容易。在失重的条件下，没有了地心引力的依托，不仅拧不紧螺钉，用力不当自己却会在反作用力的作用下，向相反方向旋转起来。再譬如用地面上的方式去钉钉子，钉钉者会在反作用力的作用下向反方向飘离。所以，每一个太空操作工，工作之前都必须将身体固定，并使用专为太空工作设计的工具，才能从事相应的工作。

为了保障施工者的安全，太空工地应附设生命保障系统休息室。由于太空建筑的难度和复杂性，科学家正在设计具有高度自动化能力的专用机械，尽量减少人员的直接操作。

在地面上造房子，离不开砖瓦、钢筋和水泥，是它们在承受着建筑物的巨大荷载。在太空中，砖瓦这样传统的建筑材料失去了用武之地。因为建筑材料处于失重状态，无需承受任何压力；太空中也没有风、雨、雷、雪之忧，更不必为地震而烦恼，因此，传统建材遮风避雨抗震的那些特性，已无关紧要。但太空材料也有特殊的要求，那里温度变化剧烈，要求建材必须能够承受在阳光曝晒时迅速升高到100~200℃的高温，又能经受没有阳光时快速冷到－100℃左右的低温。这种冷热的交替极容易引起材料变形，所以它又必须具有很小的膨胀系数。太空建筑材料还必须具有抵御或吸收宇宙辐射的能力，以保障居住者的安全。太空建筑业刚刚起步，由于缺乏更多的实践机会，尚无法预见它还有哪些问题等待解决。但许多年后，它将成为一门热火朝天的事业。

我国科学家已将“宇宙空间建设工程技术”提上议事日程，列入2020年前工程技术领域12项关键技术。它将配合已经正式启动的“嫦娥工程”登月计划，为在月球上建设科研基地做准备，最终和平开发利用月球为人类服务。

我国有关学者指出，2020年之前的宇宙空间建设工程技术研究发展目标，将着重针对在月球上建立天文观测基地、地球观测基地、深空探测基地、新材料研制与生产基地、人居基地等不同需要，提出并研究相关的科学技术课题。同时还提出了五个优先发展方向及相应的研究重点。除了开发适合月球环境的建设施工技术，特别是机器人施工技术、月球建筑材料加工技术两个方向外，月球岩土和月球结构工程技术是另两个重要研究方向。比如，一个完整的月面基地包括用于人居生活、工业加工、农业栽培、观测研究甚至旅游观光等内容。月球结构工程技术将负责设计各种不同用途建筑在月球上的特殊结构，以适应月球高真空、无磁场、弱重力、高温差、强辐射的特殊环境。此外，还要发展宇宙建筑物的信息化和智能化、固体废弃物无害化处理等其他宇宙空间建设工程技术。

宇宙空间建设工程技术同时也面临一系列从未遇到的挑战，有很多不确定性和难以精确虚拟的实验。而且，月球表面没有大气，昼夜温差极大（高温时为140℃，低温则至零下170℃），太阳辐射很强，各种月球基地的设计、施工、维护与管理及基地建设安全保障、可持续发展等方面存在有很多重大的科学技术问题。

2. 智能建筑

智能建筑指通过将建筑物的结构、设备、服务和管理根据用户的需求进行最优化组合，从而为用户提供一个高效、舒适、便利的人性化建筑环境。智能建筑是集现代科学技术之大成的产物。其技术基础主要由现代建筑技术、现代计算机技术、现代通信技术和现代控制技术所组成。

20世纪80年代以来，计算机、信息、电子、控制、通信等技术得到迅速发展，促进了社会生产力的提高，也使人们的生产方式和生活方式发生了日新月异的变化，为了满足21世纪全球化知识经济时代的需要，当今世界产业结构正在向高增值型与知识集约型转变。智能化建筑的兴起与发展，主要是适应社会信息化与经济国际化的需要，也是人类社会进步生产力发展的必然需求。智能化建筑是建筑技术与电子信息技术相结合的产物，已成为21世纪房地产投资开发的主导方向。智能化建筑正是当代用信息技术改造传统（建筑）产业本身带动产业优化升级与产业结构调整最典型、最具体、最直接的体现形式。

智能建筑的概念，在20世纪末诞生于美国。第一幢智能大厦于1984年在美国哈特福德（Hartford）市建成。日本于1985年8月在东京青山完成了本田青山大楼，有人称之为日本的第一幢智能大厦。我国的智能建筑在20世纪90年代才起步，但发展迅猛，势头令人瞩目。智能建筑是信息时代的必然产物，建筑物智能化程度随科学技术的发展而逐步提高。GB/T 50314—2015《智能建筑设计标准》将智能建筑定义为“以建筑物为平台，基于对各类智能化信息的综合应用，集结构、系统、应用、管理及优化组合为一体，具有感知、传输、记忆、推理、判断和决策的综合能力，形成以人、建筑、环境互为协调的整合体，为人们提供安全、高效、便利及可持续发展功能环境的建筑”。智能建筑必须满足两个基本要求：第一，对于建筑管理者来说，智能建筑应当具有一套管理、控制、维护和通信设施，能够在花费较少的条件下，有效地进行环境控制、安全检查、报警监视，能够实时地与城市管理部门取得联系；第二，对于建筑使用者来说，智能建筑应当创造一个有利于提高工作效率，有利于激发工作人员的创造性，并且舒适和谐的好环境。

智能建筑由以下几个方面组成：

（1）通信自动化系统（Communication Automation） 智能建筑的信息通信系统是保证建筑物内语音、数据、图像传输的基础，同时与外部通信网（如电话公网、数据网、计算机网、卫星以及广电网）相连，与世界各地互通信息。主要包括：以控制交换机为核心的电话、传真等为主的通信网络；建筑内的局域网，把建筑内的各种终端、计算机、工作站、主计算机与数据库等联网，实现数据通信；与国内外建立远程数据通信网络。先进的通信自动化系统应既可传输语言、数据，还可以传输图像等多媒体信息。不同功能用途的建筑，对通信要求有所不同，应根据应用需求，提供相应的应用系统。

（2）办公自动化系统（Office Automation） 办公自动化系统是利用技术的手段提高办公的效率，进而实现办公自动化处理的系统。它采用internet/intranet技术，基于工作流的概念，使企业内部人员方便快捷地共享信息，高效地协同工作；改变过去复杂、低效的手工办公方式，实现迅速、全方位的信息采集、信息处理，为企业的管理和决策提供科学的依据。系统由高性能的传真机、各种终端、计算机、文字处理机、主计算机、声像设备等现代办公设备与相应的软件组成。主要用于文字处理、办公服务、公文文档等综合管理，以及电子票务、电子邮件、电视会议及电子数据交换等。

(3) 楼宇自动化系统 (Building Automation System) 楼宇自动化系统 (BAS) 是智能建筑的主要组成部分之一。智能建筑通过楼宇自动化系统实现建筑物 (群) 内设备与建筑环境的全面监控与管理，为建筑的使用者营造一个舒适、安全、经济、高效、便捷的工作生活环境，并通过优化设备运行与管理，降低运营费用。楼宇自动化系统涉及建筑的电力、照明、空调、通风、给排水、防灾、安全防范、车库管理等设备与系统，是智能建筑中涉及面最广、设计任务和工程施工量最大的子系统，它的设计水平和工程建设质量对智能建筑功能的实现有直接的影响。楼宇自动化系统采用传感器技术、图形图像技术、计算机和现代通信技术对建筑的电力、空调、冷水机组、热力站、给排水、消防系统、保安监控、出入门控制等设备实行全自动的综合监控管理。该系统包括楼宇自动化管理系统、出入管理系统、磁卡识别系统、保安监控系统、防火系统及各种设备控制与监视系统等。

图1-6 美国太平洋设计中心 (PDC)

红色的智能建筑——美国太平洋设计中心 (PDC) (见图1-6) 作为西海岸最大的为设计产品和活动服务的场地，拥有 $1.2\times10^6ft^2$ ($1ft^2=0.093m^2$) 的面积，包括130个陈列室、一个剧院、一个会议中心和当代艺术博物馆。拥有玻璃质地立面的新“红色建筑”，得名于其红色，包括两个办公塔楼，6~8楼层高，在其下面还有7层停车场。塔楼包含景色优美的内庭和占地面积在 $14000\sim36000ft^2$ 的数个陈列室。

3. 绿色建筑

绿色建筑是指在建筑的全寿命周期内，最大限度地节约资源 (节能、节地、节水、节材)，保护环境和减少污染，为人们提供健康，适用和高效的使用空间，与自然和谐共生的建筑。21世纪人类共同的主题是可持续发展，对于城市建筑来说，也必须由传统高消耗型发展模式转向高效绿色型发展模式，绿色建筑正是实施这一转变的必由之路，是当今世界建筑发展的必然趋势。当前提到的健康建筑、绿色建筑、生态建筑等，实际上都涉及了人、自然环境和建筑三者间的关系，但总的宗旨和方向是一致的。如何把三者的关系解决好呢？对于人，主要是解决舒适和健康问题；对于自然环境，主要是解决排放和补偿问题；对于建筑而言，主要是解决节材、节能、高效的问题，三者之间是互相影响和谐共生的关系，简要地说，做好了节材、节能、高效、环保、舒适、健康这几个方面，就是绿色建筑了。

荷兰 Delfut 大学图书馆 (见图1-7) 通过精妙的总体设计，结合自然通风、太阳能利用、地热利用、中水利用、绿色建材和智能控制等高新技术，充分展示了绿色建筑的魅力和广阔的发展前景。

在我国，现在不缺少生态理念的概念，但普及不够，真正落实推广起来难度还很大。在政策层面，国家对资源、能源和环境问题是十分重视的，现已将可持续发展作为基本国策。在技术层面，绿色建筑的推进需要技术支撑，要加快对新技术的开发。目前国内各方面都在推进生态示范项目的实践，在设计中强调更多采用被动式生态策略，尽可能利用可再生能源。在经济层面，提高节能产品的效能并降低其成本。如利用光伏电池板发电是利用太阳能的好方式，但有两个问题需要解决，一是效率低，二是成本高，普通的建筑用不起。那就需要科技创新，加快产业化步伐，大批量生产，降低成本，普及其在绿色建筑中的应用。另外，对城市或居住区来说，可以通过各种生态策略来削减生态赤字，这样大约可解决50%的问题，剩下的问题要靠建设节约型社会、改变不良的生活方式、倡导绿色消费来解决。

图1-7 荷兰Delfut大学图书馆

1992年巴西里约热内卢联合国环境与发展大会以来，中国政府相续颁布了若干相关纲要、导则和法规，大力推动绿色建筑的发展；2004年9月建设部“全国绿色建筑创新奖”的启动标志着我国的绿色建筑发展进入了全面发展阶段；2005年3月召开的首届国际智能与绿色建筑技术研讨会暨技术与产品展览会（每年一次），公布“全国绿色建筑创新奖”获奖项目及单位，同年发布了《建设部关于推进节能省地型建筑发展的指导意见》；2006年，住房和城乡建设部正式颁布了《绿色建筑评价标准》；2006年3月，国家科技部和建设部签署了“绿色建筑科技行动”合作协议，为绿色建筑技术发展和科技成果产业化奠定基础；2007年8月，住房和城乡建设部又出台了《绿色建筑评价技术细则（试行）》和《绿色建筑评价标识管理办法》，逐步完善适合中国国情的绿色建筑评价体系；2008年，住房和城乡建设部组织推动绿色建筑评价标识和绿色建筑示范工程建设等一系列措施；2008年3月，成立中国城市科学研究会节能与绿色建筑专业委员会，对外以中国绿色建筑委员会的名义开展工作；2009年8月27日，我国政府发布了《关于积极应对气候变化的决议》，提出要立足国情发展绿色经济、低碳经济；2009年11月底，在哥本哈根气候变化会议召开之前，我国政府作出决定，到2020年单位国内生产总值二氧化碳排放量将比2005年下降40%～45%，作为约束性指标纳入国民经济和社会发展中长期规划，并制定相应的国内统计、监测、考核；2009年，中国建筑科学研究院环境测控优化研究中心成立，协助地方政府和业主方申请绿色建筑标识；2009年、2010年分别启动了《绿色工业建筑评价标准》《绿色办公建筑评价标准》编制工作；2015年，新版《绿色建筑评价标准》正式执行。

绿色建筑实践中要解决的九个理念：

（1）科学的城市发展观　城市的可持续发展是我们追求的目标，它的实现必须符合事物发展的客观规律。根据城市的生态承载力和人均生态赤字，采取相应的生态策略达到生态平衡，通过城市生态资源的综合评价，构建区域生态安全格局，确定合理的城市发展方向。可以通过可再生能源法及相关法规的导向作用，促进生态环境建设和循环经济的发展，促进各种生态技术的产业化，为生态城市的建设提供技术经济支持。同时要构建城市自然生态安全网络，确保城市基本的生态安全，为城市规划和城市设计提供科学的设计依据。

（2）复合的城市生态系统观　城市是由自然生态系统、社会生态系统、经济生态系统

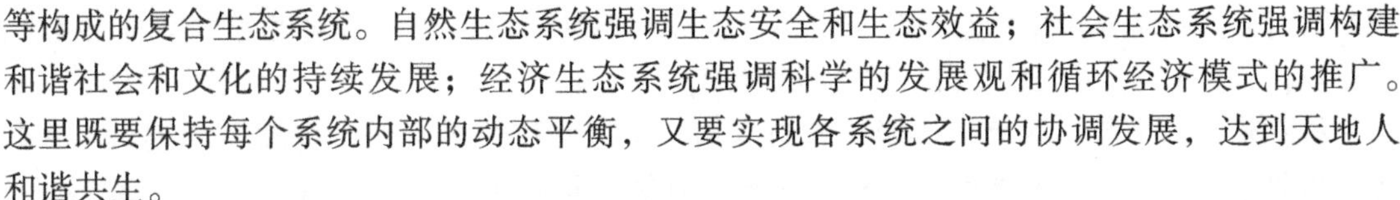

等构成的复合生态系统。自然生态系统强调生态安全和生态效益；社会生态系统强调构建和谐社会和文化的持续发展；经济生态系统强调科学的发展观和循环经济模式的推广。这里既要保持每个系统内部的动态平衡，又要实现各系统之间的协调发展，达到天地人和谐共生。

（3）整体的生态建筑观　建造生态建筑要全方位考虑建筑与生态环境的相关性，同时还要考虑时间因素，树立建筑发展全寿命周期的观念。考虑空间因素，控制建筑系统对自然生态系统的空间置换影响；考虑资源的有限性，在人居环境建设中要高效利用和保护地球上的资源。

（4）城市建设生态优先　在城市复合生态系统中，自然生态系统对人类的生存和发展尤为重要，必须树立“自然生态优先”的思想，才能确保城市复合生态系统协调平衡。在城市总体规划和设计中，通过对城市资源的综合评价，建立土地生态适宜性分析模型，根据景观生态学“斑块—廊道—基质”理论和碳氧平衡的原理，构建自然生态安全网络，为规划设计提供前提条件和设计依据。作为城市市政基础设施中处于先行地位的自然生态安全网络，是城市及其居民持续获得自然生态服务的保障。

（5）生态策略被动优先　在生态建筑设计中，往往要采取多种生态策略才能实现目标。在选择生态策略时，应主张被动式策略（自然通风、相变蓄热体、阳光房等）优先、主动式策略（太阳能集热器、空调系统等）优化，这样才能更加容易实施并可形成有特色的空间形态。

（6）问题导向、因地制宜　在城市总体规划和设计中，由于城市的各种生态因子和城市的功能要求不同，因此所构建的自然生态安全网络和城市形态也是千差万别，各具特色。在生态居住区设计中，不同的原生生态环境、不同的乡土树种和不同的设计条件，会导致不同的场地设计策略和不同的居住区特色。在生态建筑设计中，应根据建筑所在的气候区特点，挖掘和提升乡土材料与技术，选择成熟有效的被动式生态策略，构建生物气候缓冲层，辅以优化的主动式生态策略，创建节材、节能、环保、舒适、健康的人居环境。

（7）人居环境积极化　任何事物都是一分为二的，既有积极的一面，又有消极的一面，关键是要持积极的态度，捕捉和分析矛盾，挖掘和显化积极因素，发现和转化消极因素，达到人居环境良性发展的目的，这个过程称为“人居环境积极化”。在生态环境建设中，自然生态安全网络、各种被动式生态策略、循环经济模式、环境保护的3R（减量化、再循环、再利用）原则、工业废弃地活化再生等，都是积极化的典型案例。

（8）学科交叉、多方共建　生态环境建设是一个复杂的系统工程，必须通过多学科交叉、跨行业合作及全民参与才能真正解决问题。在学术层面，强调多学科交叉，联合攻关，综合解决问题；在技术层面，强调跨行业合作，共建高质量的人居环境；在社会层面，必须提高全民的生态环境意识和参与意识，提倡绿色消费和节约型生活方式，建设和谐社区；在生态环境建设中，建筑师应起综合和整合的作用。

（9）寻求新城市文化价值　新城市文化价值观的核心思想是天地人和谐共生。主要体现在：①持续发展意识的普及，从领导到市民都要树立这种意识；②和谐社会构建的落实，包括社会的公平、人心的凝聚、系统的平衡、文化的持续；③循环经济战略的推进，这是建立节约型城市的根本途径；④生态城市建设的进程，将美学的原理引入城市生态环境建设领域，通过生态环境建设中的空白和未定性，构成其召唤结构，充分调动接受主体的积极性，填补空白，达到生态环境建设目标的圆满实现。

推动建筑向节能、绿色、智能化方向发展，是国际建筑界实践可持续发展理念的大趋势，也是中国经济社会发展面临的重要任务。随着我国城镇化、工业化进程加快，发展绿色建筑，开展建筑节能有着广阔的前景和巨大的潜力。我国采取的主要措施包括：

1）对新的建筑积极推行绿色标准。严格执行节能标准，同时加大绿色建筑标准的认证和推广力度。以节能为突破口，全面推进节水、节地、节材，从整体上提升建筑的资源节约水平。

2）稳步推进既有建筑节能改造。政府机关和大型公共建筑应率先实施节能改造。开展居民住宅等普通建筑的节能改造试点，并适时加以全面推广。

3）利用先进技术推动绿色节能建筑发展。加强对绿色节能技术、设备、建材的研究开发，广泛运用建筑智能技术，改善生产、生活和公共活动场所的环境质量，降低建筑能耗。

4）加强政策引导和法制建设。积极稳妥地推进供热体制改革，制定有利于促进建筑节能的财税、金融等政策。建立健全建筑节能的法规体系，加强对有关标准执行的监督。

总之，建筑形式是外在美的体现，建筑是否节能、环保，则是建筑内在美的体现。只有做到了内在美与外在美、形式美与内容美的统一，才是一个符合科学发展观要求、反映人类文明进步水平的优秀建筑作品，这也是当代建筑师们应当追求的目标。

1.3.5 土木工程的发展趋势

1. 土木工程历史上的三次飞跃

对土木工程的发展起关键作用的，首先是作为工程物质基础的土木建筑材料，其次是随之发展起来的设计理论和施工技术。每当出现新的优良的建筑材料时，土木工程就会有飞跃式的发展。

人们在早期只能依靠泥土、木料及其他天然材料从事营造活动，后来出现了砖和瓦这种人工建筑材料，使人类第一次冲破了天然建筑材料的束缚。中国在公元前11世纪西周初期制造出瓦。最早的砖出现在公元前5世纪至公元前3世纪战国时的墓室中。砖和瓦具有比土更优越的力学性能，可以就地取材，又易于加工制作。

砖和瓦的出现使人们开始广泛地、大量地修建房屋和城防工程等。由此土木工程技术得到了飞速的发展。直至18~19世纪，在长达两千多年时间里，砖和瓦一直是土木工程的重要建筑材料，为人类文明作出了伟大的贡献，甚至在目前还被广泛采用。

钢材的大量应用是土木工程的第二次飞跃。17世纪70年代开始使用生铁，19世纪初开始使用熟铁建造桥梁和房屋，这是钢结构出现的前奏。

从19世纪中叶开始，冶金业冶炼并轧制出抗拉和抗压强度都很高、延性好、质量均匀的建筑钢材，随后又生产出高强度钢丝、钢索。于是适应发展需要的钢结构得到蓬勃发展，除应用于原有的梁、拱结构外，新兴的桁架、框架、网架结构、悬索结构逐渐推广，出现了结构形式百花争艳的局面。

建筑物跨径从砖结构、石结构、木结构的几米、几十米发展到钢结构的百米、几百米，直到现代的千米以上。于是在大江、海峡上架起大桥，在地面上建造起摩天大楼和高耸铁塔，甚至在地面下铺设铁路，创造出前所未有的奇迹。

为适应钢结构工程发展的需要，在牛顿力学的基础上，材料力学、结构力学、工程结构设计理论等就应运而生。施工机械、施工技术和施工组织设计的理论也随之发展，土木工程从经验上升成为科学，在工程实践和基础理论方面都面貌一新，从而促进了土木工程更迅速的发展。

19世纪20年代，波特兰水泥制成后，混凝土问世了。混凝土骨料可以就地取材，混凝土构件易于成形，但混凝土的抗拉强度很小，用途受到限制。19世纪中叶以后，钢铁产量激增，随之出现了钢筋混凝土这种新型的复合建筑材料，其中钢筋承担拉力，混凝土承担压力，发挥了各自的优点。20世纪初以来，钢筋混凝土广泛应用于土木工程的各个领域。

从20世纪30年代开始，出现了预应力混凝土。预应力混凝土结构的抗裂性能、刚度和承载能力，大大高于钢筋混凝土结构，因而用途更为广阔。土木工程进入了钢筋混凝土和预应力混凝土占统治地位的历史时期。混凝土的出现给建筑物带来了新的经济、美观的工程结构形式，使土木工程产生了新的施工技术和工程结构设计理论。这是土木工程的又一次飞跃发展。

2. 土木工程的发展趋势

土木工程是一门综合性的学科，它跟其他学科的发展息息相关。特别是新材料、新技术等方面的发展，往往会给土木工程的发展带来契机。未来土木工程的发展将围绕以下几个方面：

1）建筑材料轻质高强化。

2）施工技术工业化、装配化。

3）设计理论精确化、科学化。

4）计算分析方法上由线性分析转为成熟的更接近真实的非线性分析，由平面分析到空间分析，由单个分析到综合分析，由静态分析到动态分析；工程设计施工中由经验定值分析到随机分析最终到随机过程分析，由数值分析到模拟试验分析，同时各种辅助工具也相继应用到土木工程领域中，如计算机辅助设计、优化设计等。

1.4 土木工程建设程序

项目建设程序是指国家按照项目建设的客观规律制定的，从设想、选择、评估、决策、设计、施工、投入生产或交付使用的整个建设过程中，各项工作必须遵循的先后工作次序。项目建设程序是工程建设过程客观规律的反映，是建设项目科学决策和顺利进行的重要保证。

尽管世界上各个国家和国际组织在工程项目建设程序上可能存在着某些差异，如世界银行对任何一个国家的贷款项目，都要经过项目选定、项目准备、项目评估、项目谈判、项目实施和项目总结评价等步骤的项目周期，从而保证世界银行在各国的投资保持较高的成功率。但一般说来，按照建设项目发展的内在规律，投资建设一个工程项目都要经过投资决策、建设实施和交付使用三个发展时期。这三个发展时期又可分为若干个阶段，它们之间存在着严格的先后次序，可以进行合理的交叉，但不能任意颠倒次序。

按现行规定，我国一般大中型及限额以上项目的基本建设程序可以分为以下几个阶段（见图1-8）：

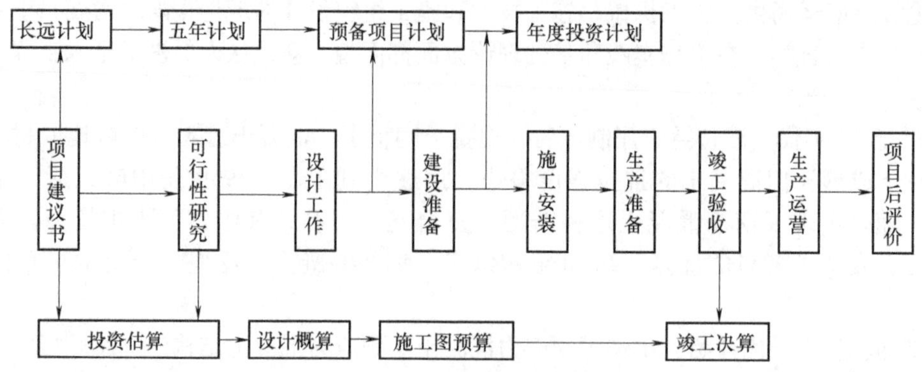

图1-8　我国大中型项目的基本建设程序

1）根据国民经济和社会发展长远规划，结合行业和地区发展规划的要求，提出项目建议书。

2）在勘察、试验、调查研究及详细技术经济论证的基础上，编制可行性研究报告。

3）根据咨询评估情况，对建设项目进行决策。

4）根据可行性研究报告，编制设计文件。

5）初步设计经批准后，做好施工前的各项准备工作。

6）组织施工，并根据施工进度，做好生产或动用前的准备工作。

7）项目按批准的设计内容建完，经投料试车验收合格后正式投产交付使用。

8）生产运营一段时间（一般为1年）后，进行项目后评价。

1.5　土木工程分类

土木工程所建造的每一项工程设施，需要经过可行性研究、勘测、设计、施工和养护等阶段，运用工程勘察、工程力学、工程结构及其设计理论、地基基础、建筑材料及设备、工程机械、建筑经济等学科和施工技术、施工组织等领域的知识及计算机和实验测试技术才能完成，因而土木工程是一门范围广阔的综合性学科，并成为内涵广泛、门类众多、结构复杂的综合体系。

我国将土木工程分为如下分支：房屋工程、铁路工程、道路工程、机场工程、桥梁工程、隧道及地下工程、特种结构工程、给水排水工程、城市供热供燃气工程、交通工程、环境工程、港口工程、水利工程等学科。其中有些分支，如水利工程，由于自身工程的不断增多及专门科学技术的发展，也已从土木工程中分化出来成为独立的学科体系，但在很大程度上仍具有土木工程的共性。美国将土木工程概括为五个方面：建筑工程、交通运输工程、近海和水利工程、动力工程、公共卫生工程。

这种学科内涵上的差异从学会的机构设置上也反映出来。中国土木工程学会设桥梁及结构工程、隧道及地下工程、土力学和基础工程、混凝土及预应力混凝土、计算机应用等五个分科学会和港口工程、市政工程、给水排水、城市公共交通、城市煤气等五个专业委员会。美国土木工程师协会设结构、工程力学、航空交通、施工、公路、水利、灌溉排水、管线、

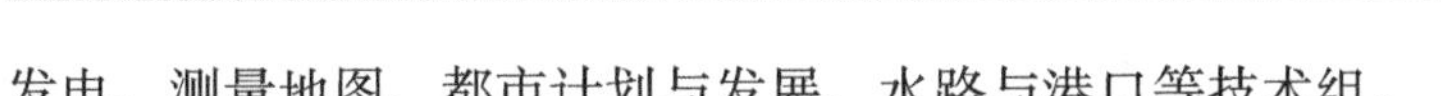

发电、测量地图、都市计划与发展、水路与港口等技术组。

1.6 我国工程建设行业执业注册制度简介

《中华人民共和国建筑法》第14条规定："从事建筑活动的专业技术人员，应当依法取得相应的执业资格证书，并在执业证书许可的范围内从事建筑活动。"《建设工程质量管理条例》规定，注册执业人员因过错造成质量事故时，应接受相应的处理。

1. 工程建设行业执业注册师分类

工程建设行业执业注册制度为决策和建设咨询人员设置了注册咨询工程师、注册造价师制度；为从事勘察设计的专业技术人员设置了注册建筑师、注册结构工程师、注册土木工程师（岩土）、注册土木工程师（港口与航道）和勘察设计类的注册化工工程师、注册电气工程师、注册公用设备工程师等执业资格；为从事建设施工的技术人员设置了注册建造师、注册监理师制度；为在土木工程相关领域人员设置了注册规划师、注册房地产估价师、注册会计师等执业资格。

2. 我国建设行业执业资格制度的基本内容

参照国际上的成熟做法，我国建设行业执业资格制度主要由考试制度、注册制度、继续教育制度、教育评估制度、社会信用制度五项基本制度组成。

1）考试制度。满足一定学历和实践要求的人员可报名参加全国统一组织的执业资格考试，考试合格者取得执业资格证书。

2）注册制度。注册执业是建设行业执业资格制度的中心内容。已经取得执业资格的人员，符合注册执业条件的可向注册机关申请注册执业。注册有效期一般为2～3年，经批准注册的人员由注册机关颁发相应的注册证书，被允许以相应的名义执业，并享有相应的权利和义务。

3）继续教育制度。继续教育制度是建设行业执业资格制度的重要组成部分，执业人员接受继续教育的情况是其能否继续注册执业的重要依据，对于不断提高执业人员的专业技术水平具有重要意义。

4）教育评估制度。教育评估制度作为执业资格制度的重要组成部分，是国际上的成功经验。建设行业执业资格制度实施教育评估制度以来，有效地促进了高等学校土建类本科专业教学质量的提高，较好地实现了高校培养人才和社会使用人才之间的相互衔接和相互促进。

我国工程建设行业实行执业资格制度以来，对推进我国建设行业的发展、促进行业管理体制改革、规范市场秩序起到了积极、重要的作用。

思 考 题

1. 结合当前的形势，谈谈21世纪土木工程专业对人才素质的要求。
2. 土木工程专业作为培养"应用型"人才的专业，规划你在大学阶段的学习安排。
3. 结合自己个人的生活经历，谈谈土木工程过去、现在、将来的变化。
4. 我国一般大中型及限额以上项目的基本建设程序分为几个阶段？
5. 根据掌握的初步知识，结合个人感性的认识，讨论土木工程的发展趋势。

2

第2章 土木工程材料

2.1 土木工程材料的组成

纵观我国历史，劳动人民在土木工程材料的生产和使用方面曾经取得了重大成就。在金属冶炼、木材防腐和陶瓷工艺等方面，都曾居世界领先地位。我国历代许多有名的建筑物，如都江堰水利工程（见图2-1）、万里长城（见彩图2）、明故宫和一些宏伟壮观的寺庙、楼阁、塔（如山西应县的木塔经历了近1000年的风雨仍然完好，见图2-2）等，都说明当时我国土木工程材料，特别是天然石料、砖瓦、木材、油漆和黏结材料的生产和应用技术都达到了很高的水平。每当出现新的土木工程材料时，土木工程就有飞跃式的发展。土木工程的三次飞跃发展是和砖瓦的出现、钢材的大量运用和混凝土的兴起紧密相关的。如法国卢浮宫（见图2-3）和美国纽约的帝国大厦（见图2-4）是近现代杰出建筑的代表。

图2-1　都江堰

图2-2　山西应县木塔

任何土木工程建（构）筑物（包括道路、桥梁、港口、码头、矿井、隧道等）都是用材料按一定的要求建造的，土木工程中所使用的各种材料统称为土木工程材料。材料的品种很多，一般分为金属材料和非金属材料两大类。金属材料包括黑色金属（钢、铁）与有色金属；而非金属材料，按其化学成分，则有无机（矿物质）与有机之别。材料也可按功能分类，一般分为结构材料（承受荷载作用的材料，如基础、柱、梁所用的材料）和功能材料（具有其他功能的材料，如起围护作用的材料、起防水作用的材料、起装饰作用的材料、起保温隔热作用的材料等）。材料还可按用途分类，如建筑结构材料、桥梁结构材料、水工结构材料、路面结构材料、建筑墙体材料、建筑装饰材料、建筑防水材料、建筑保温材料等。工程上通常按材料的化学成分将其分为三大类，见表2-1。

图2-3 法国卢浮宫

图2-4 美国纽约帝国大厦

表2-1 土木工程材料的工程分类

无机材料	金属材料	黑色金属（铁、钢）、有色金属（铝、铜及合金等）
	非金属材料	天然石材（砂、石及各种岩石加工成的石材），烧土制品（砖、瓦、陶瓷），玻璃胶凝材料（石灰、石膏、水玻璃、水泥），混凝土、砂浆
有机材料	植物材料	木材、竹材等
	沥青材料	石油沥青、煤沥青及其制品
	高分子材料	塑料、涂料、胶黏剂
复合材料	钢筋混凝土、聚合物混凝土、玻璃钢、纸面或纤维石膏板	

2.2 土木工程材料的特性

2.2.1 砖、瓦、砂、石、灰

砖、瓦、砂、石、灰可统称为地方材料，由于其工程用量大，原料价格低，一般都在当地或附近采购。砖、瓦、砂、石、灰是最基本的土木工程材料。无论是在古代，还是在现代的建筑领域中，它们处于不可替代的地位。就好比水是由氢元素和氧元素组成的，建筑都是由砖、瓦、砂、石、灰等基本的土木工程材料组成的。

在古埃及，充满着智慧和勤劳的古埃及人民不可思议地创造了世界的七大奇迹之一的金字塔（见彩图1）。金字塔由砂、石、灰等古老而基本的材料建成，完全没有含有当今科技的混凝土和钢筋。我们勤劳智慧的祖先在工程建设方面有许多发明创造。当时我们的造桥技术处于领先地位，能横跨很宽的河流而中间不用桥墩。这不仅体现了较好的结构特性，还体现了我们祖先在砖、砂、石、灰等材料方面有很高的制作工艺，并能合理运用它们。赵州桥（见图2-5）经历了几百年沧桑仍然屹立，风采依旧，就是一个非常典型的例子。

1. 砖

图2-5 我国的赵州桥

砖（见图2-6）是一种常用的砌筑材料。砖瓦的生产和使用在我国历史悠久，有“秦砖汉瓦”之称。制砖的原料容易取得，生产工艺比较简单，价格低、体积小，便于组合，黏土砖还有防火、隔热、隔声、吸潮等优点。所以，至今砖仍然广泛地用于墙体、基础、柱等砌筑工程中。但是由于生产传统黏土砖毁田取土量大、能耗高、砖自重大，施工生产中劳动强度高、工效低，因此有逐步改革并用新型材料取代的必要，现在有的城市已禁止在建筑物中使用黏土砖。

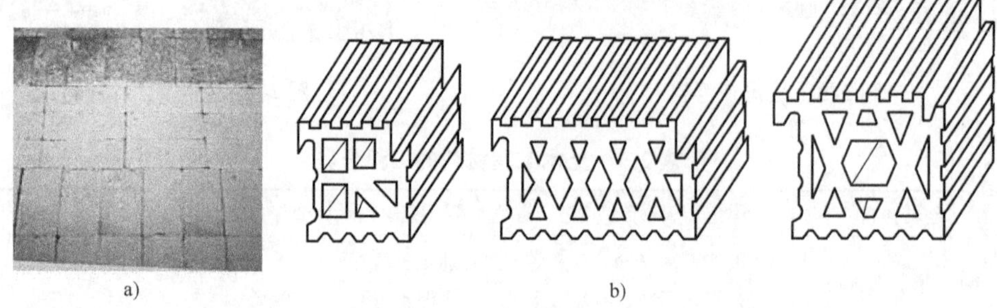

图2-6 砖
a）实心黏土砖 b）拱壳空心砖

除黏土外，也可利用粉煤灰、煤矸石和页岩等为原料烧制砖，这是由于它们的化学成分与黏土相近，但因其颗粒细度不及黏土，故塑性差，制砖时常需掺入一定量的黏土，以增加可塑性。利用煤矸石和粉煤灰等工业废渣烧砖，不仅可以减少环境污染，节约大片良田黏土，而且可以节省大量燃料煤。显然，这是三废利用、变废为宝的有效途径。近年来国内外都在研制非烧结砖。非烧结黏土砖是利用不适合耕种的山泥、废土、砂等，加入少量水泥或石灰作固结剂及微量外加剂和适量水混合搅拌压制成型，自然养护或蒸养一定时间制成的。

砖按照生产工艺分为烧结砖和非烧结砖；按所用原材料分为黏土砖、页岩砖、煤矸石砖、粉煤灰砖、炉渣砖和灰砂砖等；按有无孔洞分为空心砖、多孔砖和实心砖（见图2-7）。

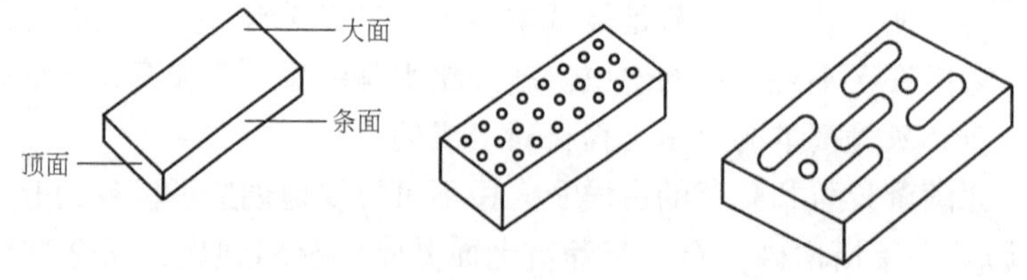

图2-7 砖的结构

2. 瓦

瓦，一般指黏土瓦，以黏土（包括页岩、煤矸石等粉料）为主要原料，经泥料处理、成型、干燥和焙烧而成。在我国，瓦的生产比砖早，西周时期就形成了独立的制陶业，西汉时期工艺上又取得明显的进步，瓦的质量也有较大提高（见图2-8）。

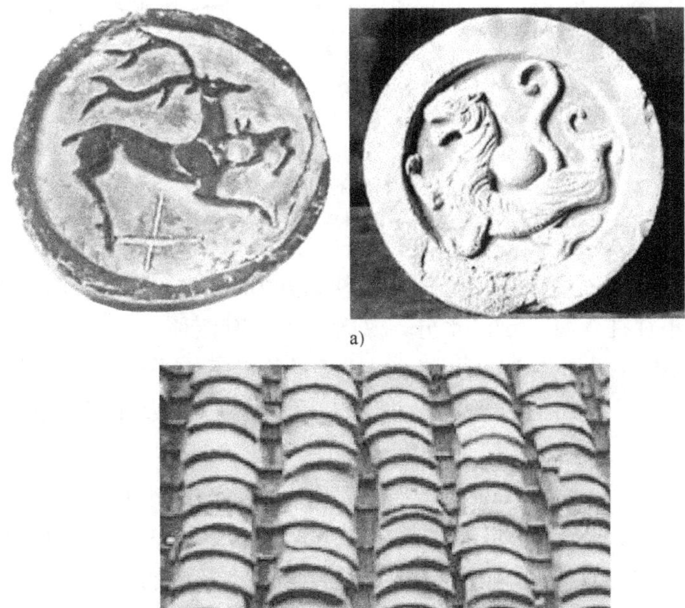

a)

b)

图2-8　黏土陶及瓦

a）古代制陶　b）黏土瓦

黏土瓦的生产工艺与黏土砖相似，但对黏土的质量要求较高，如含杂质少、塑性高、泥料均化程度高等。我国目前生产的黏土瓦有小青瓦、脊瓦和平瓦。

黏土瓦只能应用于较大坡度的屋面。由于黏土瓦具有材质脆、自重大、片小，施工效率低，且需要大量木材等缺点，因此黏土瓦在现代建筑屋面材料中占的比例已逐渐下降。

瓦是屋面材料。由于建筑工业的发展，对屋面材料也提出了新的发展要求。目前，瓦的种类较多，按组成材料分为黏土瓦、水泥瓦、石棉水泥瓦、钢丝网水泥瓦、聚氯乙烯瓦、玻璃钢瓦、沥青瓦等；按形状分为平瓦和波形瓦两类。

3. *砂*

砂是组成混凝土和砂浆的主要组成材料之一，是土木工程的大宗材料。

砂一般分为天然砂和人工砂两类。由自然条件作用（主要是岩石风化）而形成的、粒径在5mm以下的岩石颗粒，称为天然砂。人工砂由岩石轧碎而成，由于成本高、片状及粉状物多，一般不用。

砂的粗细程度是指不同粒径的砂粒混合在一起的平均粗细程度，通常有粗砂、中砂、细砂之分。砂的颗粒级配是指砂子大小颗粒的搭配比例。由图2-9可以看出，如果是同样粗细的砂，空隙最大（见图2-9a）；两种粒径的砂搭配起来，空隙有所减小（见图2-9b）；三种粒径的砂搭配，空隙更小（见图2-9c）。

由此可见，砂子的空隙率取决于砂料各级粒径的搭配程度。级配好的砂子，不仅可以节省水泥，还可以提高混凝土和砂浆的密实度及强度。砂的粗细用细度模数表示。细度模数越

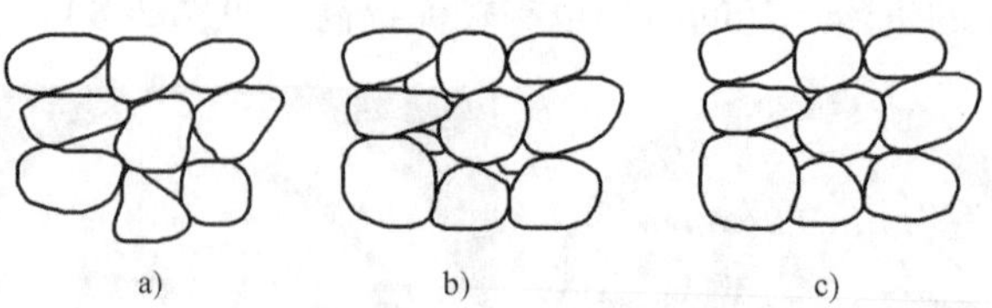

图2-9　骨料颗粒级配示意图

a）单一颗粒　b）两种粒径　c）多种粒径

大，表示砂越粗。根据细度模数大小范围，把砂划分为粗砂、中砂、细砂、特细砂。

砂在自然状态下往往含有一定的水分，其含水状态有四种：

1）完全干燥状态（见图2-10a），指在（105±5）℃下烘干至恒重时的状态。

2）风干状态（见图2-10b），也叫气干状态，指砂子含水率和周围湿度达动态平衡时的状态。

3）饱和面干状态（见图2-10c），指颗粒表面干燥，内部孔隙吸水达饱和时的状态。

4）完全湿润状态（见图2-10d），指颗粒内部吸水饱和且表面附有吸附水的状态。

显然，砂的含水状态直接影响混凝土或砂浆拌和用水及砂的用量。

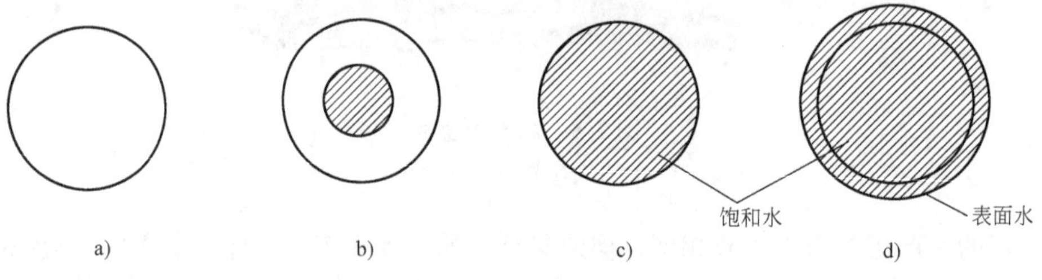

图2-10　砂粒含水状态

4. *石*

凡采自天然岩石，经过加工或未经加工的石材，统称为天然石材。天然石材是最古老的土木工程材料之一。由于天然石材具有抗压强度高、耐磨性和耐久性好、资源分布广、蕴藏量丰富、就地取材方便、生产成本低等优点，是古今土木工程中修建城垣、桥梁、房屋、道路及水利工程的主要材料。天然石材经加工后具有良好的装饰性，是现代土木工程的主要装饰材料之一。

（1）毛石　毛石也称片石，是采石场由爆破直接获得的形状不规则的石块。根据平整程度又将其分为乱毛石和平毛石两类。毛石可用于砌筑基础、堤坝、挡土墙等，乱毛石也可用作毛石混凝土的骨料。

（2）料石　料石是由人工或机械开采出的较规则的六面体石块，再略经凿琢而成。根据表面加工的平整程度分为毛料石、粗料石、半细料石和细料石四种。料石一般由致密均匀的砂岩、石灰岩、花岗岩加工而成。

（3）饰面石材　用于建筑物内外墙面、柱面、地面、栏杆、台阶等处装修用的石材称为饰面石材。饰面石材按岩石种类分，主要有大理石和花岗岩两大类。所谓大理石是指变质或沉积的碳酸盐类岩石；所谓花岗石是指可开采为石材的各类岩浆岩。饰面石材的外形有加工成平面的板材，或者加工成曲面的各种定型件。表面经不同的工艺可加工成凹凸不平的毛

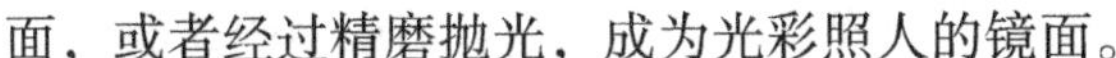

面，或者经过精磨抛光，成为光彩照人的镜面。

(4) 色石渣　色石渣也称色石子，是由天然大理石、白云石、方解石或花岗岩等石材经破碎筛选加工而成，作为骨料主要用于人造大理石、水磨石、水刷石、干黏石、斩假石等建筑物面层的装饰。

(5) 石子　在混凝土组成材料中，砂称为细骨料，石子称为粗骨料。石子除用作混凝土粗骨料外，路桥工程、铁道工程的路基道砟等也常用。石子分碎石和卵石，由天然岩石或卵石经破碎、筛分而得到的粒径大于5mm的岩石颗粒，称为碎石或碎卵石。由自然条件作用而形成的、粒径大于5mm的岩石颗粒，称为卵石。

5. 灰

所谓灰是指石灰和石膏。石灰和石膏是无机胶凝材料，土木工程中常用胶凝材料（如石灰、石膏）将散粒材料（如砂和石子）或块状材料（如砖和石块）黏结为一个整体。

(1) 石膏　我国石膏资源丰富，已探明天然石膏储量为471.5亿t，居世界之首。土木工程中使用最多的石膏品种是建筑石膏，建筑石膏加水后拌制的浆体具有良好的可塑性。建筑石膏具有很好的防火性能、隔热性能和吸声性能，具有良好的装饰性和可加工性。建筑石膏的应用很广，除用于室内抹面、粉刷外，更主要的用途是制成各种石膏制品（见图2-11、图2-12)。

图2-11　石膏雕塑

图2-12　石膏装饰天花板

常见的石膏制品有纸面石膏板、石膏装饰板、纤维石膏板、石膏空心条板、石膏空心砌块和石膏夹心砌块等。石膏还可用来生产各种浮雕和装饰品，如浮雕饰线、艺术灯圈、角花等。

石膏制品具有轻质、新颖、美观、价廉等优点，但其强度较低、耐水性能差。为了提高石膏的强度及耐水性，近年来我国科研工作者先后研制成功多种石膏外加剂（如石膏专用减水增强剂)，给石膏的应用提供了更广阔的前景。

(2) 石灰　石灰是在土木工程中使用较早的矿物胶凝材料之一。石灰石的主要成分是碳酸钙，将石灰石煅烧，碳酸钙将分解成为生石灰。

大家以前在中学化学课也接触过碳酸钙，它是强碱弱酸盐，呈碱性，可以用来制备二氧化碳。那么它在土木工程中有什么用途呢?

1) 制作石灰乳涂料。将熟化好的石灰膏或消石灰粉加入过量的水稀释成的石灰乳，是一种传统的涂料，主要用于室内粉刷。掺入少量佛青颜料，可使其呈纯白色；掺入107胶或少量水泥、粒化高炉矿渣或粉煤灰，可提高粉刷层的防水性；掺入各种耐碱颜料，可获得更好的装饰效果。

2) 配制砂浆。石灰膏和消石灰粉可以单独或与水泥一起配制成石灰砂浆或混合砂浆，可用于墙体砌筑或抹面工程；也可掺入纸筋、麻刀等制成石灰浆，用于内墙或顶棚抹面。

3）拌制石灰土和三合土。石灰与黏土按一定比例拌和，可制成石灰土，或与黏土、砂石、炉渣等填料拌制成三合土。经夯实，可增加其密实度。而且黏土颗粒表面的少量活性 SiO_2 和 Al_2O_3 与 $Ca(OH)_2$ 发生反应，生成不溶性的水化硅酸钙与水化铝酸钙，将黏土颗粒胶结起来，提高了黏土的强度和耐水性。石灰土或三合土主要用于道路工程的基层、底基层、垫层或简易面层，建筑物的地基基础等。另外，石灰与粉煤灰、碎石拌制的“二渣”也是目前道路工程中经常使用的材料之一。

4）生产硅酸盐制品。用生石灰粉生产石灰板。将生石灰粉与纤维材料（如玻璃纤维）或轻质骨料（如炉渣）加水搅拌，成型后用二氧化碳进行人工碳化，可制成轻质的碳化石灰板材（多制成碳化石灰空心板）。它的热扩散率较小、保温绝热性能较好，可锯，可钉，宜用作非承重内隔墙板、天花板等。将生石灰粉或消石灰粉与含硅材料，如天然砂、粒化高炉矿渣、炉渣、粉煤灰等加水搅拌、成型后，经蒸压或蒸养等工艺处理，可制得其他硅酸盐制品，如灰砂砖、粉煤灰砖、粉煤灰砌块等。

2.2.2 钢材

土木工程中应用量最大的金属材料是钢材，它广泛应用于铁路、桥梁、建筑工程等各种结构工程中，在国民经济建设中发挥着重要作用。土木工程用的钢材是指用于钢结构的各种型材（如圆钢、角钢、工字钢等）、钢板、管材和用于钢筋混凝土中的各种钢筋、钢丝等。

钢材是在严格的技术控制条件下生产的，品质均匀致密，抗拉、抗压、抗弯、抗剪强度都很高，常温下能承受较大的冲击和振动荷载，有一定的塑性和很好的韧性。钢材具有良好的加工性能，可以铸造、锻压、焊接、铆接和切割，便于装配。另外，还可以通过热处理方法，在很大范围内改变或控制钢材的性能。

采用各种型钢和钢板制作的钢结构（见图2-13），具有自重小、强度高的特点。钢筋与混凝土组成的钢筋混凝土结构，虽然自重大，但节省钢材，并且由于混凝土的保护作用，克服了钢材易锈蚀、维护费用高的缺点。

图2-13 现代钢结构屋架

随着各类建筑物、构筑物对在各种复杂条件下的使用功能的要求日益提高，建筑用金属材料呈现以下发展趋势：

1）以高效钢材为主体的低合金钢将得到进一步的发展和应用。

2）随着冶金工业生产技术的发展，建筑钢材将向具有高强、耐腐蚀、耐疲劳、易焊接、高韧性或耐磨等综合性能的方向发展。

3）各种焊接材料及其工艺将随低合金钢的发展不断配套和完善。

将生铁在炼炉中冶炼，将碳含量降低到2%（质量分数）以下，并使其杂质控制在指定范围即得到钢。钢锭（或钢坯）经过压力加工（轧制、挤压、拉拔等）及相应的工艺处理后得到钢材。土木工程所使用的钢材大多为普通碳素结构钢的低碳钢和属普通钢类的低合金结构钢。

建筑钢材的产品（见图2-14）种类一般分为型材、板材、管材和金属制品四类：

a) b) c) d) e)

图2-14 建筑钢材产品

a）工字钢 b）角钢 c）槽钢 d）钢管 e）钢丝

1）型材：钢结构用钢，主要有角钢、工字钢、槽钢、方钢、起重机轨道、金属门窗、钢板桩型钢等。

2）板材：主要是钢结构用钢，建筑结构中主要采用中厚板与薄板。

3）管材：主要用于桁架、塔桅等钢结构中。

4）金属制品：土木工程中主要使用的产品有钢丝、钢丝绳及预应力钢丝和钢绞线。

土木工程钢材可划分为钢结构用材和钢筋混凝土用材两大类。

1. 钢结构用钢材

我国钢结构用钢材的钢类主要有普通碳素结构钢和低合金结构钢。

（1）碳素结构钢　碳素结构钢指一般结构钢及工程用热轧板、管、带、型、棒材，现行国家标准是GB 700—2006《碳素结构钢》。土木工程中主要应用的碳素结构钢可轧制各种型钢、钢板、钢管与钢筋。

（2）低合金结构钢　普通低合金结构钢一般是在普通碳素钢的基础上，添加少量合金元素而成，如硅、锰、钒、钛、铌等，加入这些合金元素可使这些钢的强度、耐腐蚀性、耐磨性、低温冲击韧性等得到显著提高和改善。在土木工程中普通低合金结构钢应用日益广泛，在诸如大跨度桥梁、大型柱网构架、电视塔、大型厅馆中成为主体结构材料。

2. 钢筋混凝土用钢材

钢筋混凝土用的钢材主要指钢筋，钢筋是土木工程中使用最多的钢材品种之一，其材质包括普通碳素钢和普通低合金钢两大类。钢筋按生产工艺性能和用途的不同可分为下列各类。

（1）热轧钢筋　钢筋混凝土结构对热轧钢筋（见图2-15）的要求是力学强度较高，具有一定的塑性、韧性、冷弯性和焊接性。HPB300级钢筋的强度较低，但塑性及焊接性好，便于冷加工，广泛用作普通钢筋混凝土中的非预应力筋；HRB335级与HRB400级钢筋的强度较高，塑性及焊接性也较好，广泛用作大中型钢筋混凝土结构的受力钢筋；RRB400级钢筋强度高，但塑性与焊接性较差，适宜用作预应力筋。

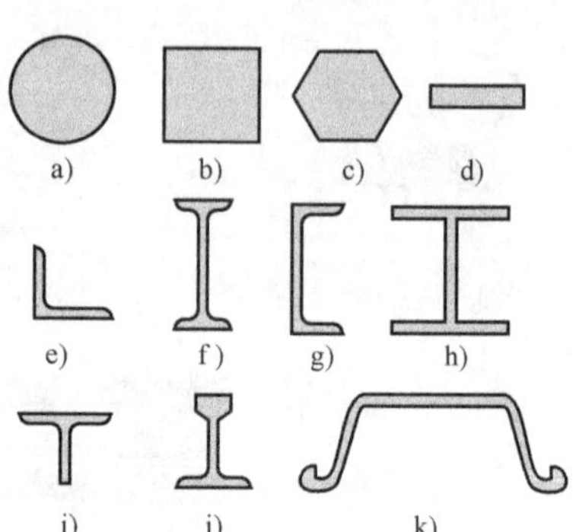

图2-15　热轧钢材制品截面形式
a）圆钢　b）方钢　c）六角钢　d）扁钢
e）角钢　f）工字钢　g）槽钢　h）H型钢
i）T字钢　j）钢轨　k）钢板桩

（2）冷加工钢筋　冷加工钢筋包括以下几种：

1）冷拉钢筋。为了提高强度以节约钢筋，工程中常按施工规程对钢筋进行冷拉。冷拉后钢筋的强度提高，但塑性、韧性变差，因此，冷拉钢筋不宜用于受冲击或重复荷载作用的结构。

2）冷拔低碳钢丝。冷拔低碳钢丝是用6.5～8mm的碳素结构钢通过拔丝机进行多次强力拉拔而成。冷拔低碳钢丝由于经过反复拉拔强化，强度大为提高，但塑性显著降低，脆性随之增加，已属硬钢类钢筋。

3）热处理钢筋。热处理钢筋是用热轧螺纹钢筋经淬火和回火的调质处理而成的，直径分别为2mm、6mm、8mm和10mm；其强度要求均为屈服点$\sigma_{0.2}$不低于1325MPa，抗拉强度σ_b不低于1470MPa；其伸长率δ_{10}要求均不低于6%。热处理钢筋目前主要用于预应力混凝土。

4）碳素钢丝、刻痕钢丝和钢绞线。碳素钢丝、刻痕钢丝和钢绞线是预应力混凝土专用

钢丝，它们由优质碳素结构钢经过冷加工、热处理、冷轧、绞捻等过程制得。它们的特点是强度高、安全可靠、便于施工。

2.2.3　木材

1. 木材的构造

树木可分为树皮、木质部和髓心三个部分。而木材主要使用木质部。木质部的构造特征如下：

(1) 边材、心材　在木质部中，靠近髓心的部分颜色较深，称为心材。心材含水量较少，不易变形，抗蚀性较强。外面部分颜色较浅，称为边材。边材含水量高，易干燥，也易被湿润，所以容易变形，抗蚀性也不如心材。

(2) 年轮、春材、夏材　横切面上可以看到深浅相间的同心圆，称为年轮。年轮中浅色部分是在春季生长的，由于生长快，细胞大而排列疏松，细胞壁较薄，颜色较浅，称为春材（早材）；深色部分是树木在夏季生长的，由于生长迟缓，细胞小，细胞壁较厚，组织紧密坚实，颜色较深，称为夏材（晚材）。每一年轮内就是树木一年的生长部分。年轮中夏材所占的比例越大，木材的强度越高。树木年轮如图2-16所示。

图2-16　树木的年轮

(3) 髓心、髓线　第一年轮组成的初生木质部分称为髓心（树心）。从髓心成放射状横穿过年轮的条纹，称为髓线。髓心材质松软，强度低，易腐朽开裂。髓线与周围细胞联结软弱，在干燥过程中，木材易沿髓线开裂。

2. 木材的主要性质

木材的性质包括物理性质和力学性质，如含水量、热胀冷缩、密度、强度（抗拉、抗压、抗弯和抗剪等四种强度）。其中，抗拉、抗压、抗剪强度又有顺纹和横纹之分。顺纹和横纹强度有很大的差别。木材各种强度的关系见表2-2。

表2-2　顺纹和横纹的强度

抗压		抗拉		抗弯	抗剪	
顺纹	横纹	顺纹	横纹		顺纹	横纹
1	1/10～1/3	2～3	1/20～1/3	1.5～2	1/7～1/3	1/2～1

影响木材强度的主要因素为含水量（一般含水量高，强度降低），温度（温度高，强度降低），荷载作用时间（持续荷载时间长，强度下降）及木材的缺陷（木节、腐朽、裂纹、翘曲、病虫害等）。

2.2.4　水泥

水泥是粉状的水硬性胶凝材料，即加水拌和成塑性浆体，能在空气中和水中凝结硬化，可将其他材料胶结成整体，并形成坚硬石材的材料。水泥不但大量应用于土木工程，还广泛用于工业、农业和国防建设等工程。

根据 GB 175—2007《通用硅酸盐水泥》的规定，凡由硅酸盐水泥熟料、0~5% 石灰石或粒化高炉矿渣、适量石膏磨细制成的水硬性胶凝材料，称为硅酸盐水泥（波特兰水泥）其生产流程如图 2-17 所示。硅酸盐水泥为干粉状物，加适量的水并拌和后便形成可塑性的水泥浆体。水泥浆体在常温下会逐渐变稠直到开始失去塑性，这一现象称为水泥的初凝。随着塑性的消失，水泥浆开始产生强度，此时称为水泥的终凝。水泥浆由初凝到终凝的过程称为水泥的凝结。水泥浆终凝后，其强度会随着时间的延长不断增长，并形成坚硬的水泥石，这一过程称为水泥的硬化。

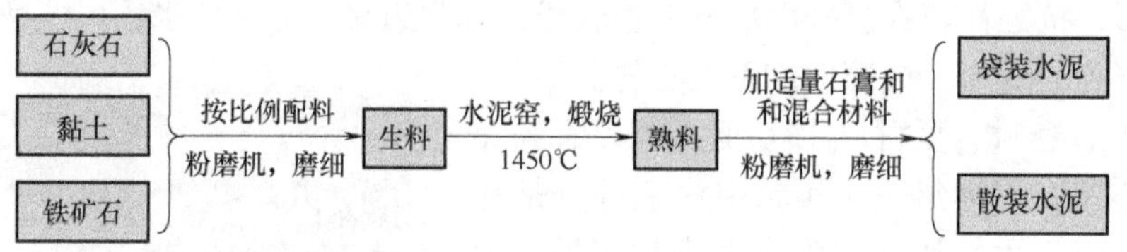

图 2-17　硅酸盐水泥的生产工艺流程

在实际施工中，往往会遇到一些有特殊要求的工程，如紧急抢修工程、耐热耐酸工程、新旧混凝土搭接工程等。对这些工程，前面介绍的几种水泥均难于满足要求，需要采用其他品种的水泥，如快硬硅酸盐水泥、高铝水泥、白色硅酸盐水泥等。

1. 快硬硅酸盐水泥

凡以硅酸盐水泥熟料和适量石膏磨细制成的、以 3d 抗压强度表示标号的水硬性胶凝材料称为快硬硅酸盐水泥（简称快硬水泥）。其初凝时间不得早于 45min，终凝时间不迟于 10h。由于快硬水泥凝结硬化快，故可用来配制早强、高标号混凝土，适用于紧急抢修工程、低温施工工程和高标号混凝土预制件等。但在其储存和运输中要特别注意防潮，施工时不能与其他水泥混合使用。另外，这种水泥水化放热量大而迅速，不适合用于大体积混凝土工程。

2. 快凝快硬硅酸盐水泥

以硅酸钙、氟铝酸钙为主的熟料，加入适量石膏、粒化高炉矿渣、无水硫酸钠，经过磨细制成的一种凝结快、小时强度增长快的水硬性胶凝材料，称为快凝快硬硅酸盐水泥（简称为双快水泥）。

双快水泥初凝不得早于 10min，终凝不得迟于 60min。双快水泥主要用于军事工程、机场跑道、桥梁、隧道和涵洞等紧急抢修工程。同样不得与其他品种水泥混合使用，并注意放热量大而迅速的特点。

3. 白色硅酸盐水泥

由白色硅酸盐水泥熟料加入适量石膏磨细制成的水硬性胶凝材料，称为白色硅酸盐水泥（简称白水泥）。磨制水泥时，允许加入不超过水泥质量 5% 的石灰石或窑灰作为外加物。白度是白水泥的一个重要指标。我国白水泥的白度分为四个等级。根据白度及标号，又分为优等品、一等品和合格品。

白水泥强度高，色泽洁白，可配制彩色砂浆和涂料、白色或彩色混凝土、水磨石、斩假石等，用于建筑物的内外装修。白水泥也是生产彩色水泥的主要原料。

4. 高铝水泥

高铝水泥属铝酸盐系水泥，是由铝酸钙为主，氧化铝含量约 50%（质量分数）的熟料

磨细制成的水硬性胶凝材料（旧称矾土水泥）。

高铝水泥是一种快硬、高强、耐热及耐腐蚀的胶凝材料。其主要特性有早期强度高、耐高温和耐腐蚀。高铝水泥主要用于工期紧急的工程，如国防、道路和特殊抢修工程等；也可用于冬季施工的工程。

5. 膨胀水泥

由硅酸盐水泥熟料与适量石膏和膨胀剂共同磨细制成的水硬性胶凝材料，称为膨胀水泥。按水泥的主要成分不同，分为硅酸盐、铝酸盐和硫铝酸盐型膨胀水泥；按水泥的膨胀值及其用途不同，又分为收缩补偿水泥和自应力水泥两大类。

膨胀水泥是在硬化过程中不但不收缩，而且有不同程度的膨胀。膨胀水泥除了具有微膨胀性能外，也具有强度发展快、早期强度高的特点，可用于制作大口径输水管和各种输油、输气管，也常用于有抗渗要求的工程、要求补偿收缩的混凝土结构、要求早强的工程结构节点浇筑等。但是，这种水泥的使用温度不宜过高，一般使用温度为60℃以下为好。

水泥分类、储存、运输和保管的详细情况见表2-3。

表2-3　水泥的分类、储存、运输和保管

水泥的分类		水泥的储存、运输和保管	
水泥按其用途及性能分	通用水泥	分类储存	不同品种、不同标号的水泥应分别存放，不可混杂
	专用水泥		
	特性水泥		
水泥按其主要水硬性物质名称分	硅酸盐水泥，即国外通称的波特兰水泥	防潮防水	不同品种、不同标号的水泥应分别存放，不可混杂。水泥受潮后即产生水化作用，凝结成块，影响水泥的正常使用，所以运输和储存时应保持干燥。对袋装水泥，地面垫板要高出地面30cm，四周离墙30cm，堆放高度一般不超过10袋。存放散装水泥时，地面要抹水泥砂浆
	铝酸盐水泥		
	硫铝酸盐水泥		
	氟铝酸盐水泥		
	磷酸盐水泥		
	以火山灰性或潜在水硬性材料以及其他活性材料为主要组分的水泥		
需要在水泥命名中标明的主要技术特性	快硬性：分为快硬和特快硬两类	储存期不宜过长	储存期过长，由于空气中的水蒸气、二氧化碳作用而降低水泥强度。一般来说，储存三个月后的强度降低10%～20%。所以，水泥存放期一般不应超过三个月。快硬水泥、高铝水泥的规定储存期限更短（分别为1、2个月）。过期水泥，使用时必须经过试验，并按试验重新确定的标号使用
	水化热：分为中热和低热两类		
	抗硫酸盐性：分为抗硫酸盐和高抗硫酸盐两类		
	膨胀性：分为膨胀和自应力两类		
	高温性：铝酸盐水泥的耐高温性以水泥中氧化铝含量分级		

2.2.5 混凝土与砂浆

混凝土是当代最主要的土木工程材料之一。它是由胶结材料、骨料和水按一定比例配制，经搅拌振捣成型，在一定条件下养护而成的人造石材。混凝土具有原料丰富、价格低廉、生产工艺简单的特点，因而其使用量越来越大；同时混凝土还具有抗压强度高、耐久性好、强度等级范围宽等特点，使其使用范围十分广泛，不仅在各种土木工程中使用，而且在其他行业，如造船业、机械工业、海洋的开发、地热工程等，混凝土也是重要的材料。

1. 混凝土的种类与发展

混凝土的种类很多。按胶凝材料不同，分水泥混凝土、沥青混凝土、石膏混凝土及聚合物混凝土等；按表观密度不同，分重混凝土、普通混凝土、轻混凝土；按使用功能不同，分结构用混凝土、道路混凝土、水工混凝土、耐热混凝土、耐酸混凝土及防辐射混凝土等；按施工工艺不同，又分喷射混凝土、泵送混凝土、振动灌浆混凝土等。

为了克服混凝土抗拉强度低的缺陷，人们还将水泥混凝土与其他材料复合，出现了钢筋混凝土、预应力混凝土、各种纤维增强混凝土及聚合物浸渍混凝土等。

此外，随着混凝土的发展和工程的需要，还出现了膨胀混凝土、加气混凝土、纤维混凝土等各种特殊功能的混凝土。泵送混凝土、商品混凝土及新的施工工艺给混凝土施工带来方便。

目前，混凝土仍向着轻质、高强、多功能、高效能的方向发展。发展复合材料，不断扩大资源，发展预制混凝土和使混凝土商品化也是今后发展的重要方向。

2. 普通混凝土

(1) 组成材料与结构　普通混凝土是由水泥、粗骨料(碎石或卵石)、细骨料（砂）和水拌和，经硬化而成的一种人造石材。砂、石在混凝土中起骨架作用，并抑制水泥的收缩；水泥和水形成水泥浆，包裹在粗细骨料表面并填充骨料间的空隙。水泥浆体在硬化前起润滑作用，使混凝土拌和物具有良好的工作性能，硬化后将骨料胶结在一起，形成坚强的整体。其结构如图2-18所示。

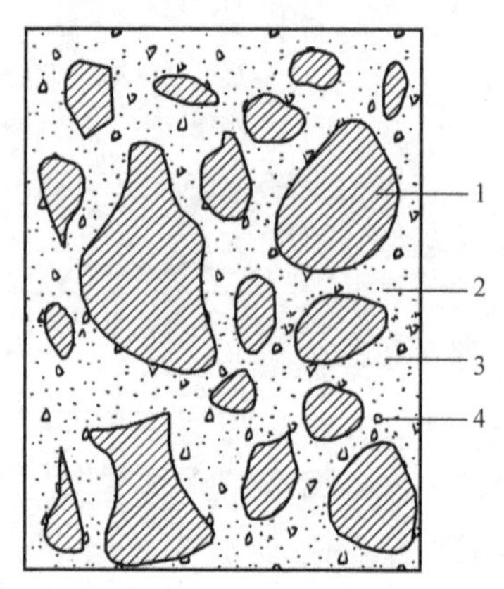

图2-18　混凝土微观结构图
1—石子　2—砂子
3—水泥浆　4—气孔

(2) 主要技术性质　混凝土的性质包括混凝土拌和物的和易性、混凝土强度、变形及耐久性等。

1）和易性又称工作性，是指混凝土拌和物在一定的施工条件下，便于各种施工工序的操作，以保证获得均匀密实的混凝土性能。和易性是一项综合技术指标，包括流动性（稠度）、黏聚性和保水性三个主要方面。

2）混凝土强度是混凝土硬化后的主要力学性能，反映混凝土抵抗荷载的能力。混凝土强度包括抗压、抗拉、抗剪、抗弯、抗折及握裹强度。其中以抗压强度最大，抗拉强度最小。

3）混凝土的变形包括非荷载作用下的变形和荷载作用下的变形。非荷载作用下的变形有化学收缩、干湿变形及温度变形等。水泥用量过多，在混凝土的内部易产生化学收缩而引起微细裂缝。

4）混凝土耐久性是指混凝土在实际使用条件下抵抗各种破坏因素作用，长期保持强度和外观完整性的能力。具体而言，混凝土的耐久性包括混凝土的抗冻性、抗渗性、抗蚀性及抗碳化能力等。

3. 砂浆

（1）砌筑砂浆　砂浆是由胶凝材料、细骨料和水等材料按适当比例配制而成的。砂浆与混凝土的区别在于不含粗骨料，可认为砂浆是混凝土的一种特例，又可称为细骨料混凝土。

砂浆常用的胶凝材料有水泥、石灰、石膏。按胶凝材料不同砂浆又可分为水泥砂浆、石灰砂浆和混合砂浆。混合砂浆有水泥石灰砂浆、水泥黏土砂浆和石灰黏土砂浆等。

用于砖石砌体的砂浆称为砌筑砂浆。它起着传递荷载的作用，因此是砌体的重要组成部分。普通水泥、矿渣水泥、火山灰质水泥等常用品种的水泥都可以用来配制砌筑砂浆。有时为改善砂浆的和易性和节约水泥还常在砂浆中掺入适量的石灰或黏土膏浆而制成混合砂浆。

新拌的砂浆主要要求具有良好的和易性。和易性良好的砂浆容易在粗糙的砖石底石面上铺设成均匀的薄层，而且能够和底面紧密黏结。砂浆和易性包括流动性和保水性两个方面。

硬化后的砂浆则应具有所需的强度和对底面的黏结力，而且其变形性不能过大。

根据砂浆的抗压强度划分的若干等级，称为砂浆的强度，并以“M”和应保证的抗压强度值（MPa）表示，其强度等级分别为M2.5、M5.0、M7.5、M10、M15、M20。

影响砂浆强度的因素有材料性质、配比、施工质量等，此外还受被黏结块体材料的表面吸水性影响。

（2）抹面砂浆　凡涂抹在建筑物或土木工程构件表面的砂浆，可统称为抹面砂浆。根据抹面砂浆功能的不同，一般可将抹面砂浆分为普通抹面砂浆、装饰砂浆、防水砂浆和具有某些特殊功能的抹面砂浆（如绝热、耐酸、防射线砂浆）等。

1）普通抹面砂浆。普通抹面砂浆的功能是保护结构主体免遭各种侵害，提高结构的耐久性，改善结构的外观。常用的普通抹面砂浆有石灰砂浆、水泥砂浆、水泥混合砂浆、麻刀石灰浆或纸筋石灰浆。

为改善抹面砂浆的保水性和黏结力，胶凝材料应比砌筑砂浆多，必要时还可加入少量107胶，以增强其黏结力。为提高抗拉强度、防止抹面砂浆的开裂，常加入部分麻刀等纤维材料。普通抹面砂浆的配合比见表2-4。

表2-4　普通抹面砂浆的配合比

材　料	体积配合比	材　料	体积配合比
水泥∶砂	1∶2～1∶3	石灰∶石膏∶砂	1∶04∶2～1∶2∶4
石灰∶砂	1∶2～1∶4	石灰∶黏土∶砂	1∶1∶4～1∶1∶8
水泥∶石灰∶砂	1∶1∶6～1∶2∶9	石灰膏∶麻刀	100∶1.3～ 100∶2.5（质量比）

2）装饰砂浆。涂抹在建筑物内外墙表面，具有美观装饰效果的抹面砂浆通称为装饰砂浆。要选用具有一定颜色的胶凝材料和骨料，采用某种特殊的操作工艺，使表面呈现出各种

不同的色彩、线条与花纹等装饰效果。装饰砂浆所采用的胶凝材料有普通水泥、矿渣水泥、火山灰质水泥、白水泥、彩色水泥（或是在常用水泥中掺加些耐碱矿物颜料配成彩色水泥），以及石灰、石膏等。

3）防水砂浆。制作防水层的砂浆叫做防水砂浆。砂浆防水层又叫做刚性防水层。这种防水层仅适用于不受振动和具有一定刚度的混凝土或砖石砌体工程。对于变形较大或可能发生不均匀沉陷的结构，都不宜采用刚性防水层。防水砂浆可以用普通水泥砂浆来制作，也可以在水泥砂浆中掺入防水剂来提高砂浆的抗渗能力。

4）其他特种砂浆。采用水泥、石灰、石膏等胶凝材料与膨胀珍珠岩砂、膨胀蛭石或陶粒砂等轻质多孔骨料，按一定比例配制的砂浆称为绝热砂浆。绝热砂浆具有质轻和良好绝热性能的特点。一般绝热砂浆是由轻质多孔骨料制成的，可以起到绝热作用且具有吸声性能。因此，还可以用水泥、石膏、砂、锯末（其体积比约为1∶1∶3∶5）配制吸声砂浆，用于室内墙壁和平顶的吸声。耐酸砂浆是用水玻璃（硅酸钠）与氟硅酸钠拌制而成，水玻璃硬化后具有很好的耐酸性能。耐酸砂浆多用作衬砌材料、耐酸地面和耐酸容器的内壁防护层。在水泥浆中掺入重晶石粉和砂，可配制成有防X射线能力的砂浆，如在水泥浆中掺加硼砂、硼酸等可配制有抗中子辐射能力的砂浆。此类防射线砂浆多应用于射线防护工程。

2.2.6 其他土木工程材料

1. 绝热材料

在建筑中，习惯上把用于控制室内热量外流的材料叫做保温材料；把防止室外热量进入室内的材料叫做隔热材料。保温材料和隔热材料的本质是一样的，其标准术语为绝热材料。绝热材料有以下几种类型：

（1）多孔型　多孔材料的传热方式较为复杂。对于平板状材料，当热量从高温面向低温面传递时，固相导热的方向发生变化，总的传热路线大大增加，从而使传热速度减缓。另外，由于气孔壁存在着温差，也会发生传热，其传热方式有

高温固体表面对低温固体表面的辐射换热、气体的对流换热、气体的传导换热。

由于在常温下对流和辐射换热在总的传热中所占比例很小，故以气孔中气体的导热为主，但由于空气的热导率仅为0.0029W/（m·K），大大小于固体的热导率，所以热量通过气孔传递的阻力较大，从而使传热速度大大减缓。

（2）纤维型　与多孔材料类似，顺纤维方向的传热量大于垂直纤维方向的传热量。

（3）反射型　具有反射性材料，由于大量热辐射在表面被反射掉，使通过材料的热量大大减少，而达到了绝热的目的。其反射率大，则材料绝热性好。

绝热材料通常应具备下列基本条件：热导率小于0.23W/(m·K)，足够的抗压强度（一般不低于0.3MPa），使用温度为-40~60℃，在温度和湿度变化时保持尺寸稳定性，以及防火性能。除此以外，还要根据工程特点，考虑材料的吸湿性、耐腐蚀性等性能及技术指标。为了保证材料的绝热性，安装应根据情况设置气层或防水层。常用绝热材料的品种、性能见表2-5。

表2-5 常用绝热材料

序号	名称	表观密度/(kg/m³)	热导率/(W/m·K)
1	矿棉	45~150	0.049~0.44
	矿棉毡	135~160	0.048~0.052
	酚醛树脂矿棉毡	<150	<0.046
2	玻璃棉（短）	100~150	0.035~0.058
	玻璃棉（超细）	>18	0.028~0.037
3	陶瓷纤维	140~150	0.116~0.186
4	微孔硅酸钙	250	0.041
	泡沫玻璃	150~160	0.06~0.13
5	泡沫塑料	15~50（堆积密度）	0.028~0.055
6	膨胀蛭石	80~200（堆积密度）	0.046~0.07
	膨胀珍珠岩	40~300（堆积密度）	0.025~0.048

2. 吸声材料、隔声材料

在建筑物内控制声音，给人们提供一个安全、舒适的生活、工作环境，人们已经关注住宅、教室、办公室、工厂的声学问题。

（1）吸声材料及其构造

1）多孔吸声材料。声波进入材料内部互相贯通的孔隙，空气分子受到摩擦和黏滞阻力，使空气产生振动，从而使声能转化为机械能，最后因摩擦而转化为热能被吸收。这类多孔材料的吸声系数，一般从低频到高频逐渐增大，故对中频和高频的声音吸收效果较好。材料中开放的互相连通的细致的气孔越多，其吸声性能越好。

2）柔性吸声材料。具有密闭气孔和一定弹性的材料，如泡沫塑料，声波引起的空气振动不易传递至其内部，只能相应的产生振动，在振动范围内出现一个或多个吸收频率。

3）帘幕吸声体。用具有通气性能的纺织品，安装在离墙面或窗洞一定距离处，背后设置空气层。这种吸声体对中、高频都有一定的吸收效果。

4）悬挂空间吸声体。这种吸声体增加了有效的吸声面积，由于声波的衍射作用，大大提高了实际的吸声效果。空间吸声体可设计成多种形式悬挂在顶棚下面。

5）薄板振动吸声结构。将胶合板、纤维板、石膏板等的周边钉在墙或顶棚的龙骨上，并在背后留有空气层，即成薄板振动吸声结构。该吸声结构主要吸收低频率的声波。

6）穿孔板组合共振吸声结构。穿孔的各种材质薄板周边固定在龙骨上，并在背后设置空气层即成穿孔板组合共振吸声结构。这种吸声结构适合中频的吸声特性，使用普遍。

7）空腔共振吸声结构。这种吸声结构由封闭的空腔和较小的开口所组成，它有很强的频率选择性，在其共振频率附近，吸声系数较大，而对离共振频率较远的声波吸收很小。

（2）隔声材料 建筑上将主要起隔绝声音的材料称为隔声材料。隔声材料主要用于外墙、门窗、隔墙、隔断等。隔声分为隔绝空气声（通过空气传播的声音）和隔绝固体声（通过撞击或振动的声音）两种。两者的隔声原理不同，隔声不但与材料有关，而且与建筑结构有密切的关系。

1）空气声的隔绝。隔绝空气声，主要服从质量定律，即材料的体积密度越大，质量越大，隔声性能越好，因此应选用密实的材料作为隔声材料，如砖、混凝土、钢板等。如采用轻质材料或薄壁材料，需辅以多孔吸声材料或采用夹层结构，如夹层就是一种很好的隔声材料。

2）固体声（撞击声）的隔绝。隔绝固体声最有效的措施是采用不连续的结构处理，即在墙壁和承重梁之间、房屋的框架和墙板之间加弹性衬垫，如毛毡、软木、橡胶等材料，或在楼板上加弹性地毯。

3. 装饰材料

在建筑上，把铺设、粘贴或涂刷在建筑内外表面，主要起装饰作用的材料，称为装饰材料。装饰材料种类多，主要有天然石材、建筑陶瓷、建筑玻璃和建筑涂料。

1）天然石材。天然石材资源丰富，强度高，耐久性好，加工后具有很强的装饰效果，是一种重要的装饰材料。天然岩石种类多，主要有花岗岩和大理岩。

2）建筑陶瓷。凡以黏土、长石、石英为基本原料，经配料、制坯、干燥、焙烧而制得的成品，统称陶瓷制品。用于建筑工程的称为建筑陶瓷，主要包括釉面砖、外墙面砖、陶瓷锦砖、琉璃制品、卫生陶瓷等。釉面内墙砖又称内墙砖、釉面砖、瓷砖、瓷片，用一次烧成工艺制成，属精陶制品，主要用于建筑内部墙面，如厨房、卫生间、浴室、墙裙等部位的装饰与保护。彩色釉面陶瓷墙地砖与釉面砖原材料基本相同，但生产工艺为二次烧成，主要用于外墙铺贴，有时也用于铺地。

3）陶瓷锦砖。陶瓷锦砖俗称马赛克，是以瓷土为原料烧制而成的片状小瓷砖，主要用于室内地面铺贴和建筑物外墙装饰。

4）无釉陶瓷地砖。无釉陶瓷地砖是由陶瓷坯体一次烧成的片砖，主要用于室内地面铺设。

5）陶瓷劈离砖。陶瓷劈离砖是以黏土为原料，经配料、真空挤压成型、烘干、焙烧，劈离等工序制成，用于墙面装饰。

6）建筑玻璃制品。建筑玻璃制品是以难熔黏土做原料，经配料、成型、干燥、表烧、表面涂以琉璃釉后，再经烧制而成，主要用于具有民族风格的房屋及建筑园林中的亭台、楼阁。

7）卫生陶瓷。卫生陶瓷是由瓷土烧制而成的细炻质制品，主要用于浴室、厕所等处。

8）建筑玻璃。玻璃制品主要分为普通玻璃、安全玻璃、保温绝热玻璃、压花玻璃、磨砂玻璃、玻璃空心砖、玻璃马赛克。

9）建筑装饰涂料。建筑装饰涂料是涂于物体表面能与基体材料很好黏结并形成完整而坚韧保护膜的物料。涂料种类多，按主要成膜物质的性质可分为有机涂料，无机涂料和有机无机复合涂料三大类；按使用部位分为外墙涂料、内墙涂料和地面涂料等；按分散介质种类分为溶剂型和水性两类。

4. 防水材料

防水材料主要用于建筑物的屋面防水、地下防水及其他有渗漏的工程部位。建筑防水的主要作用是对建筑物起到防渗漏、防潮作用，保护建筑物内部使用空间免受水干扰等。目前使用的防水材料主要有防水卷材、防水涂料、密封堵漏材料和防水剂等。这里简要介绍防水卷材、防水涂料和建筑物密封材料等材料的组成、性能特点及其应用。

（1）防水卷材　防水卷材是建筑工程防水材料的重要品种之一，其作用是隔绝水分对建筑物的渗漏作用。目前的防水卷材主要有沥青防水卷材、高聚物改性沥青防水卷材和合成高分子防水卷材三大类，其中沥青防水卷材是一类大量普遍应用的防水材料，后两类防水卷材由于其优异的性能，代表了新型防水卷材的发展方向。常见的防水卷材如图2-19所示。

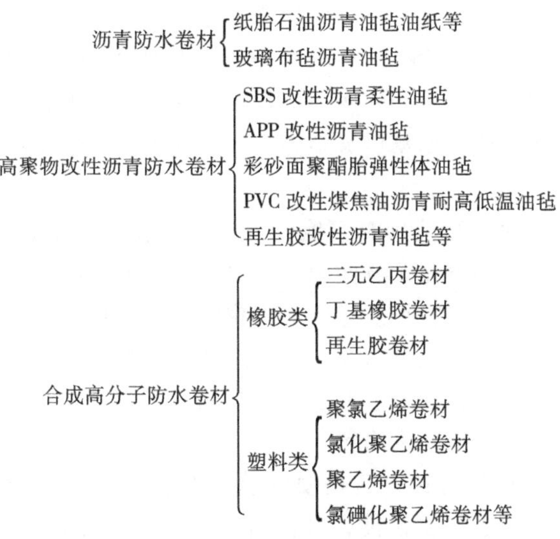

图2-19　常用的防水卷材

1）沥青防水卷材。沥青防水卷材是以各种沥青为基材，以原纸、纤维布等为胎基，表面施以隔离材料而制成的片状防水材料。其最有代表性的是纸胎沥青水卷材，称为油毡或油毛毡。它是用低软化点的石油沥青浸润油纸，然后用高软化点的石油沥青涂盖油纸的两面，再涂撒隔离材料制成的一种防水卷材。由于沥青具有良好的防水性，而且资源丰富、价格低廉，所以沥青防水卷材的应用在我国占主导地位。但由于沥青材料的低温柔性差、温度敏感性强、耐大气老化性差，属于低档防水卷材。

沥青防水卷材由于其温度稳定性差、伸长率小等很难适应基层开裂及伸缩变形的要求。采用高聚物材料对传统的沥青防水卷材进行改性，则可以克服其不足，从而使改性防水卷材具有高温不流淌、低温不脆裂、抗拉强度较高、伸长率较大等优异性能，如SBS改性沥青柔性油毡、APP改性沥青油毡、丁苯橡胶改性沥青油毡等。目前，SBS改性沥青柔性油毡在国内属于中低档防水卷材，可广泛用于各类建筑防水工程，特别适用于寒冷地区的防水工程。

2）合成高分子防水卷材。以合成橡胶、合成树脂或两者的共混体为基料，加入适量的助剂和填充料等经过特定工序制成的防水卷材称之为合成高分子防水卷材。合成高分子防水卷材具有抗拉强度高、断后伸长率大、抗撕裂强度高、耐热性能好、低温柔性好、耐腐蚀、耐老化及可以冷施工等一系列优异性能，是今后要大力发展的新型高档防水卷材。

（2）防水涂料　防水涂料常温下为呈黏稠态的物质，将其涂布在基层表面，经溶剂或水分挥发、各组分间的化学反应，可形成具有一定弹性的连续薄膜，使基层表面与水隔绝，起到防水防潮作用。它广泛适用工业与民用建筑的屋面、墙面防水工程、地下混凝土工程的防潮、防渗等。

防水涂料具有以下特点：①在固化前呈液态，特别适用于各种不规则屋面、墙面、节点等复杂表面，固化后可成无接缝的完整防水膜；②可采用刷涂、喷涂等方式进行冷施工，环境污染小，施工简便，劳动强度较小；③所形成的防水层自重小，特别适用于轻型屋面等；④涂布的防水涂料既是防水层的主体，又是黏结剂，施工质量易保证，维修较简单；⑤由于施工时须采用刷子、刮板等逐层涂刷或涂刮，或采用喷枪喷涂，防水膜的厚度要做到像防水卷材那样均匀。

防水涂料按成膜物质的主要成分可分为三大类：溶剂型、乳液型和反应型。石棉乳化沥青涂料具有防水性、单组分、无毒、不燃、可在潮湿基层上施工等特点。由于其填料采用无机纤维状矿物，它的乳化膜比化学型更为坚固。故其耐水性、耐候性、稳定性都优于一般的乳化沥青涂料。

与沥青基防水涂料相比，乳液型氯丁橡胶沥青防水涂料无论在柔韧性、抗撕裂性、强度，还是耐高低温性能、使用寿命等方面都有了很大的改善，具有成膜快、强度高、耐候性好、抗撕裂性好、难燃、无毒等特点。它已成为我国防水涂料中的主要品种之一。

聚氨酯防水涂料属于双组反应型涂料。这类涂料是借组分间发生化学反应直接由液态变为固态，几乎不产生体积收缩，故易于形成较厚的防水涂膜。此外它还具有优异的耐候性、耐油性、抗撕裂等性能，属高档防水涂料。

（3）建筑密封材料　建筑密封材料是使建筑上的各种接缝或裂缝、变形缝（沉降缝、伸缩缝、抗震缝）保持水密、气密性能，并具有一定强度，能连接构件的填充材料。具有弹性的密封材料有时也称弹性密封胶，或简称密封胶。

建筑密封材料应具备以下特性：①良好的黏结性、抗下垂性、不渗水性、不透气性、易于施工；②在接缝发生伸缩、振动等变化时，填充的密封材料应不断裂、剥落，具有一定弹塑性；③良好的耐热、耐紫外线老化性能，有较长的使用寿命；④密封材料的黏结性能根据结构构件的材质、表面状态和性质来选用具有良好黏结力的密封材料，同时应考虑到密封材料的耐疲劳和耐老化性能。建筑物中不同部位的接缝对密封材料的要求是不同的。例如，对室外部位的接缝来说要求有较高的耐候性，而伸缩缝要求有较好的弹性和黏结性。

建筑密封材料可分为定型和不定型两大类，前者是指软质带状嵌缝条，后者是指胶泥状嵌缝油膏。以下简介几种建筑密封材料：

1）嵌缝油膏，是一种胶泥状物质，具有很好的黏结性和延伸性，用来密封建筑物中各种接缝。常用的嵌缝油膏有胶泥、有机硅橡胶、聚硫密封膏、丙烯酸密封膏、氯磺化聚乙烯密封膏等。

2）胶泥，是目前国内常用的一种密封材料，它实际上是一种聚合物改性的沥青油膏。胶泥的价格较低，防水性好，有弹性，耐寒和耐热性较好。但它必须热施工，通常随配方的不同在60～110℃进行热灌。配方中若加入少量溶剂油膏变软，就可冷施工，但收缩较大。为了降低胶泥的成本，可以选用废旧聚氯乙烯塑料制品来代替氯乙烯树脂，这样得到的密封油膏习惯上称作塑料油膏。

3）有机硅橡胶密封膏，大都为单组分，它是以有机硅氧烷聚合物为主体，加入硫化剂、硫化促进剂及增强填料组成。有机硅橡胶密封膏具有耐热性、耐寒性、黏结性能好，耐伸缩疲劳性强，耐水性好等特性。它主要用于高层建筑的玻璃幕墙，隔热玻璃黏结密封，建筑门、窗密封，预制混凝土墙板、水泥板、大理石板的外墙接缝密封，混凝土和金属框架的黏结，卫生间和高速公路接缝的防水密封等。

4）聚硫密封膏，由液态聚硫橡胶为基料加入各种填充剂、硫化剂等配制而成。聚硫密封膏具有耐候、耐水、耐湿热等优良性能，在 -40 ~ +90℃范围内均能保持各项性能指标，与钢、铝等金属材料及其他各种建筑材料都有良好的黏结性，并有较高的抗撕裂强度。

5）丙烯酸酯，建筑密封膏，通常为水乳型，其制作工艺是把表面活性剂、增塑剂等化学助剂在高速搅拌下均匀地分散在丙烯酸酯乳液中，然后把粉状填充料掺入到混合乳液中，经研磨制成均匀、细腻的稠状膏体。丙烯酸酯建筑密封膏具有黏结性、耐老化性、耐化学腐蚀及防水性都很好的特点。但其弹性和延伸性极小，不宜用在伸缩较大的接缝中。

6）氯磺化聚乙烯密封膏，是一种将氯磺化聚乙烯溶解在二甲苯或氯化石蜡内（90℃），再加入固化剂、颜料和填充料等混合分散而成的溶剂型密封材料。它具有很好的抗臭氧、耐化学、耐水、耐热和耐老化性能。

7）嵌缝条，是采用塑料或橡胶经挤出成型制成的一类软质带状制品，所用材料有软质聚氯乙烯、氯丁橡胶、EPDM、丁苯橡胶等，嵌缝条被用来密封伸缩缝和施工缝。

2.3 新型土木工程材料及其发展趋势

1. 新型建筑材料

新型建筑材料是相对于砖、瓦、灰、砂、石这些传统材料而言的，是近几十年来现代技术发展的产物。它是以多种多样的原材料，用先进的加工方法，制成适合于现代建筑的要求，具有轻质、高强、美观、多功能等主要特征及节能、节地、节约木材和综合利用资源等优点的现代建筑材料。

新型建筑材料品种繁多，相对普通建筑材料的分类法，新型建筑材料也可分为结构材料、功能材料、装饰材料三大类。

（1）结构材料　用于建筑物主体的构筑物，如梁、柱、楼板、墙体、屋面等。如 GRC（Glass Reinforced Concrete）网架屋面板、FRC（Fiber Reinforced Concrete）壁板、GFRP（Glass Fiber Reinforced Plastics）泡沫塑料壁板、玻璃幕墙等。

（2）功能材料　主要起保温隔热、防水密封、采光、吸声等改进建筑物功能的作用。功能材料的出现和发展，大大改善了建筑物的功能，使其具备更加优异的技术经济效果，更加适合于人们的生活要求。如钢化玻璃、中空玻璃、变色玻璃及泡沫聚氯酯保温板、泰柏板等。

（3）装饰材料　它对建筑物的各个部位起美化和装饰作用，使得建筑物能更好地体现出艺术效果和时代特征，给人以美的享受。

2. 新型路桥材料

如今，路桥材料基本上仍是水泥混凝土和沥青混凝土两大类。

（1）水泥混凝土材料　水泥混凝土材料的主要革新方向是克服其自重大、跨越能力差、抗拉强度低等缺陷，促进混凝土材料向高强、轻质、复合的方向发展。水泥混凝土材料的显著发展有：

1）碾压混凝土：是无坍落度的干硬性混凝土，直接用摊铺机在基层上铺设，用压路机碾压。它与一般水泥混凝上路面相比，具有可用沥青机械、不用模板、早期强度高、开放交通快、混凝土干缩量小、接缝间距大等优点。

2）混凝土嵌挤块：可以机械化制造，局部修复容易，适用于人工砌筑。

3）轻混凝土：包括无细料混凝土、多孔混凝土及轻骨料混凝土。为了保证轻质量、高强度，桥梁轻混凝土主要是轻骨料混凝土，其突出效果是减轻结构自重，降低工程成本，提高承载力。

4）高强混凝土：目前一般指强度等级40MPa以上的混凝土。它在减轻结构自重、缩小截面或减少钢筋用量方面有突出效果，有利于控制预应力的损失。

5）纤维增强混凝土：是纤维和水泥基料组成的复合材料。它可克服普通混凝土抗拉强度低、极限伸长率小、性脆等缺点，使混凝土不用或少用钢筋。目前采用钢纤维、玻璃纤维、聚合物纤维、碳纤维等。

6）聚合物浸渍混凝土：是将聚合物填充混凝土孔隙而成的一种复合材料。它具有高强、抗渗、抗冻、抗冲、耐磨、耐化学腐蚀等显著优点。它可作为高效能结构材料应用于特殊工程，也可应用于现场修补构筑物的表面和缺陷，以提高其使用性能。

（2）沥青混凝土材料　沥青是沥青混凝土的重要组成材料，沥青混凝土的发展集中在改性沥青的研制上，改性沥青的研究方向主要有以下几方面：

1）寻找更适合炼制道路沥青的油源。

2）制定更适用的道路沥青标准。

3）改性沥青的研制，主要是开发多种改性剂。

4）其他沥青外掺剂的研究，包括再生剂、抗剥离剂、抗冻剂及沥青混合料增强纤维。

5）研制泡沫沥青。

实践表明，各种改性沥青与原基质沥青相比，路用性能都得到不同程度的改善，改性沥青混合料的高温稳定性、低温抗裂性及抗疲劳能力均有所提高，已广泛用于高等级公路和重交通的沥青面层。

3. 新型抗震材料

目前抗震的方法主要从隔震和耗能减震两方面入手。

（1）隔震材料　在隔震系统中，当前广泛应用的是叠层橡胶支座隔震系统和铅芯橡胶支座系统。

1）叠层橡胶支座。叠层橡胶支座主要由薄橡胶板和薄钢板分层交替叠合，经高温高压硫化黏结而成，如图2-20所示，由于在橡胶层中加入若干块薄钢板，而且橡胶层与钢板紧密黏结，当橡胶支座承受竖向荷载时，橡胶层的横向变形受到上下钢板的约束，使橡胶支座具有很大的竖向承载力和刚度。当橡胶支座承受水平荷载时，橡胶层的相对位移大大减小，使橡胶支座可达到很大的整体侧移而不至于失稳，并且保持较小的水平刚度（竖向刚度的1/500～1/1000）。并且，由于橡胶层与中间钢板紧密黏结，橡胶层在竖向地震作用下还能承受一定的拉力。因此，叠层橡胶支座是一种竖向刚度大、竖向承载力高、水平刚度较小、水平变形能力大的隔振装置。

2）铅芯叠层橡胶支座。铅芯叠层橡胶支座是在叠层橡胶支座中部圆形孔中压入铅而成，其构造图如图2-21所示。由于铅具有较低的屈服点和较高的塑性变形能力，可使铅芯叠层橡胶支座的阻尼比达到20%～30%，铅芯具有提高支座的吸能能力，确保支座有适度的阻尼。同时又具有增加支座的初始刚度，控制风反应和抵抗微震的作用。铅芯橡胶支座既具有隔震作用，又具有阻尼作用，因此可单独使用，无需另设阻尼器，使隔震系统的组成变得比较简单，可以节省空间，在施工上也较为有利。

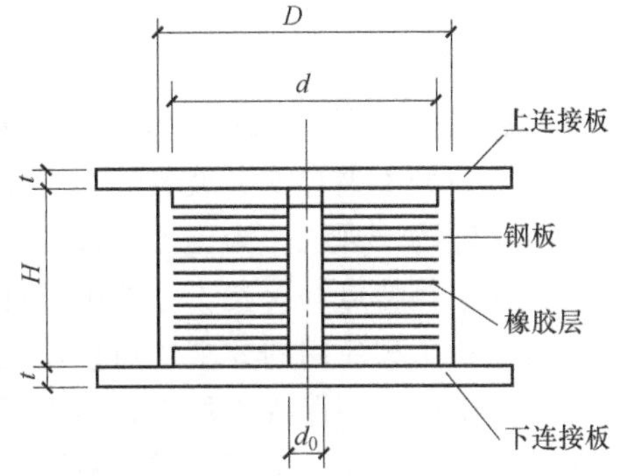

图2-20　叠层橡胶支座的形状与构造详图

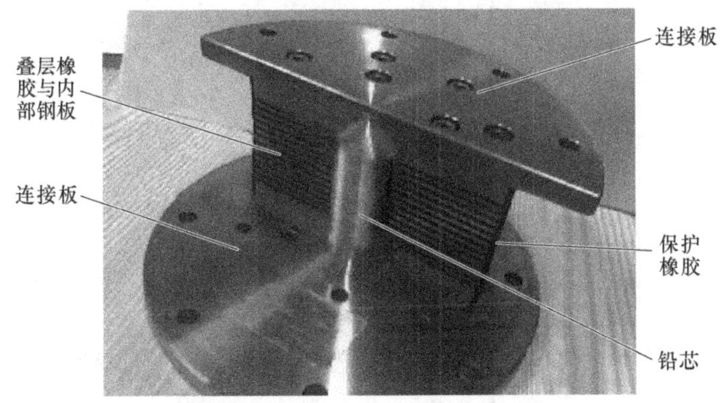

图2-21　铅芯叠层橡胶支座及构造

（2）耗能减震材料　在耗能减震系统中，目前耗能减震装置根据耗能机理可分为以下四类：摩擦耗能器、黏弹性耗能器、金属耗能器和黏滞耗能器，它们各具特色。

摩擦耗能器是根据摩擦做功而耗散能量的原理而设计的，该装置按正常使用荷载及小震作用下不发生滑动的设计，而在强烈地震作用下，其主要构件尚未发生屈服，装置即产生滑移以摩擦功耗散地震能量，并改变了结构的自振频率，从而使结构在强震中改变动力特性，达到减震的目的，其构造如图2-22所示。

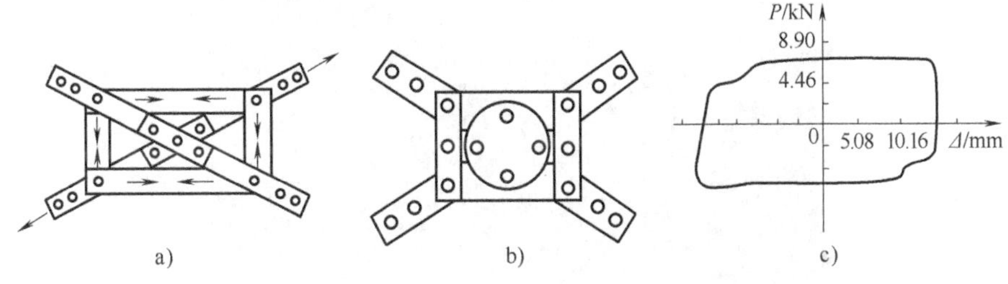

图2-22　Pall型摩擦耗能器及典型滞回曲线

黏弹性耗能器是通过钢板约束的黏弹性材料夹层剪切变形而耗散能量，具有构造简单、性能优良、造价低廉和耐久性好等优点。采用适当方式将黏弹性耗能器设置在结构中可以有效地减轻因各种动荷载（如风、地震、海浪或海冰等）作用而引起结构的振动，提高结构的安全性和舒适性。

4. 土工合成材料

土工合成材料是以聚酯（PET）、聚酰胺（PA）、聚丙烯（PP）、聚丙烯腈（PAN）、聚氯乙烯（PVC）等高分子聚合物和玻璃等为主要原料制成的一种新的工程材料，应用于岩土工程，曾称为土工织物，现统一为土工合成材料。它具有质量轻、强度高、弹性好、耐磨、不易磨烂、吸湿性小等特点，埋置于土体中，具有优越的透水性、过滤性、耐用性，并采用防老化措施后可满足工程应用的要求，可广泛用于铁路、公路、运动馆、堤坝、水工建筑、隧洞、沿海滩涂、围垦、环保等工程，它的出现受到工程界广泛的重视。

按制造工艺和工程性能，土工合成材料可分为如下几类：土工织物、土工膜、土工复合材料、土工特种材料，如图2-23所示。

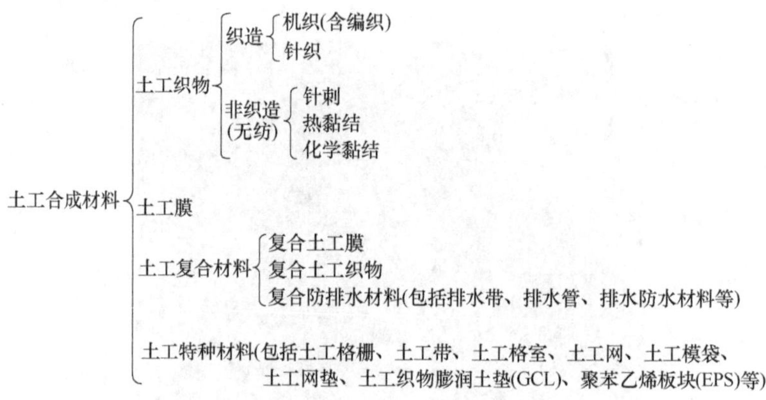

图2-23　土工合成材料的分类（GB/T 50290—2014）

（1）土工织物　土工织物按制造方法可分为有纺（织造）土工织物和无纺（非织造）土工织物。有纺土工织物由两组平行的呈正交或斜交的经线和纬线交织而成。无纺土工织物是把纤维作定向的或随意的排列，再经过加工而成。相关材料如图2-24、图2-25所示。按

图2-24　土工布

照连接纤维的方法不同，可分为化学连接、热力连接和机械连接三种连接方式。土工织物突出的优点是质量轻，整体连续性好（可做成较大面积的整体），施工方便，抗拉强度较高，耐腐蚀和抗微生物侵蚀性好。其缺点是未经特殊处理，抗紫外线能力低，如暴露在外，受紫外线直接照射容易老化，但若不直接暴露，则抗老化及耐久性能仍较高。

图2-25　有纺（织造）土工织物

（2）土工膜　土工膜一般可分为沥青和聚合物（合成高聚物）两大类。含沥青的土工膜目前主要为复合型的（含编织型或无纺型的土工织物），沥青作为浸润黏结剂。聚合物土工膜又根据不同的主材料分为塑性土工膜、弹性土工膜和组合型土工膜。大量工程实践表明，土工膜的不透水性很好，弹性和适应变形的能力很强，能适用于不同的施工条件和工作应力，具有良好的耐老化能力，处于水下和土中的土工膜的耐久性尤为突出。土工膜具有突出的防渗和防水性能，如图2-26所示。

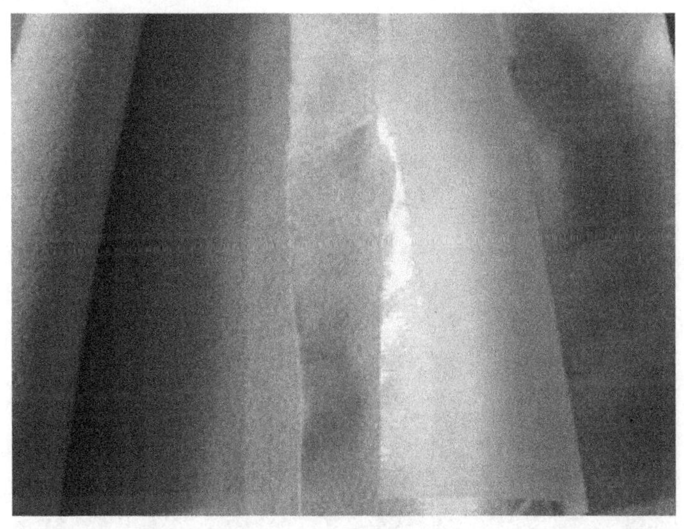

图2-26　土工膜

（3）土工复合材料。土工织物、土工膜、土工格栅和某些特种土工合成材料，将其两种或两种以上的材料互相组合起来就成为土工复合材料。土工复合材料可将不同材料的性质结合起来，更好地满足具体工程的需要，能起到多种功能的作用。如复合土工膜，就是将土工膜和土工织物按一定要求制成的一种土工织物组合物。其中，土工膜主要用来防渗，土工织物起加筋、排水和增加土工膜与土面之间的摩擦力的作用。又如土工复合排水材料，它是以无纺土工织物和土工网、土工膜或不同形状的土工合成材料芯材组成的排水材料，用于软基排水固结处理、路基纵横排水、建筑地下排水管道、集水井、支挡建筑物的墙后排水、隧道排水、堤坝排水设施等。路基工程中常用的塑料排水板就是一种土工复合排水材料。

国外大量用于道路的土工复合材料是玻纤聚酯防裂布和经编复合增强防裂布，能延长道路的使用寿命，从而极大地降低修复与养护的成本。从长远经济利益来考虑，国内应该积极采用和提倡土工复合材料。

（4）土工特种材料

1）土工格栅。土工格栅是一种主要的土工合成材料，与其他土工合成材料相比，它具有独特的性能与功效。土工格栅常用作加筋土结构的筋材或复合材料的筋材等。土工格栅分为玻璃纤维类和聚酯纤维类两种。

① 聚酯纤维类。土工格栅是经过拉伸形成的具有方形或矩形的聚合物网材，按其制造时拉伸方向的不同可分为单向拉伸和双向拉伸两种。由于土工格栅在制造中聚合物的高分子会随加热延伸过程而重新排列定向，加强了分子链间的连接力，达到了提高其强度的目的。其延伸率只有原板材的10%～15%。如果在土工格栅中加入炭黑等抗老化材料，可使其具有较好的耐酸、耐碱、耐腐蚀和抗老化等耐久性能。

② 玻璃纤维类。土工格栅是以高强度玻璃纤维为材质，有时配合自黏感压胶和表面沥青浸渍处理，使格栅和沥青路面紧密结合成一体。由于土石料在土工格栅网格内互锁力增大，它们之间的摩擦系数显著增大，土工格栅埋入土中的抗拔力，由于格栅与土体间的摩擦咬合力较强而显著增大，因此它是一种很好的加筋材料，如图2-27所示。同时土工格栅是一种质量轻，具有一定柔性的平面网材，易于现场裁剪和连接，也可重叠搭接，施工简便，不需要特殊的施工机械和专业技术人员。

图2-27 无碱高强玻璃纤维土工格栅

2）土工模袋。土工模袋是一种由双层聚合化纤织物制成的连续（或单独）袋状材料，利用高压泵把混凝土或砂浆灌入模袋中，形成板状或其他形状结构，常用于护坡或其他地基处理工程。模袋根据其材质和加工工艺的不同，分为机制和简易模袋两大类。机制模袋按其有无反滤排水点和充胀后的形状又可分为反滤排水点模袋、无反滤排水点模袋、无排水点混凝土模袋、铰链块式模袋、框格式模袋，如图 2-28 所示。

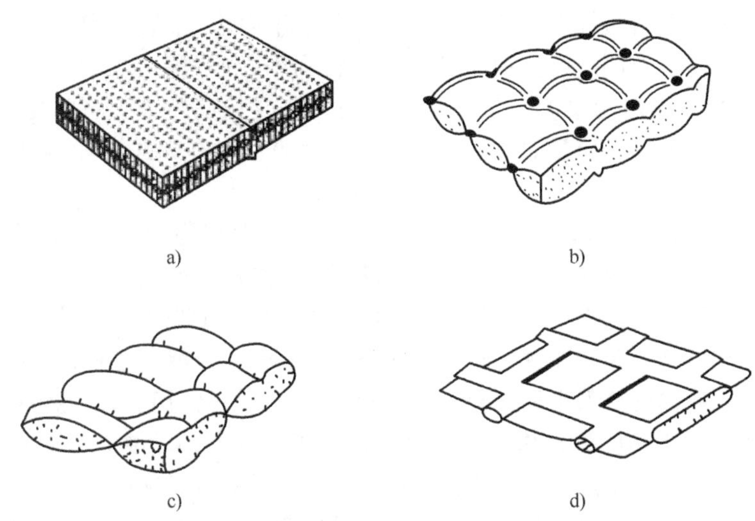

图 2-28　不同类型的土工模袋

a）无反滤排水点模袋　b）反滤排水点模袋　c）铰链块式模袋　d）框格式模袋

3）土工网。土工网是由合成材料条带、粗股条编织或合成树脂压制的具有较大孔眼、刚度较大的平面网状材料。用于软基加固垫层、坡面防护、植草以及用作制造组合土工材料的基材。

4）土工网垫和土工格室。土工网垫和土工格室都是用合成材料特制的三维结构。前者多为长丝结合而成的三维透水聚合物网垫，后者是由土工织物、土工格栅或土工膜、条带聚合物构成的蜂窝状或网格状三维结构，常用作防冲蚀和保土工程。刚度大、侧限能力高的土工格室多用于地基加筋垫层、路基基床或道床中。

5）聚苯乙烯泡沫塑料（EPS）。聚苯乙烯泡沫塑料是近年来发展起来的超轻型土工合成材料。它是在聚苯乙烯中添加发泡剂，用所规定的密度预先进行发泡，再把发泡的颗粒放在筒仓中干燥后填充到模具内加热形成的。EPS 具有质量轻、耐热、抗压性能好、吸水率低、自立性好等优点，常用作铁路路基的填料。

5. 绿色建材

绿色建材又称为生态建材、环保建材和健康建材。它是指采用建材卫生生产技术生产的无毒害、无污染、无放射性、有利于环境保护和人体健康、安全的建筑和装饰材料。“绿色”可以归纳为八个字“环保、健康、安全、节能”。

（1）绿色建材的基本特征　建材生产尽量少用天然资源，大量使用尾矿、废渣、垃圾等废弃物；采用低能耗、无污染环境的生产技术；在生产中不得使用甲醛、芳香族、碳氢化合物等，不得使用铅、镉、铬及其化合物制成的颜料、添加剂和制品；产品不仅不损害人体健康，而且有益于人体健康；产品具有多动能，如抗菌、灭菌、除菌、隔热保温、防火、调温、消磁、放射线、抗静电等功能；产品可循环和回收利用，无污染废弃物以防止造成二次污染。

（2）绿色建材在国外的发展　在欧洲各国均推行了环保绿色建材的认证，要求所有的建材必须有无毒、无害、防霉等标准，国家明令禁止非绿色建材上市经营，并且制定了各种检测标准。如德国、丹麦、荷兰、法国，对建成的住宅室内空气中建材的有机挥发物（VOC）的标准值定为 $<0.2mg/m^3$ 为合格。根据这一规定，室内的装饰材料，如石膏板、地毯、涂料等都要控制有机挥发物的含量。对墙体材料规定工业废弃物为主要原材料，不用或少用黏土砖，同时还要测定废渣的放射物含量不得超过允许值。

（3）绿色建材在国内的发展　发展绿色建材，改变长期以来存在的粗放型生产方式，选择节约型、污染最低型、质量效益型、科技先导型的生产方式是21世纪我国建材工业的必然出路。

我国发展绿色建材以1992年联合国环境与发展首脑会议为契机，广泛研制绿色建材产品，近几年已取得了初步成果，如以粉煤灰、煤矸石、炉渣、矿渣、页岩等废弃物为基础研制的实心砖、空心砖、砌块等产品取代黏土砖已趋于成熟，工程中已大量使用。采用化学石膏制板产品，以磷石膏、脱硫石膏、氟石膏代替天然石膏生产绿色建材，可减少天然石膏矿藏的大量开采，是我国解决若干地区酸雨问题的措施之一。充分利用白色污染废弃物。经粉碎后，采用刨花板（中密度板）生产技术生产保温板系列产品、复合夹芯板材产品代替木材，中国建材研究院开发生产的HB彩乐板即属此类。利用稻草或农植秸秆为填料，加水泥蒸压生产水泥草板，有关稻草板的国家行业标准已制定，各地均有生产。采用高新技术生产有益人体健康的多功能绿色建材，如抗菌、除菌、除臭、灭菌的陶瓷玻璃产品，以及可调湿、防火、远红外无机内墙涂料，不散发有机挥发物的水性涂料，无毒高效黏结剂。水泥生产企业在我国是属于高能耗高污染的企业，是环保治理的重点，发展绿色建材，水泥应从综合治理寻求出路。如提高水泥强度等级、生产多功能水泥，以废渣经过加工代替部分水泥，从而降低水泥产量。生产中改进工艺、降能耗、减少排污和排入大气的 CO_2，尽量达到环境允许程度。我国年产粉煤灰已超过1亿t，年产矿渣约8000万t，是水泥工业使用废渣可靠的供应源。

（4）发展绿色建材的意义　20世纪70年代以来，臭氧层破坏、温室效应、酸雨等系列全球性环境问题的日益加剧，人们已逐步认识到保护我们赖以生存的地球环境已不再只是政府、民间团体、科研机构的事情，每个人都应以自己的行动来直接参与环境保护工作。

对于土木工程材料而言，在生产、使用过程中，一方面消耗大量的能源，产生大量的粉尘和有害气体，污染大气和环境；另一方面，使用中会挥发出有害气体，对长期居住的人来说，会对健康产生影响。鼓励和倡导生产、使用绿色建材，对保护环境，改善人民的居住质量，做到可持续的经济发展是至关重要的。

6. 未来土木工程材料的发展趋势

为适应未来土木工程发展的需要，未来土木工程材料的发展趋势主要有以下几方面：

（1）天然材料进一步向合成材料发展　世界建筑材料产品的结构从20世纪60年代开始调整，木材、石材的比例显著下降，水泥混凝土材料占土木工程材料总量的比例已达76%。据预测，今后水泥混凝土用量的比例将更大，其用量将远远超过其他材料；合成有机材料的用量将跃居第四位；混凝土和合成有机材料将成为未来的人造石料。

（2）传统的单一用途材料进一步向多功能材料发展　人类的房屋数量解决后，重点将

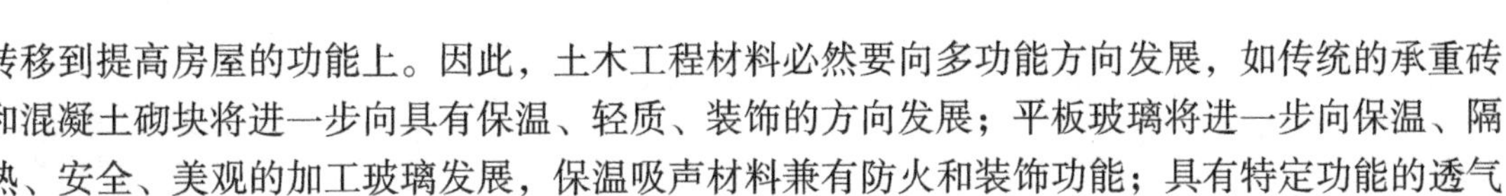

转移到提高房屋的功能上。因此，土木工程材料必然要向多功能方向发展，如传统的承重砖和混凝土砌块将进一步向具有保温、轻质、装饰的方向发展；平板玻璃将进一步向保温、隔热、安全、美观的加工玻璃发展，保温吸声材料兼有防火和装饰功能；具有特定功能的透气墙纸、报警墙纸、保温墙纸、除臭墙纸、防水墙纸、防火墙纸也将会出现和发展。

（3）单一材料进一步向复合材料发展　任何一种材料都有其优缺点，将两种或多种材料优点集合起来构成互补的复合型材料，已成为当今材料发展的趋势。除传统的钢筋混凝土和预应力混凝土将进一步得到发展外，用石棉纤维、植物纤维、化学纤维、金属纤维和陶瓷纤维增强的水泥混凝土也将进一步得到发展。聚合物混凝土的研究和应用，将使混凝土具有硬化快、强度高、耐磨及抗冲击性能好，以及抗渗、抗冻、抗化学侵蚀、黏结力强等优点。混凝土将进入有机与无机结合的新阶段。纤维与塑料合成的纤维塑料，合金与树脂共混制成的多性能塑料合金，玻璃纤维毡、聚酯毡、金属箔作胎基增强沥青或改性沥青材料等更多的新型复合材料将会出现和进一步发展。

思　考　题

1. 大家以前在中学化学课中也接触过碳酸钙，它是强碱弱酸盐，呈碱性，可以用来制备二氧化碳。那么它在土木工程中有什么用途呢?
2. 简述钢材的分类和适用范围。
3. 简述水泥的分类及其特点和适用情况。
4. 绝热材料有哪几种？常用的绝热材料有哪些？试举例。
5. 简述防水材料的种类。
6. 常见的隔震与抗震材料有哪些?
7. 简述土工合成材料类别，以及常见的工程材料有哪些?
8. 简述绿色建材的优缺点及其发展趋势。
9. 简述未来土木工程材料的发展趋势。

3

第3章 基础工程

3.1 工程地质勘察

工程地质勘察是利用各种勘察手段，开展调查、测绘、勘探（见图3-1）、试验等各项工作来研究、掌握工程地质资料。所需勘察的地质因素：地形、地貌，地层特征，地质构造，不良地质现象，水文地质条件，土石成分分析，建筑材料，地震烈度。

工程地质勘察的目的是使工程设计结合实际进行。其任务是查明建筑场地的地貌和地质条件、岩土体物理力学性质及地下水情况等，对建筑地段的稳定性和适宜性作出评价，为建筑场地作出工程地质评价，对拟建建筑物的结构形式、基础类型、边坡及地基处理等工程的设计及施工提供依据和指导性建议，对不利的建筑岩土层提出切实可行的处理方法或防治措施，为工程建筑物的规划、设计、施工和使用提供必要的地质资料和各项数据，服务于工程建设的全过程。工程地质勘察应在收集建筑物荷载、功能特点、结构类型、基础形式、埋置深度和变形限制等资料后分阶段进行。勘察工作一般分为可行性研究勘察（选址勘察）、初步勘察、详细勘察三阶段。可行性研究勘察是从总体上判定拟建场地的稳定性和适宜性，确定场地方案。初步勘察是评价场地内拟建建筑地段稳定性并提供资料和建议。详细勘察是按单体建筑物或建筑群提出岩土参数并对工程设计、施工提出建议。对于场地条件复杂或有特殊要求的工程，应进行施工勘察，进行现场监测并对工程和环境的影响进行分析评价。

图3-1 野外钻探

3.1.1 工程地质勘探方法

（1）探槽 探槽一般适用于了解构造线、破碎带宽度、不同地层岩性的分界线、岩脉宽度及其延伸方向等。探槽的挖掘深度较浅，一般在覆盖层小于3m时使用，当覆盖层较厚时，土质较软易塌时，挖掘宽度须适当加大，甚至侧壁须挖成斜坡形。

（2）探井 探井能直接观察地质情况，详细描述岩性和分层，利用探井能取出接近实际的原状结构土样。探井的种类按照开口形状可分为圆形、椭圆形、方形和长方形等。圆形

探井能在水平方向上承受较大的侧压力，比其他形状的探井安全。

（3）钻孔　在工程地质勘探中，钻孔是最广泛的一种勘探手段，可以获取深部土层的资料。钻进方法可分为：

1）冲击钻进。利用钻具的重心和向下冲击力使钻头冲击钻孔以破碎岩体，对于硬层，一般采用孔底全面钻进、钻粒钻进和金刚石钻进。

2）回转钻进（见图3-2）。利用回转钻进使钻头切削刃切削或研磨岩土使之破碎。回转钻进可分为孔底全面钻进和孔底环状钻进。

3）冲击-回转钻进。冲击-回转钻进也称为综合钻进，岩土的破碎是在冲击、回转综合作用下发生的。早期工程地质勘察中，冲击-回转钻进较为广泛应用。

4）振动钻进。振动钻进先将机械动力所产生的振动力，通过连接杆及钻具传到圆筒形的钻头周围土中，通过振动切削土层进行钻进。振动钻进的钻进速度较快，但主要适用于粉土、黏性土层及较小粒径的碎石土层。

图3-2　回转钻进施工

3.1.2　一般工业与民用建筑岩土工程勘察

房屋建筑和构筑物的岩土工程勘察应在了解荷载、结构类型和变形要求的基础上进行。其主要工作内容简述如下：

1）查明场地地基的稳定性，地层的类别、厚度和坡度，持力层和下卧层的工程特性、应力和地下水条件等。

2）提供满足设计、施工所需的岩土技术参数。

3）确定地基承载力，预测地基沉降及其均匀性。

4）提出地基和基础设计方案建议。

在可行性研究勘察阶段，一般通过几个候选场址的工程资料进行对比分析，对拟建场地的稳定性和适宜性作出评价，应进行下列主要工作：

1）搜集区域地质、地形地貌、地震、矿产和附近地区的岩土工程地质资料及当地的建筑经验。

2）在搜集和分析已有资料的基础上，通过踏勘，了解场地的地层、构造、岩石和土的性质、不良地质现象及地下水等岩土工程地质条件。

3）对岩土工程地质条件复杂、已有资料不能符合要求，但其他方面条件较好且倾向于选取的场地，应根据具体情况进行岩土工程地质测绘及必要的勘探工作。

确定建筑场地时，在岩土工程地质条件方面，宜避开下列地区或地段：

1）地质现象发育且对场地稳定性有直接危害或潜在威胁的。

2）地基土性质严重不良的。

3）对建筑物抗震危险的。

4）洪水或地下水对建筑场地有严重不良影响的。

5）地下有未开采的有价值矿藏或未稳定的地下采空区。

在初步勘察阶段应对场地内建筑地段的稳定性作出岩土工程评价，应进行下列主要工作：

1）搜集可行性研究阶段岩土工程勘察报告，取得建筑区范围的地形图及有关工程性质、规模的文件。

2）初步查明地层、构造、岩土物理力学性质、地下水埋藏条件及冻结深度。

3）查明场地不良地质现象的成因、分布、对场地稳定性的影响及其发展趋势。

4）对抗震设防烈度大于或等于7度的场地，应判定场地和地基的地震效应。

在详细勘察阶段应按不同建筑物或建筑群提出详细的岩土工程资料和设计所需的岩土技术参数；对建筑地基应作出岩土工程分析评价，并应对基础设计、地基处理、不良地质现象的防治等具体方案作出论证和建议，应进行下列主要工作：

1）取得附有坐标及地形的建筑物总平面布置图，拟建建筑物的地面整平标高，建筑物的性质、规模、结构特点，可能采取的基础形式、尺寸、预计埋置深度，对地基基础设计的特殊要求等。

2）查明不良地质现象的成因、类型、分布范围、发展趋势及危害程度，并提出评价与整治所需的岩土技术参数和整治方案建议。

3）查明建筑物范围各层岩土的类别、结构、厚度、坡度和特性，计算和评价地基的稳定性和承载力。

4）对需进行沉降计算的建筑物，提供地基变形计算参数，预测建筑物的沉降、差异沉降或整体倾斜。

5）对抗震设防烈度大于或等于6度的场地，应划分场地土类型和场地类别；对抗震设防烈度大于或等于7度的场地，还应分析预测地震效应，判定饱和砂土或饱和粉土的地震液化，并应计算液化指数。

6）查明地下水的埋藏条件。基坑降水设计时，尚应查明水位变化幅度与规律，提供地层的渗透性资料。

7）判定环境水和土对建筑材料和金属的腐蚀性。

8）判定地基土及地下水在建筑物施工和使用期间可能产生的变化及对工程的影响，提出防治措施及建议。

3.1.3　高层建筑岩土工程勘察

我国根据消防水车喷水高度把10层及以上的建筑或者建筑高度超过24m的建筑称为高层建筑，反之称为低层建筑，建筑高度超过100m的称为超高层建筑。高层建筑对岩土工程勘察的要求比低层建筑要求高。

1）地基承载力要求。由于高层建筑荷载大，对地基承载力要求高，因此需要选择承载力比较高的土层作为持力层；同时对地基承载力的评价有较高的要求，在地基承载力不满足时，需要进行地基加固或采用桩基础。

2）变形倾斜要求。高层建筑可能产生的地基变形较大，因此需要提供地基土的变形性质指标来做变形验算；同时建筑物重心高，容易产生横向整体倾斜，因此要查清地基土在纵横两个方向的不均匀性。

高层建筑往往位于城市中建筑物密集的街道两侧构成建筑群中心，因此需要考虑对环境

的影响问题，包括施工过程中的基坑开挖、人工降低地下水位、打桩和噪声，以及建筑物建成后的地基沉降对相邻建筑物的影响等。在地震烈度大于7度的地区，高层建筑的抗震设计需要提供场地、地基的地震效应，确定场地和场地土的类别，判定砂土液化的可能性及确定地基土的卓越周期等。

1. 勘探点的布设

1）勘探点的平面布设应根据建筑物体型、荷载的大小、地层结构和均匀性来确定，尤其应满足评价建筑物横向整体倾斜的地层均匀性的要求。

2）当建筑物平面为矩形时，可按双排布设；当为不规则形状时，宜按凸出部位的角点和中心点布设。

3）在层数、荷载和建筑体型变化较大处宜布置适量勘探点。

4）当为高层建筑比较密集的建筑群，可考虑共用钻探点。有时还可按方格网布设，以适应建筑总图的变化。

5）勘探点的间距一般为15～35m，复杂场地可取小值，简单场地可取大值。控制性勘探点的数量宜为全部勘探点总数的1/2以上。

6）在软土地区、岩溶地区或花岗岩残积土地区，尚应参照有关地区性或专门规范要求。

2. 原位测试

为了查明地层的均匀性和确切地评价地基承载力，计算地基的最终沉降量或沉降差，需要对地基进行原位测试。高层建筑原位测试包括静力触探、旁压试验、标准贯入试验、十字板剪切试验、注水试验等。

3. 室内试验

除了常规的土工试验外，重点的室内试验主要指剪力试验和固结试验。为计算地基的承载力和验算基坑边坡等结构物的稳定性，或为地下室做挡土墙计算、锚杆设计所需的抗剪强度指标，均要做剪力试验和固结试验。

4. 地基评价和计算

1）地基均匀性评价。评价标准为：①高层建筑基础必须有一定的埋深，且一般不能以人工填土作为持力层；②地基持力层和第一下卧层在基础宽度方向上，地层厚度的差值不少于$0.05b$（b为基础宽度）时，该地层可视为均匀地基，当大于$0.05b$时，应当计算横向倾斜是否满足要求，若不满足，应采取结构或地基处理措施；③衡量地基土的压缩性，可以把压缩层内的各土层的压缩模量作为评价依据。

2）地基承载力计算和评价。高层建筑地基承载力必须满足两个方面的要求：①将基础底下的局部塑性变形区限制在一定的范围内，以控制地基不产生整体、局部或刺入剪切破坏而丧失稳定性；②地基变形，尤其是整体倾斜要限制在允许的范围内，同时要进行高层建筑地基沉降验算。

3.1.4 公路岩土工程勘察

公路岩土工程勘察工作应按照调查测绘、勘探测试和编制岩土工程报告的程序进行。各勘察阶段的工作内容和工作深度应与公路工程的设计阶段相适应。对工程地质条件简单、工程方案明确的中小型项目，可以进行详细工程地质勘察。

可行性研究阶段应充分收集已有工程地质、环境地质及岩土工程资料，当工程地质及岩土条件复杂，并且已有资料不能满足评价场地技术要求时，应根据工程方案研究的需要进行必要的工程地质勘察工作。

工程地质勘察应重视地质理论的应用，综合利用各种勘察手段，充分利用已有资料和科研成果，用经济合理的勘察工作量取得必要的、可靠的勘察成果，应与公路各设计阶段的要求相适应。

1. 勘察要求

工程地质条件分为两类：

1）简单的。地形简单，地貌单元少；地层结构简单，无特殊岩土层，基岩风化不严重，基岩面起伏不大；区域地质构造较简单，地下水对工程无不良影响，且其场地稳定。

2）复杂的。地形复杂，地貌单元多；地层较复杂，有特殊岩土层，基岩风化严重，基岩面起伏大；区域地质构造较复杂，地下水对工程有影响，且其场地内有不良地质现象。

在进行勘察工作时，应区别一般工程和大型的、重要的工程，岩土工程条件简单和复杂的工程，采用不同的深度要求。对方案明确的小型的工程和岩土工程条件简单的工程，要求可以从简。

对不良地质地段和特殊性岩土地段，应与一般地段不同，分别采取不同的方法和手段及不同的工作深度进行岩土工程勘察，分项作出评价。

应充分收集并且注意利用当地已有的有关文献资料及与公路相关工程的地质勘察、设计和施工方面的图样等，进行对比分析与综合论证。

注意运用新技术、新仪器、新设备、新方法，使工程地质勘察技术具有先进性。

2. 勘察阶段与要求

勘察前应广泛收集有关工程地质勘察报告、航拍照片、卫星照片，熟悉所调查地区的有关地质资料（包括区域地质、工程地质、水文地质、室内试验等成果）并予以充分利用。

可行性研究勘察阶段应对所收集的地质资料和有关路线控制点、走向和大型结构物进行初步研究，并到现场实地核对验证，适当地利用简易勘探方法和物探，必要时可布置钻探，以了解沿线地质概况，为优选路线方案提供地质依据。

初步工程地质勘察阶段应配合路线、桥梁、隧道、路基、路面和其他结构物的设计方案及其比较方案的制订，提供工程地质资料，以供技术经济的论证，达到满足方案的优选和初步设计的需要。对不良地质和特殊性岩土地段，应作出初步分析及评价，还应提出处理办法，为满足编制初步设计文件，提供必需的工程地质资料。

详细工程地质勘察阶段应在批准的初步设计方案的基础上，进行详细的岩土工程勘察，以保证施工图设计的需要。对不良地质和特殊性岩土地段，应作出详细分析、评价和具体的处理方案，为满足编制施工图设计提供完整的地质资料。

对岩土工程地质条件复杂、工程规模大、目前缺乏经验的建设项目，应根据初步设计审批意见，在技术设计阶段，根据需要有针对性地进行岩土工程勘察工作。

对工程地质条件特别复杂的，为进一步查明地质情况，在施工期间宜根据具体情况安排有针对性的工程地质勘察工作。

3. 勘察方法

1）勘察方法应根据勘察阶段要求的内容和深度、所勘察的道路等级、工程规模及其工作难易程度的不同而加以选择。

2）初勘阶段所采用的勘察方法，主要为工程地质调查与测绘及综合勘探。一般情况下，采用物探、钻探、原位测试与室内试验等，以必要的工作量完成本阶段的勘察任务。

3）详勘阶段的勘察方法，主要是以钻探、原位测试和室内试验为主，必要时进行物探和工程地质测绘工作，以详细查明工程地质条件。

3.1.5　桥梁工程地质勘察

1. 初勘阶段

1）桥梁的勘察应根据工程可行性研究报告的审批意见，在工程可行性研究地质勘察资料的基础上进行初勘。对工程地质条件复杂的特大桥和大桥，必要时，增加技术设计阶段勘察（技勘），对初勘作进一步补充勘察工作。

2）根据初勘合同或初勘任务书的要求进行初勘。

3）初勘阶段，应对各桥位方案进行工程地质勘察，并对建桥适宜性和稳定性有关的工程地质条件作出结论性评价。

2. 调查与测绘

1）在桥位处必须进行工程地质调查。对工程地质条件复杂的特大桥，应进行工程地质测绘，比例尺用1:500～1:2000，编制桥位工程地质平面图；对一般的特大桥、大桥及复杂中桥，可不进行工程地质测绘。

2）调查与测绘范围。调查范围一般包括对桥梁及其附属工程有影响的工程地质现象。测绘范围一般应包括桥轴线纵向的河床和两岸谷坡或阶地（500～1000m），以及横向的河流上下游各200～500m；如设计有特殊要求，可增加测绘范围。

3. 桥位详勘

1）查明桥位区域地层岩性、地质构造、不良地质现象的分布及工程地质特性。

2）查明桥梁墩台和其他构造物地基的覆盖层及基岩风化层的厚度、墩台基础岩体的风化与构造破碎程度、软弱夹层情况和地下水情况。测试岩土的物理力学、化学特性，提供地基的基本承载力、桩侧摩阻力、钻孔桩极限摩阻力，作出定量评价。对边坡及地基的稳定性、不良地质的危害程度和地下水影响程度作出评价。对地质复杂的桥基或特大的塔墩、锚锭基础，应采用综合勘察并根据设计需要，可现场鉴定岩土地基特性以补充原工程地质勘察工作的不足。

3）为测定岩土的工程地质特性，提供可靠的设计参数，应进行原位测试。在墩（台）锚、桩位处的钻孔，均应配合原位测试工作。当采用隔墩（桩）钻探时，应在无钻孔的墩（桩）处进行原位测试，探查地基岩土物理力学特性，以取得有关原位地质资料，并与室内试验成果分析对比，为设计提供岩土力学参数。

4）当水文地质条件复杂的大桥或特大桥须提供基坑涌水量时，应进行抽水试验；当地层含有承压水时，应进行观测；当工程地质条件复杂，详勘后仍有遗留地质问题要查清时，可配合施工进行补充勘探。

5）对墩（台）锚、桩等部位的所有钻孔所取的样品，均应送实验室进行试验；岩土试样的数量、规格、质量要求，应按行业标准的有关要求办理。

6）对岩土工程地质测绘、勘探、测试等成果资料，应进行整理分析，提交完整的岩土工程勘察报告。

3.1.6 隧道工程地质勘察

1. 隧道初勘

隧道初勘工作一般与设计阶段同步，提供不同隧道方案的工程地质和水文地质资料。但对于特长隧道、控制路线方案的长隧道及水文工程地质条件极复杂的隧道，原则上应安排超前的工程地质、水文地质勘察和定位观测，其勘察阶段可不受设计阶段限制。

（1）一般工程地质地区隧道位置的选择

1）应选择地质构造简单、地层单一、岩性完整、工程地形较好的地段，在倾斜岩层中，以隧道轴线垂直岩层走向为宜。

2）应选择在山体稳定、山形较完整、山体无冲沟、山洼地形切割不大、无软弱夹层、岩层基本稳定的地段通过。

3）应选择地下水影响小、无有害气体、无有用矿产和放射性元素的地层通过。

（2）不良地质地区隧道位置的选择

1）隧道顺褶曲构造布置时，一般避开褶曲轴部破碎带两侧，从翼部地质情况较好的一侧通过。

2）隧道尽量避开断层破碎带，特别是必须穿越含水丰富的破碎带时，隧道应与之垂直或以大角度斜交通过。

3）隧道洞身不应在滑坡、错落体内穿过；如必须通过此类地段时，应使洞身埋置在错落体或滑动面以下一定深度的稳固地层中。

4）通过岩堆地段时，若经查明岩堆密实稳定，可以修建隧道，但应避免洞身置于岩堆与基岩接触面处。如属不稳定的岩堆，隧道应移于基岩中，并留有足够的安全厚度。

5）隧道穿过泥石流沟床下部时，应使洞身置于基岩中或稳定的地层中，并保证拱顶以上有一定的安全覆盖厚度。采用明洞方案时，明洞基础应置于基岩或牢固可靠的地基上，明洞洞顶回填应考虑河床下切和上涨及其相互转化的可能情况，并加以不小于0.5m的安全覆盖厚度。

6）尽量避开易溶岩与难溶岩的接触带，尽量避开流砂地段；无法避开时，应选择其相对稳定地段以短距离通过。隧道应尽量避开结构松散的冰碛层；必须通过冰碛层时，隧道宜避免穿越煤系地层和瓦斯含量较高的地带。

（3）水下隧道位置的选择

1）应具有良好的工程地质和水文地质条件，尽量选在古老岩浆岩或沉积岩等比较坚硬、连续沉积岩或相对稳定的岩层中。在选定轴线时，应尽量避开大断裂破碎带、不整合接触带及软弱夹层地带，严禁水下隧道轴线走向和断层走向一致，当避开有困难时，可垂直通过大断层。

2）隧道轴线尽量选在岩体完整、岩性坚硬、无溶洞、无断层带及河床冲刷后淤积的覆盖层较薄而又无大冲沟的地段。

3）应尽量选择在厚层状隔水层或含水较少的不透水层通过；隧道应避免通过地下水中含有对混凝土有危害的盐类蚀性物质。

4）水下隧道宜选在河床顺直、河道较窄、河水较浅的地段；若难满足上述条件，则应考虑河幅宽窄与河水深浅的关系，做多方案比较。

5）隧道宜选在两岸山体整齐、河床段引道线形顺直的地段，并根据地质条件作出详细的评价。

2. 详勘内容

1）在初勘的基础上进一步开展深入细致的工程地质勘察工作，着重查明和解决初勘时未能查明的地质问题，补充、核对初勘地质资料。

2）根据地质特征，进一步分析隧道围岩的稳定性和洞口斜坡的稳定性。

3）对于长、特长隧道，地质条件极复杂的水下隧道，就初勘提出的重大地质问题和建议，应进行深入调查、勘探，得出可靠结论。

4）正确评价隧址区的工程地质、水文地质条件及其发展趋势；提供设计、施工所需的定量指标、整治措施及注意事项等。

3.1.7 岩土工程勘察报告

勘察报告是在工程地质调查与测绘、勘探、试验测试等资料准确的基础上，结合工程特点和要求，进行整理、统计、归纳、分析、评价，提出工程建议，形成文字报告并附各种图表的勘察技术文件。报告应资料完整、真实准确、结论有据、建议合理，正确评价建筑场地条件、地基岩土条件、施工及使用中可能出现的特殊问题，为工程设计和施工提供合理适用的建议。

岩土工程勘察报告应根据任务要求、勘察阶段、工程特点和地质条件等具体情况编写，并应包括下列内容：

1）勘察目的、任务要求和依据的技术标准。

2）拟建工程概况。

3）勘察方法和勘察工作布置。

4）场地地形、地貌、地层、地质构造、岩土性质及其均匀性。

5）各项岩土性质指标，岩土的强度参数、变形参数、地基承载力的建议值。

6）地下水埋藏情况、类型、水位及其变化。

7）土和水对建筑材料的腐蚀性。

8）可能影响工程稳定的不良地质作用的描述和对工程危害程度的评价。

9）场地稳定性和适宜性的评价。

3.1.8 工程勘察发展趋势

我国的工程勘察行业是从20世纪50年代参照苏联模式建立起来的，当时在国务院各部门、各地区陆续建立了工程勘察单位，有一部分是独立的，但更多的是附属在设计院内，作为设计院属的二级单位。其主要业务是为设计配套服务，提供设计需要的勘察资料，在当时的历史条件下，为我国的工程建设事业作出了不可磨灭的贡献。进入80年代以来，我国的工程勘察行业不论是从改革原有体制弊端上，还是在技术发展上，都有了显著的进步，特别是作为工程勘察主专业之一的工程地质勘察向岩土工程转化，从原来单一的勘察扩展到包括岩土工程勘察、岩土工程设计、岩土工程监测、岩土工程治理、岩土工程监理（咨询）五个方面，业务范围有了很大拓展，对工程建设所起的作用也越来越大，工程勘察得到了国家建设主管部门和建筑行业的公认。随着岩土工程体制的逐步形成，勘察行业成为设计与施工之间的一个独立行业，并与设计、施工、监理一起构成了建筑行业的重要组成部分，得到了社会的认可。随着工程勘察行业的进一步发展，我国加入WTO后与国际接轨的需要及国家建设主管部门的政策要求，工程勘察行业面临着一个新的发展阶段，其发展方向和趋势也将面临新的调整，以适应社会发展的需要。

1. 服务内容将细分

工程勘察是配合工程设计发展起来的。工程勘察究竟起什么作用呢？勘察大师张苏民总结工程勘察有两个作用：一是认知作用；二是咨询作用。可以说，20世纪80年代以前，我们工程勘察体现的主要是认知作用，当时的勘察是通过必要的勘察手段和工作，认识地基岩土的物理力学属性，为设计提供必要的依据。那时的勘察报告内容就是论述地质条件，提供地基岩土的物理力学指标、参数以供设计使用。80年代后期，我们提倡岩土工程后增加了工程勘察的咨询作用，倡导工程勘察报告体现岩土工程特色，国家收费标准中也规定了体现岩土工程报告特色的增加25%收费，体现了行业引导勘察向岩土工程拓展。这以后的勘察报告不仅包括了原有的内容，还增加了地基基础的建议、地基处理的建议方案论证甚至具体方案、基坑支护方法的论证甚至方案，以及施工方法等方面内容。一个勘察报告可以说涉及了岩土工程勘察、设计、施工内容，有时甚至涉及检测内容。每个勘察单位大都设有岩土工程公司，也都逐步具备了岩土工程勘察、设计、施工、检测、监测的能力。这对勘察单位开展岩土工程业务、拓宽工程勘察业务范围起到了积极作用。基坑支护、桩基施工、地基处理业务也由建筑施工单位逐步转移到工程勘察单位来进行，这的确是勘察行业的一大进步。

2. 原位测试技术将得到重视

岩土工程迄今为止仍是一门半经验半理论的学科，浅基础和深基础承载力仍不能用现有的土力学理论和试验参数计算出符合实际的结果。不同的土层物理力学性质差别也是非常大的。在此情况下，现阶段勘察行业需要重视原位测试试验，需要积累大量的试验资料以揭示地层的规律，以加强土的基本性质的试验研究。在高、重、深工程，在特殊性土、软土地区，原位测试的应用显得特别重要。今后发展的趋势是，将原位测试成果与工程地质条件相同的已有工程反推的有关参数、载荷试验成果进行对比，求得相关关系，以提高设计参数的精度和应用效果。

目前原位测试手段很多，如载荷试验、旁压、静探、标贯、动探、扁铲侧胀仪、十字板剪切等。有些手段在适用的地层也已经积累了一定的经验，达到了工程应用的程度。随着经验的不断积累，原位测试技术必将发挥更大的作用，对地层性质的认识也将更加深入。原位测试试验技术、试验装置也会在应用中得到发展和进步。

3. 勘察单位面临技术创新的要求

技术创新是企业发展的基础。随着勘察行业业务的拓宽，市场竞争的日益激烈，技术创新将会是每一个勘察单位的追求，要想获得一个好的生存环境，勘察单位必须应用创新的知识和新技术、新工艺，采用新的生产方式和经营管理模式，提高产品质量，开发新技术，提供新的服务，占据市场并实现市场价值。

4. 注册岩土工程师制度

企业自律就是要落实国务院提出的工程质量终身责任制，勘察设计单位要对工程质量负终身责任，内部建立质量责任制。我国已启动注册岩土工程师制度，今后，对勘察院来说，院法人和执业注册人员对勘察文件和审核签字的文件要负质量责任，这也符合谁勘察谁负责的国际惯例，这也是今后行业的一个发展方向。

注册岩土工程师对一个单位具有非常重要的作用。注册岩土工程师制度启动以后，一个单位如果没有注册岩土工程师，报告的签发就会有问题。一个单位拥有注册岩土工程师的数量将是单位能力和技术水平的体现。因此，各勘察单位要重视注册岩土工程师工作，要积极创造条件，认真准备，组织好注册岩土工程师工作。

5. 岩土工程勘察的热点

当前，特殊条件下的岩土工程评价仍然是岩土勘察工程中最普遍最大的热点。特殊条件指的是：

1）特殊土，包括湿陷性黄土、软土、膨胀土、盐渍土等。在特殊土地基上进行工程建设时，必须充分考虑到它们所具有的特殊物理力学化学性质。

2）特殊工程地质条件，包括岩溶、斜坡与滑坡、泥石流、采空区、地面沉降、地震效应等。其中强震区的砂土液化、断裂、震陷等问题是岩土工程勘察中经常遇见的。

3）特殊工程，包括高层建筑、动力机器基础、地下工程、水上工程、核电站、道路桥梁、机场跑道、水坝、尾矿坝等。大型建筑地基勘察与评价仍是当前最热门的话题，对可能产生不均匀沉降的预测及对策制定，以及地震效应的抗震参数设计，仍是当前（大型建筑）地基勘察与评价中亟待解决的主要问题。

3.2 基础类型

基础是连接上部结构与地基之间的过渡结构，起承上启下的作用。地基分为天然地基和人工地基，基础可分为浅基础和深基础。

3.2.1 浅基础

一般而言，浅基础是指基础埋置于天然地基上，埋置深度小于5m或者基础埋置深度小于基础宽度的基础。浅基础可以分为以下类型。

1. 按基础刚度分类

（1）刚性基础　刚性基础又称为无筋扩展基础，是由砖、石、素混凝土、三合土、灰土等材料组成的基础。刚性基础的抗压性能较好，而抗拉、抗剪能力较差。根据使用材料的不同，刚性基础可分为砖基础、毛石基础、灰土基础、素混凝土基础、混凝土基础等类型（见图3-3）。

（2）柔性基础　又称为扩展基础，是指当上述刚性基础无法满足强度、刚度、稳定性等设计要求时，在素混凝土中配置钢筋浇筑而成的基础形式。

扩展基础是指柱下钢筋混凝土单独基础和墙下钢筋混凝土条形基础，由于不受刚性角限制，设计上可以做到宽基浅埋，充分利用浅层好土层作为持力层。与刚性基础相比较，钢筋混凝土基础具有较大的抗拉、抗弯能力，能承受较大的竖向荷载和弯矩，因此，钢筋混凝土扩展基础普遍应用于单层和多层结构中（见图3-4）。

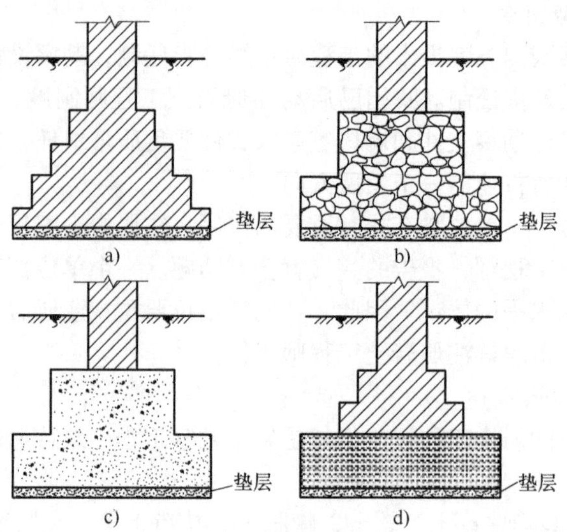

图 3-3 刚性基础

a）砖基础 b）毛石基础 c）混凝土或毛石混凝土基础 d）灰土或三合土基础

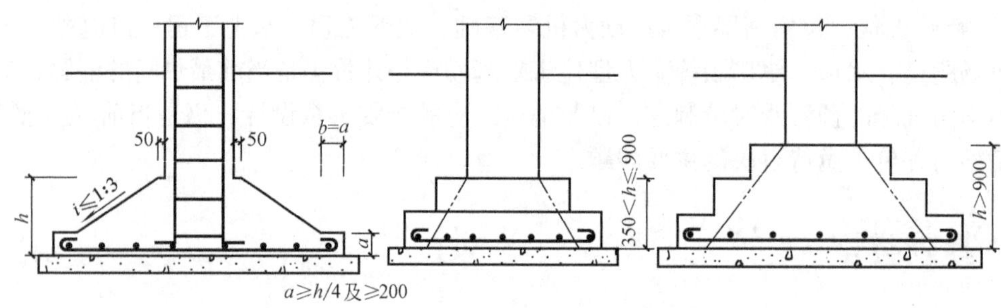

图 3-4 墙下钢筋混凝土扩展基础示意图

一般来讲，扩展基础的形式分为台阶形扩展基础和锥形扩展基础（见图 3-5 ）。对于墙下独立基础的不均匀沉降，应考虑其墙体的纵向变形所产生的影响，为了加强基础的整体性和抗弯性能，可以将基础采取加肋的方式进行处理，且扩展基础受力钢筋的最小配筋率不应小于0.15%。

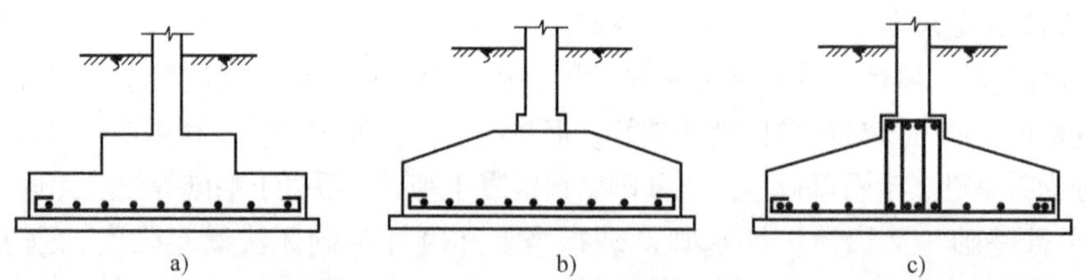

图 3-5 扩展基础的形式

a）台阶形 b）锥形 c）有肋的扩展基础

2. 按构造分类

（1）条形基础 多用于单层或多层砌体结构，指基础长宽比大于等于10时的一种基础

形式。

(2) 独立基础　独立基础是整个或局部结构物下的无筋或配筋基础。

(3) 筏形基础　筏形基础也称为片筏基础、筏板基础。当建筑物上部荷载较大而地基承载能力又比较弱时，用简单的独立基础或条形基础已不能适应地基变形的需要，这时常将墙或柱下基础连成一片，使整个建筑物的荷载承受在一块整板上，这种满堂式的板式基础称为筏形基础。

(4) 箱形基础　箱形基础是由钢筋混凝土的底板、顶板和若干纵横墙组成的，形成中空箱体的整体结构，共同来承受上部结构的荷载。箱形基础整体空间刚度大，对抵抗地基的不均匀沉降有利，一般适用于高层建筑或在软弱地基上造的上部荷载较大的建筑物。当基础的中空部分尺寸较大时，可用作地下室。

(5) 壳体基础　烟囱、水塔、贮仓、中小型高炉等各类筒形构筑物基础的平面尺寸较一般独立基础大，为节约材料，同时使基础结构有较好的受力特性，常将基础做成壳体形式，称为壳体基础。

3.2.2 深基础

深基础是指埋置深度大于5m，或基础埋置深度远远大于基础宽度，且以下部坚实土层或岩层作为持力层的基础。一般来讲，深基础将所承受的荷载相对集中的传递到地基的深处。深基础主要有桩基础、地下连续墙、墩基础和沉井等几种类型。

1. 桩基础

桩可根据桩身材料、施工方法、成桩过程中挤土效应、承载性状及使用功能等进行分类。

(1) 按桩身材料分类　根据桩身材料的使用环境和受力情况的不同，可将桩划分为木桩、混凝土桩、钢筋混凝土桩、及复合材料桩等（见图3-6）。

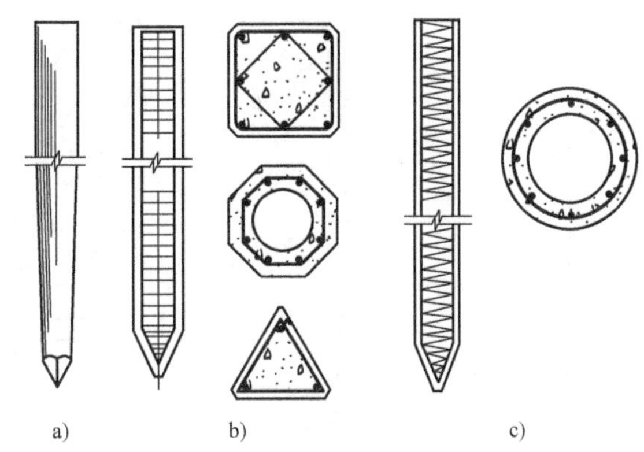

图3-6　按桩身材料分类

a) 木桩　b) 预制混凝土桩　c) 预制混凝土管桩

(2) 按施工方法分类　按施工方法可分为预制桩、灌注桩两大类。

(3) 按成桩过程中挤土效应分类　随着桩的设置方法（打入或钻孔成桩等）的不同，桩周土所受的排挤作用也很不相同。挤土作用会引起桩周土天然结构、应力状态和性质的变化，从而影响土的性质和桩的承载力。

(4) 按设置效应分类　分为三类：挤土桩、部分挤土桩和非挤土桩。

(5) 按承载性状分类　分为两类：端承型桩和摩擦型桩（见图3-7）。

2. 地下连续墙

地下连续墙的优点是刚度大，既挡土又挡水，施工时无振动、噪声低，可用于任何土质。

3. 墩基础

墩基础是在人工或机械成孔的大直径孔中浇筑混凝土（钢筋混凝土）而成，我国多用人工开挖，又由于其径长比较一般桩基偏大，也称为大直径人工挖孔桩。

4. 沉井基础

为了满足结构物的要求，适应地基的特点，在土木工程结构的实践中形成了各种类型的深基础，其中沉井基础，尤其是重型沉井、深水浮运钢筋混凝土沉井和钢沉井，在国内外已有广泛的应用和发展。沉井按下沉方式分就地制造下沉的沉井和浮运沉井两种。

沉井基础是以沉井法施工的地下结构物和深基础的一种形式，是先在地表制作成一个井筒状的结构物（沉井），然后在井壁的围护下通过从井内不断挖土，使沉井在自重作用下逐渐下沉，达到预定设计标高后，再进行封底，构筑内部结构。沉井基础广泛应用于桥梁、烟囱、水塔的基础；水泵房、地下油库、水池竖井等深井构筑物和盾构或顶管的工作井。沉井法施工技术上比较稳妥可靠，挖土量少，对邻近建筑物的影响比较小；沉井基础埋置较深，稳定性好，能支承较大的荷载。按沉井平面形状可将其分为圆形、矩形、圆端形沉井等（见图3-8）。圆形沉井形状对称、挖土容易，下沉不宜倾斜，但与墩、台截面形状适应性差；矩形沉井与墩、台截面形状适应性好，模板制作简单，但边角土不易挖除，下沉易产生倾斜；圆端形沉井适用于圆端形的墩身，立模不便，但控制下沉与受力状态较矩形好。按沉井立面形状可将其分为柱形、阶梯形等。

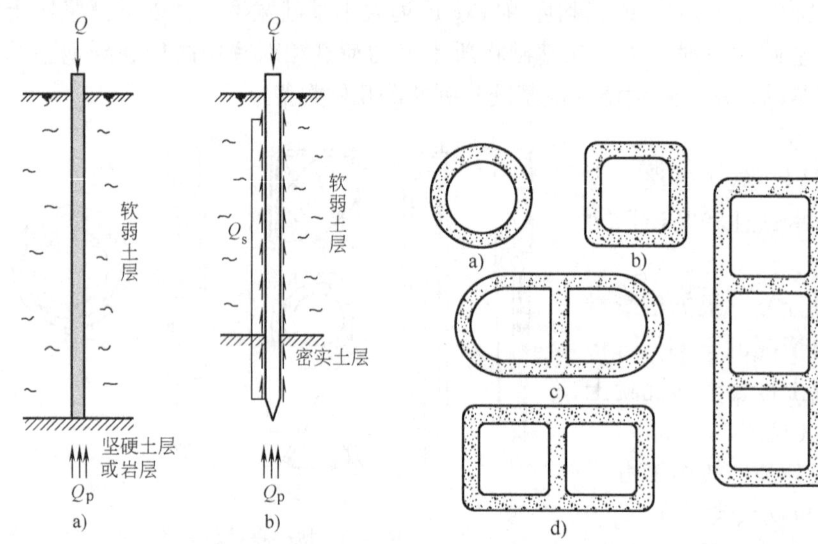

图3-7 桩按荷载传递方式分类

a）端承型桩 b）摩擦型桩

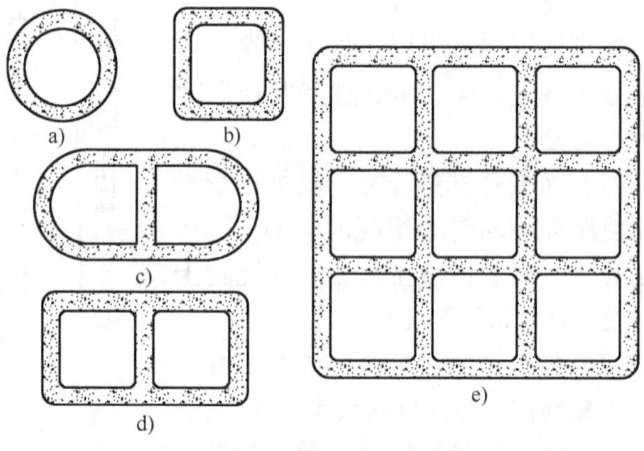

图3-8 沉井平面形式

a）圆形单孔沉井 b）正方形单孔沉井 c）椭圆形双孔沉井 d）矩形双孔沉井 e）矩形多孔沉井

3.3 地基处理

地基处理技术是伴随人类文明起源而兴起的。大量考古发现表明，古埃及曾用石灰、石膏和砂子来加固金字塔的地基和尼罗河河堤；古印度也用石灰和黏土来建造挡水坝；古罗马帝国那波里居民曾用当地大量堆积的火山灰掺入不同比例的生石灰制成一种称为罗马水泥的固化剂，用来进行建筑和处理地基。我们的祖先在春秋战国时期以前就用石灰、黏土和土拌和成三合土修筑驿道。现代地基处理技术起源于欧洲。1835年，法国工程师设计了最早的

砂石桩；1934 年，苏联阿别列夫教授首创了土桩挤密法；1936 年，德国工程师 S. Steuerman 提出振冲法原理；20 世纪 60 年代，法国 Menard 技术公司首创了强夯法处理地基（也称为动力固结法，Dynamic Consolidation Method）。20 世纪 70 年代日本最早将高压喷射技术用于地基加固和防水帷幕，即 CCP 工法。随着地基处理技术的发展和地基处理工程的大量开展，地基分析计算理论也得到很大提高。复合地基理论就是在地基处理技术长足发展的形势下诞生的。复合地基理论第一次提出桩土共同承担上部荷载的思想，非常符合处理后的地基承载的事实。最初人们以不同的地基处理方法来区分复合地基。随着地基处理新技术的不断涌现和人们对问题认识的加深，现今的分类开始涉及各种复合地基承载的本质区别，逐渐走向合理化。

3.3.1 地基处理的对象

地基处理的对象是软弱地基和特殊土地基。GB 50007—2011《建筑地基基础设计规范》中明确规定："软弱地基系指主要由淤泥、淤泥质土、冲填土、杂填土或其他高压缩性土层构成的地基。"特殊土地基带有地区性的特点，它包括软土、湿陷性黄土、膨胀土、红黏土和冻土等地基。天然地基上的浅基础埋置深度较浅，用料较省，无需复杂的施工设备，在开挖基坑、必要时支护坑壁和排水疏干后对地基不加处理即可修建，工期短、造价低，因而设计时宜优先选用天然地基。当这类基础及上部结构难以适应较差的地基条件时才考虑采用大型或复杂的基础形式，如连续基础、桩基础或人工处理地基。

地基处理的目的是采用各种地基处理方法以改善地基条件，这些措施包括以下五个方面的内容：

（1）改善剪切特性　地基的剪切破坏表现在建筑物的地基承载力不够，使结构失稳或土方开挖时边坡失稳，使邻近地基产生隆起或基坑开挖时坑底隆起。因此，为了防止剪切破坏，就需要采取增加地基土的抗剪强度的措施。

（2）改善压缩特性　地基的高压缩性表现在建筑物的沉降和差异沉降大，因此需要采取措施提高地基土的压缩模量。

（3）改善透水特性　地基的透水性表现在堤坝、房屋等基础产生的地基渗漏；基坑开挖过程中产生流砂和管涌。因此需要研究和采取使地基土变成不透水或减少其水压力的措施。

（4）改善动力特性　地基的动力特性表现在地震时粉、砂土将会产生液化；由于交通荷载或打桩等原因，使邻近地基产生振动下沉。因此需要研究和采取使地基土防止液化，并改善振动特性以提高地基抗震性能的措施。

（5）改善特殊土的不良地基的特性　这主要是指消除或减少黄土的湿陷性和膨胀土的胀缩性等地基处理的措施。

3.3.2 地基处理方法与方案选择

1. 地基处理方法

（1）换填垫层法　当建筑物基础下的持力层为较软弱或湿陷性土层，不能满足上部荷载对地基强度或变形的要求时，常采用换土垫层（见图3-9）来处理地基。先将基础下的软弱土、湿陷性黄土、杂填土或膨胀土等的一部分或全部挖掉，然后换填密度或水稳性好的土或灰土、砂石、矿渣等材料，并分层夯实或碾压使其密实。

换土垫层的作用如下：①提高持力层的承载能力；②减少地基变形量；③砂石垫层能加速地基排水固结，而灰土垫层能促进其下土层含水量均衡转移，从而减少土性的差异。

（2）强夯法　强夯是松软地基的一种有效的加固方法，利用夯锤自由落下的巨大冲击能和所产生的冲击波反复夯击地基土，以提高地基的承载力和土体的稳定性，降低压缩性，消除黄土地基的湿陷性和砂土的震动液化。由于夯击的能量大，加固深度也很大。

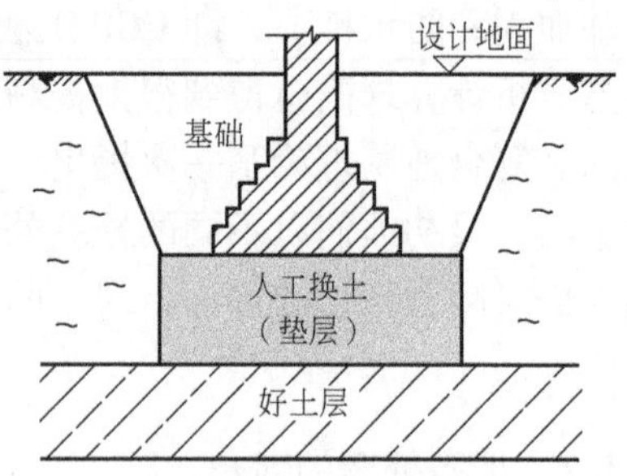

图3-9　换土垫层法

强夯不仅对湿陷性黄土、粉土和砂土有效，而且对高饱和度的粉土与软塑~流塑的黏性土等地基上，对变形控制要求不严的工程也比较有效。这是由于强夯时发出的冲击能造成一系列的压缩波使土体内出现排水网络，土的渗透性骤然增加，孔隙水迅速排出，孔隙水压力很快消散，从而产生很大的瞬间沉降，使土体加密，强度大幅度提高。

（3）挤密桩法　挤密桩法主要包括砂桩挤密加固、土或灰土桩挤密加固、爆破挤密桩，具体内容如下：

1）砂桩挤密加固。砂桩常用于挤密松散杂填土、砂性较大的黏性土或松散砂地基，提高地基的密实程度和承载能力，并能有效地防止砂土地基的震动液化。但对于黏性大的饱和软土地基，软弱的高湿度黄土地基，由于土地渗透性小，抗剪强度低，灵敏度较高，在加固过程中孔隙水不能及时排除，超静孔隙水压力难以很快消散，其挤密效果不显著。砂桩还不能用于湿陷性黄土地基。砂桩的作用：一是挤密地基，二是排水，加速一般黏性土的排水效果。

2）土或灰土桩挤密。土或灰土桩挤密加固地基是一种人工复合地基，属于深层加密处理地基的一种方法。其主要作用是提高地基承载能力，减少地基变形，对湿陷性黄土则有消除浅部或深部的部分或全部湿陷性的作用。以提高地基承载力为主要目的时，或既要提高其承载力，又要消除地基湿陷性时，应采用灰土挤密桩；如仅为消除地基的湿陷性，则以采用土桩挤密较为经济。

3）爆破挤密桩。爆破挤密桩是先用洛阳铲或钻空机打孔，然后在孔内进行爆破，以扩大坑径并在下端形成一扩大孔，其作用是利用爆破挤密土层，并利用混凝土桩大头支撑在下部较密实土层上。

（4）振冲法　利用振动和水冲加固土体的方法称为振冲法。振冲法最早是用来振密松砂地基的，工程上振冲法首先在黏性土地基中得到应用。在黏性土中制造一群以石块、砂砾等散粒衬料组成的柱体，这些柱与原地基土一起构成复合地基，使承载力提高，沉降减少。为此，有人把这一方法称为“碎石桩法”。

振冲挤密法加固砂层的原理是：一方面依靠振冲器的强力振动使饱和砂层发生液化，砂颗粒重新排列，孔隙减少；另一方面依靠振冲器的水平振动力，在加回填料情况下还通过填料使砂层挤压加密。在振冲器的重复水平振动和侧向挤压作用下，砂土的结构逐渐破坏，孔隙水压力迅速增大。由于结构破坏，土粒有可能向低势能位置转移，这样土体由松变密。

（5）深层搅拌法（见图3-10） 我国地域广大，有各种成因的软土层（如东海、黄海、渤海的滨海相沉积土；长江、珠江、闽江中下游的三角洲相沉积土；洞庭湖、太湖、洪泽湖、滇池的湖相沉积土等），其分布范围广、土层厚度大。这类软土的特点是含水量高、孔隙比大、抗剪强度低、压缩系数高、渗透系数低、沉降稳定时间长。

根据工业布局或城市发展规划，常需在软土地基上进行建筑，以往通常采取挖除置换、桩基穿越或人工加固等措施。但要挖除深厚的软土层，已属不易，还要大量运入本地缺乏的良质土砂更是困难。软土就地加固的出发点则是最大限度地利用原土，经过适当的改性后作为地基，以承受相应的外荷载，所以软土的各种加固技术日益受到人们的重视。常用的方法都是基于脱水，压密、固结、加筋等原理的。

图3-10 搅拌桩施工

在软土地基中掺加各类固化剂，使之固化起来是一种通用的地基加固方法。常用的固化剂有：①水泥类，如普通硅酸盐水泥、石膏等；②石灰类，如生石灰、消石灰；③沥青类，如地沥青、沥青乳剂、煤焦油、柏油等；④化学材料类，如水玻璃、氯化钙、尿素树脂、甲醛缩化物、丙烯酸盐等。

深层搅拌法可用于增加软土地基的承载能力，减少沉降量，提高边坡的稳定性，适用于以下情况：①作为建筑物或构筑物的地基、厂房内具有地面荷载的地基、高填方路堤下的基层等；②进行大面积地基加固，以防止码头岸壁的滑动，深基坑开挖时边壁坍塌、坑底隆起，减少软土中地下构筑物的沉降等；③其他，如作为海中（水中）堤体的地基，作为地下防渗墙以阻止地下渗透水流等。

（6）高压喷射注浆法 高压水射流技术应用到灌浆工程中，逐步发展为新型的地基加固和防渗止水的施工法。高压喷射注浆法的出现是经济建设发展的需要，是科学技术的进步和现代化生产相结合的产物。

所谓高压喷射注浆，就是利用钻机把带有喷嘴的注浆管钻进至土层预定深度后，以20～40MPa压力把浆液或水由喷嘴中喷射出，形成喷射流冲击破坏土层。当能量大、速度快和脉动状的射流的动能大于土层结构强度时，土颗粒便从土层中剥落下来，一部分细颗粒随浆液或水冒出地面；其余土粒在射流的冲击力、离心力和重力等力的作用下，与浆液搅拌混合，并按一定的浆土比例和质量大小，有规律地重新排列。浆液体凝固后，便在上层中形成一个固结体，固结体为条形。当喷射流作顺、逆时针方向小于180°往复摆喷时，固结体呈扇形。

高压喷射注浆施工由下而上进行，首先需要钻孔把带有喷嘴的注浆管送到预定深度，然后从下向上喷射注浆加固地基。

2. 地基处理方法的选择原则

进行地基设计时，应最大限度地发挥天然地基的潜在能力，尽可能地采用天然地基方案，当采用简易的处理措施或通过加强上部结构的整体刚度措施后，仍难满足建筑工程要求时，再考虑采用地基处理方案。

在选择地基处理方案时，要结合当地环境和经济技术条件、材料来源、地基土层的埋藏条件、土的特殊性指标、处理目的、工程造价、工程进度等多方面的因素综合考虑。较为常用的地基处理方法是换土垫层法，该法适用条件比较广泛，造价低廉，施工简便，材料来源也很充裕。换土垫层的处理深度要根据建筑物要求和开挖的可能性决定。

挤密桩可用于挤密较大深度范围的砂土、松散杂填土、湿陷性黄土地基等，但对于饱和度过大的黏性土地基就不一定适用。挤密砂桩适用于一般黏性土，但对于某些地区的软弱饱和土，其效果并不好。

振冲碎石桩最适用粉土和松散砂土地基的加固，特别是在防止地基液化方面更为有效。但在用于提高特别松软的高湿度黄土（包括饱和黄土在内）和软弱黏性土的承载力方面，其技术经济效果就很值得研究。

强夯法对湿陷性黄土效果明显，但对高湿度黄土，由于土中的孔隙水压力难以迅速消散，其效果也不理想。

高压旋喷水泥桩加固适用于软弱黏性土、砂中的连续墙和地基加固，也适用于对既有建筑物地基强度的加固，以及形成防水帷幕，防止基底隆起以便基坑深开挖等。但对于倾斜严重的危房，由于旋喷初期对土体的破坏，很有可能加速建筑物的倾斜，因此使用这种方法要慎重。

地基处理方法的选择，还应考虑上部结构的特点，对需要进行大面积填方的工程，应在建筑物施工前完成填方工作，使地基得到预压。在建筑物施工后进行填方，会使建筑物产生不均匀和较大的附加沉降。建筑物的上部结构和地基是共同工作而又相互影响的。因此，当地基不能满足设计要求时，不要只限于考虑地基加固，有的可通过加强上部结构的措施而得到解决，或者两者兼施。

在防止砂土液化的地基处理方法上，有提高砂土密度的振密法、挤密砂桩法、动力压实法以及调整土质的换土法和预压、灌浆法等。有时还可选择允许液化为前提的结构设计，即采用保证结构物在有液化的情况下仍能正常使用的设计方案。例如，采用桩基穿透液化土层，支承在非液化土层上，即使上部土层液化，也不会造成建筑物损坏；采取加强与建筑物整体结构强度的办法等。

3.3.3 地基处理技术的发展

由于新材料的发展，随着技术的进步和时代的发展，土木工程不断注入新鲜血液，显示出勃勃生机。其中，工程材料的变革和力学理论的发展起着最为重要的推动作用。现代土木工程早已不是传统意义上的砖、瓦、灰、砂、石，而是由新理论、新材料、新技术、新方法武装起来的，为众多领域和行业不可缺少的一个综合性学科。

我国地基处理技术起步较晚，但发展很快，从解决一般工程地基处理向解决各类超软、深厚、高填方等大型地基处理和多种方法联合处理方向发展，现已接近国际先进水平。同时在天然地基的合理利用方面，开发了复合地基和复合桩基技术、深基坑及边坡支护技术。这些技术都是集岩土工程和结构工程为一体，包括挡土、支护、防水、降水、挖运土、监测和信息化施工的系统工程等方面，具有适应复杂多变、区域性和个性强的工程地质环境的特点。随着测试技术信息化水平的提高，应及时有效地利用其他学科的技术成果推动我国地基处理测试技术的发展。

由于我国地质条件相当复杂，随着全国“城镇化”建设的快速推进，不必进行现代地基处理的自然地基越来越少，现代地基处理技术有着更加广泛的应用前景，如高层建筑、高速公路、港口、机场建设等。当今国内外地基处理技术取得了飞快的进展，而且还有超软土地基、山区高等级公路地基、重大工程地基处理、高速公路软基处理等新技术。近30年来，我国建筑地基基础技术发展迅猛，特别在桩基技术、地基处理技术、基坑及边坡支护技术方面，取得了显著成绩和突破性进展，有些技术已接近国际水平。

思 考 题

1. 结合一些重大土木工程事故案例，谈谈土木工程勘察对工程建设的指导性。
2. 结合著名的比萨斜塔并查找相关的资料，谈谈地基基础的重要性。
3. 区别水泥、石灰等传统材料，思考当今高科技时代新技术、新材料在地基处理中的应用。

第 4 章

4

建筑工程

建筑工程，指通过对各类房屋建筑及其附属设施的建造和与其配套的线路、管道、设备的安装活动所形成的工程实体，是兴建房屋的规划、勘察、设计、施工的总称。建筑的成果通常分为建筑物和构筑物两类。建筑物是指供人们生活居住、工作学习、娱乐和从事生产的建筑，如住宅、厂房、办公楼、影剧院、体育馆等；人们不在其中生产生活的建筑则称为构筑物，如烟囱、水塔、堤坝、挡土墙、蓄水池等。

建筑工程按层数分：单层、多层（2～7 层）、高层（8～20 层）、超高层（30～40 层）；按材料分：砌体结构（混合结构，墙体材料采用砖、石、砌块，楼面结构采用混凝土）、混凝土结构、钢结构、木结构。

4.1 建筑基本构件

4.1.1 板、梁

板、梁都是常见的受弯构件，所受内力都是弯矩和剪力。可以是单跨，也可做成多跨连续，如图 4-1 所示。

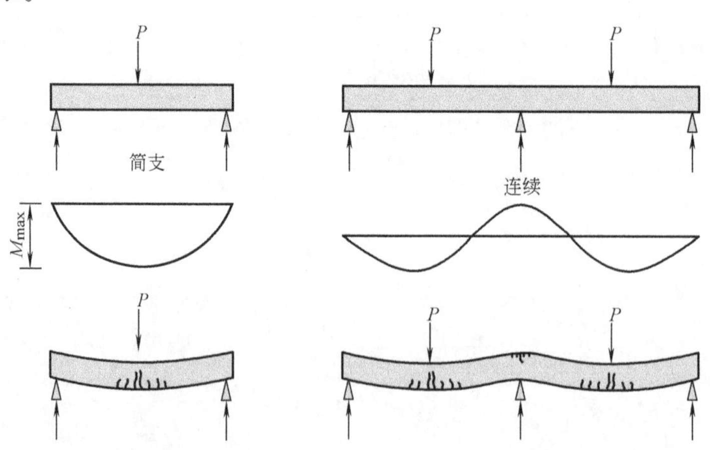

图 4-1　板、梁结构受力示意图

板是指覆盖一个具有较大平面尺寸，但却具有相对较小厚度的平面构件。在建筑工程中可用作楼板、屋面板、墙板、楼梯板、基础板等。楼板一般是四边支承，根据其受力特点和支承情况，又可分为单向板和双向板（见图4-2）。当板的长短边之比大于2时，板基本上沿短边方向受力，称之为单向板。双向板是指长跨与短跨之比小于2的板，在荷载作用下，将在纵横两个方向产生弯矩，沿两个垂直方向配置受力钢筋。

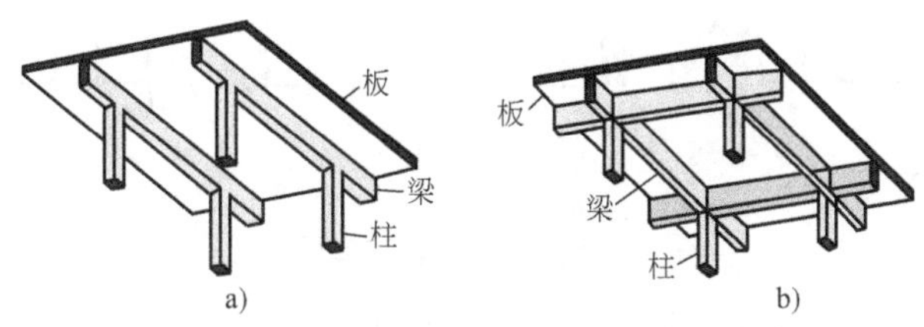

图4-2 单向板和双向板示意

梁泛指水平方向的长条形承重构件，在工程中，主要承受弯矩作用。梁通常都是水平放置的，但楼梯梁是斜向设置，以便满足使用要求。通常把跨度与高度之比小于等于2的简支梁和跨度与高度之比小于等于2.5的连续梁称为深梁；普通矩形截面梁的高宽比一般取2.0~3.5，当梁宽大于梁高时，梁就称为扁梁；当梁的截面沿轴线变化时，称为变截面梁。

1）按梁的截面形式分为矩形梁、工字形梁、槽形梁、工字形组合梁、T形梁、十字形梁、叠合梁、箱形梁、不规则截面梁等（见图4-3）。

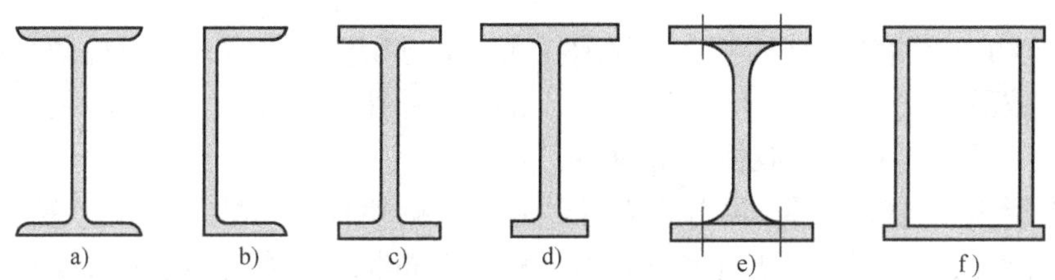

图4-3 梁截面形式示意图

a）工字形梁 b）槽形梁 c）工字形组合梁 d）T形梁 e）叠合梁 f）箱形梁

2）按梁所用材料分为石梁、木梁、钢梁、钢筋混凝土梁（见图4-4）、预应力混凝土梁及钢—钢筋混凝土组合梁等。

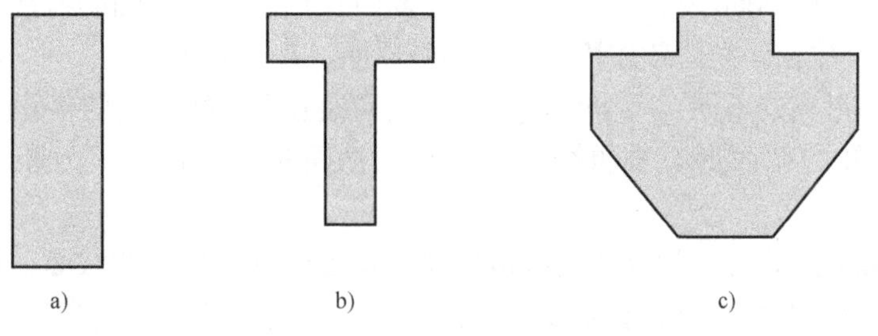

图4-4 钢筋混凝土梁截面

a）矩形梁 b）T形梁 c）花篮梁

3）按梁的支承方式可分为简支梁（见图4-5a）、悬臂梁（见图4-5e、f）、一端简支另一端固定梁（见图4-5b）、两端固定梁（见图4-5c）、连续梁（见图4-5d）。

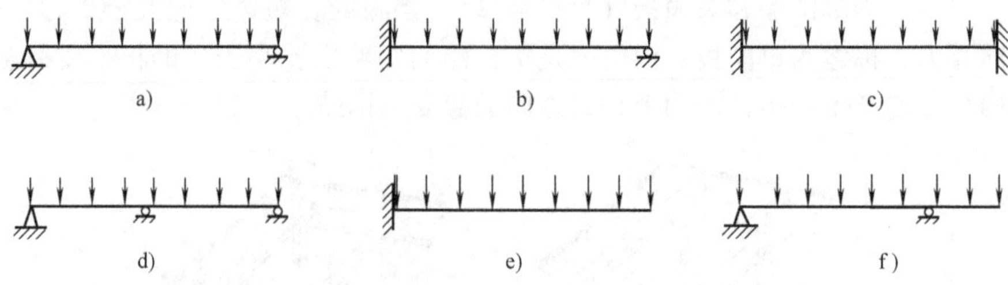

图4-5 梁按支承分类

4）依据梁与梁之间的搁置与支承关系，可把梁分为主梁和次梁。主梁指的是在上部结构中，支承各种荷载并将其传递至墩（台）的梁；次梁是在主梁的上部，主要起传递荷载的作用。此外，根据梁在结构中的位置，还有圈梁、过梁等。砌体结构房屋中，在砌体内沿水平方向设置的以增加建筑物的整体性、提高砖石砌体的强度，防止不均匀沉降、地震或其他较大振动荷载对房屋的破坏而设置的封闭钢筋混凝土梁称为圈梁。过梁是指当墙体上开设门窗洞口时，且墙体洞口大于300mm时，为了支撑洞口上部砌体所传来的各种荷载，并将这些荷载传给门窗等洞口两边的墙，常在门窗洞口上设置的横梁。

4.1.2 柱

柱是建筑物中垂直的主结构构件，主要承托在它上方物件的重力，有时也同时承受弯矩。

1）根据截面形式的不同，可分为方柱、圆柱、管柱、矩形柱、工字形柱、H形柱、T形柱、L形柱、十字形柱、双肢柱、格构柱。

2）根据所用材料的不同，可分为石柱、砖柱、砌块柱、木柱、钢柱、钢筋混凝土柱、劲性钢筋混凝土柱、钢管混凝土柱和各种组合柱。钢筋混凝土柱是用钢筋混凝土材料制成的柱，是房屋、桥梁、水工等各种工程结构中最基本的承重构件。按照制造和施工方法分为现浇柱和预制柱，现浇钢筋混凝土柱整体性好，但支模工作量大；预制钢筋混凝土柱施工比较方便，但要保证节点连接质量。劲性钢筋混凝土柱是在普通钢筋混凝土柱内部配置型钢，与钢筋混凝土协同作用，提高柱的刚度。钢管混凝土就是把混凝土灌入钢管中并捣实以加大钢管的强度和刚度。

3）根据长细比的不同，可分为短柱、长柱及中长柱。短柱在轴心荷载作用下的破坏是材料强度破坏，长柱在同样荷载作用下的破坏是屈曲，丧失稳定。

4）根据受力形式的不同，可分为轴心受压柱和偏心受压柱（见图4-6）。轴心受压柱所受的纵向压力与柱的截面形心轴重合。偏心受压柱同时承受轴心压力和弯矩，也称压弯构件。

5）钢柱按截面形式可分为实腹柱和格构柱。实腹柱具有整体的截面，最常用的是工字形截面；格构柱的截面分为两肢或多肢（见图4-7），各肢间用缀条或缀板联系，当荷载较大、柱身较宽时钢材用量较省。

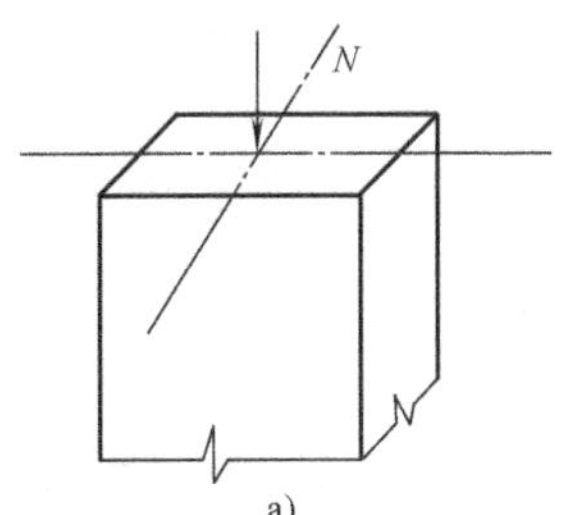

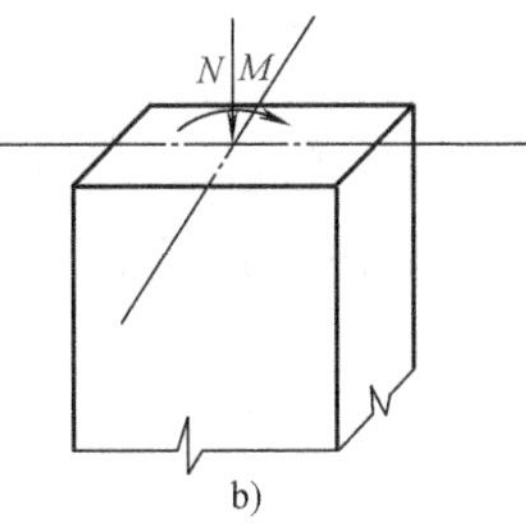

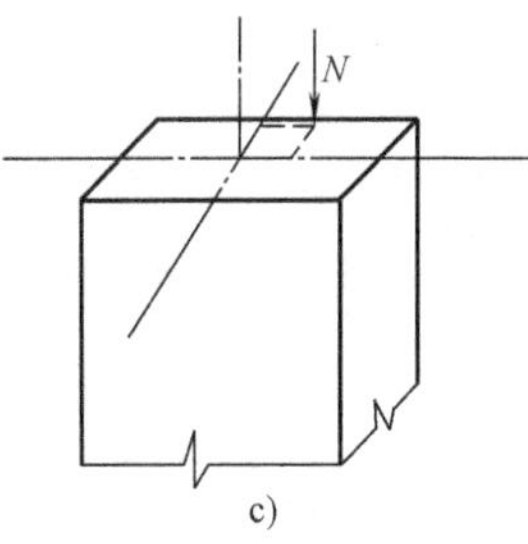

图4-6 桩按受力形式分类

a)、b) 轴心受压 c) 偏心受压

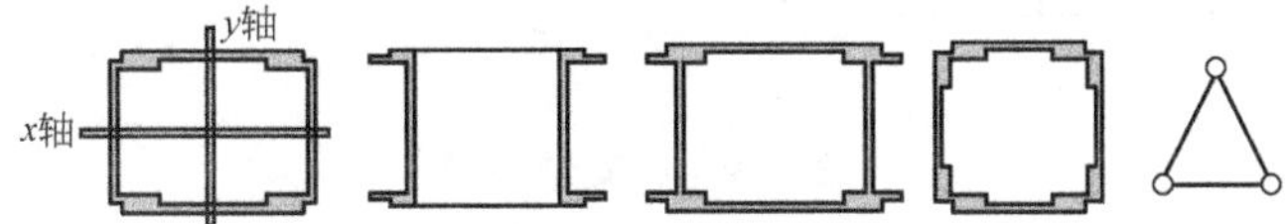

图4-7 格构柱截面

4.1.3 拱

拱为曲线结构，工程上常见的线形有圆曲线、抛物线等。拱在竖向荷载作用下，支座不仅产生竖向反力，还产生水平反力。这种水平反力使拱内弯矩远小于跨径、支承条件、荷载相同的梁。

拱主要承受轴向压力，与梁的最大区别在于拱在竖直荷载作用下产生水平反力。由于这个力的存在使拱的弯矩要比跨度、荷载相同的梁的弯矩小得多，并主要是承受压力。这就使得拱截面上的应力分布比较均匀，因而更能发挥材料的作用，并利用抗拉性能较差而抗压较强的材料如砖、石、混凝土等来建造，这是拱的主要优点。拱广泛应用于拱桥，在建筑中应用较少，其典型应用为砖混结构中的砖砌门窗圆形过梁，也有拱形的大跨度结构。拱按铰数可分为三铰拱、无铰拱、双铰拱、带拉杆的双铰拱，其中三铰拱是静定的，后几种都是超静定的（见图4-8）。

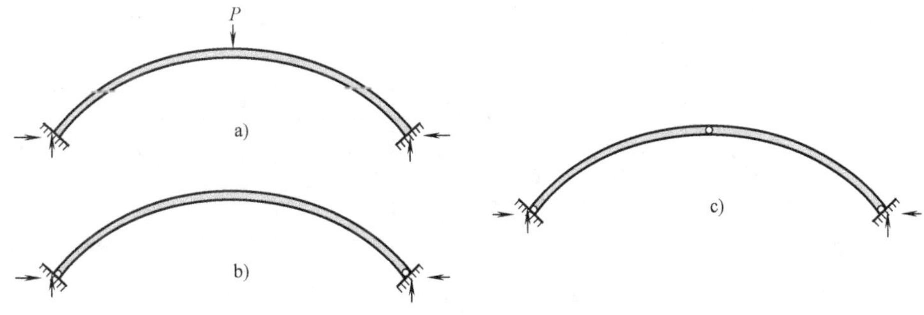

图4-8 拱结构形式示意图

a) 无铰拱 b) 双铰拱 c) 三铰拱

4.1.4　桁架

桁架是由若干杆件在两端用铰联接而成的组合结构。各杆的轴线一般都是直线，当荷载只作用在结点时，各杆件将只产生轴力（见图4-9）。

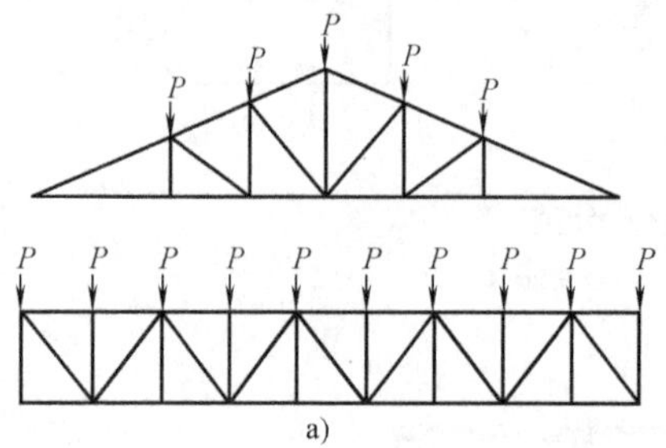

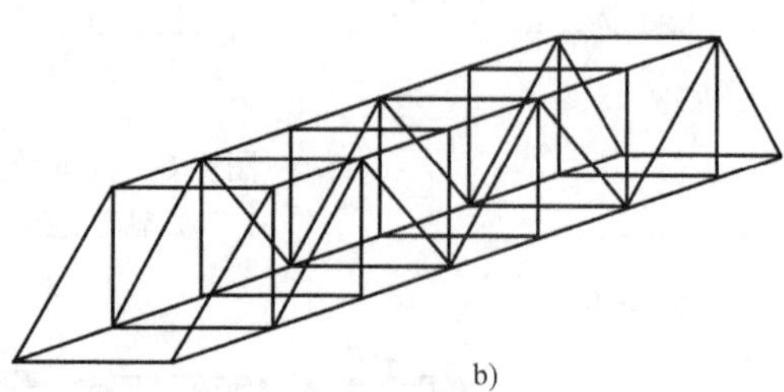

图4-9　桁架结构图
a）平面桁架　b）空间桁架

桁架结构是将实腹式结构变为格构式结构，用弦杆承受梁上、下边的压、拉应力，用腹杆承受剪力的一种结构形式。桁架分为铰接和刚接两类。铰接桁架是由许多三角形组成的稳定结构（见图4-10）。

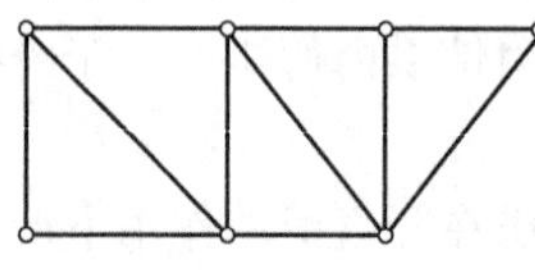

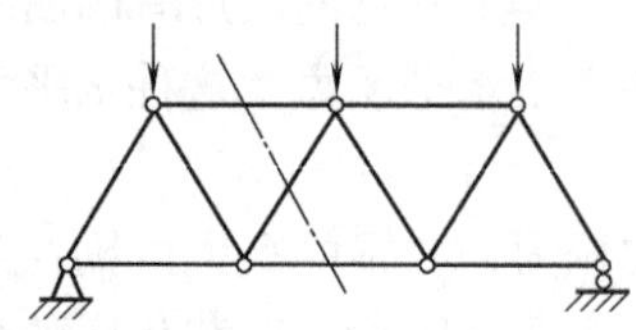

图4-10　铰接桁架

铰接桁架中的杆件称为二力杆，只可能是受拉或是受压。无论是拉力或压力，我们称之为直接内力，材料仅承受直接应力强度是较高的，因此桁架上的荷载应设计成结点荷载。若在结点间有荷载（如工业厂房中的悬挂设备吊挂在下弦节间时，见图4-11），下弦杆同时承受拉力和弯矩时应注意：即使在铰接桁架中，结点处也不是可完全自由转动的，故会产生一定的次应力。

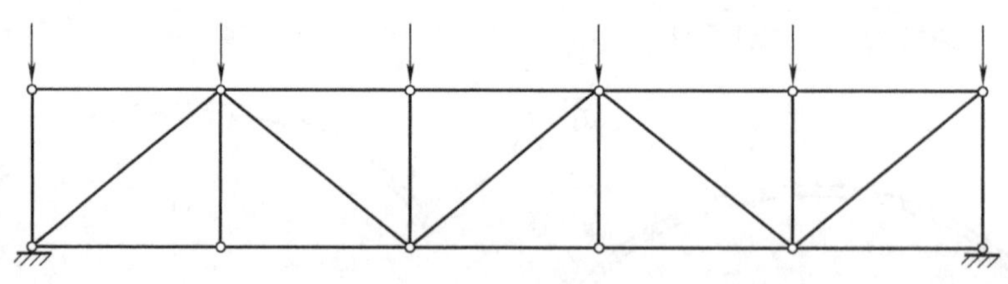

图4-11　工业厂房桁架

刚接桁架是指杆件之间通过焊接或螺栓联接，形成刚结点。为了满足构筑物大跨的需要，常设计成空腹桁架。这是当钢板梁桥跨度很大时，腹板用料将占很大比重，可将腹板挖空，则成为空腹桁架。最早的空腹桁架桥是1896年在布鲁塞尔世界博览会上的32m空腹桁

架桥，由于结点刚接，所以不会形成几何可变体系，但其杆件上既有轴力又有弯矩和剪力作用。空腹桁架同时应保证结点在荷载作用下变形时杆件内的相对转角为零。

4.1.5 框架

框架、排架、刚架由梁、柱等构件刚性连接组合而成的结构。在荷载作用下，有些构件只受轴力或弯矩作用，有些则同时受轴力、弯矩、剪力的作用，是一种超静定结构。

框架的结点有刚接和铰接两种，前者称为刚架（见图4-12），后者称为排架。

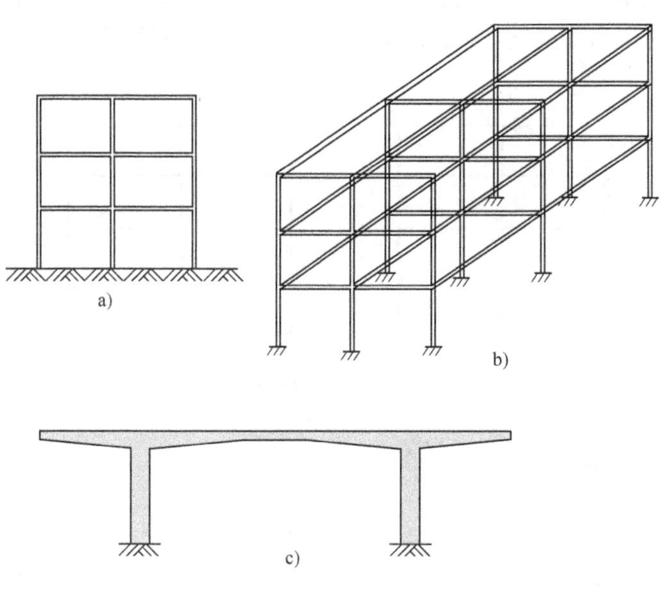

图4-12 框架结构图

a）平面框架 b）空间框架 c）刚架

（1）排架 在单层工业厂房中，屋架和柱通过埋设中梁或屋架底部的钢板和埋设于柱顶的钢板焊接或用螺栓联接。在砖石房屋中则在柱顶设有钢筋混凝土垫块。其计算简图为柱顶部铰接，柱底与基础刚接（见图4-13）。

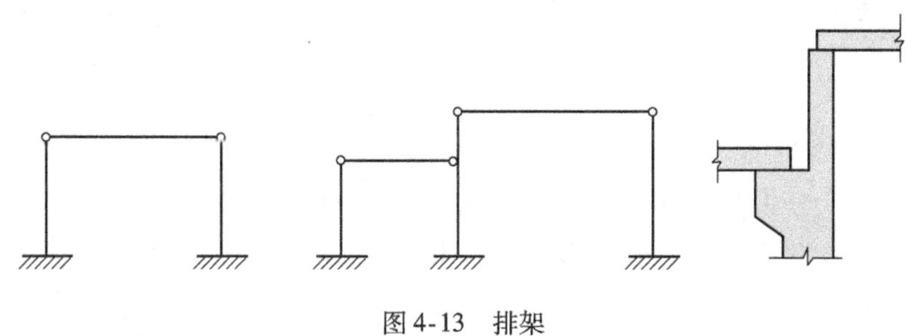

图4-13 排架

（2）刚架 当梁和柱整体连接，则形成刚架，刚架有简单刚架和复式刚架。横梁两端柱侧移不相等时称为复式刚架（见图4-14）。

当柱为连续时，梁设置在柱的牛腿上，则梁和柱此处形成铰接，此时多层框架即成为多层排架。另外，在结构设计中，框架和排架的组合结构实际都是空间结构的组合，但为了分

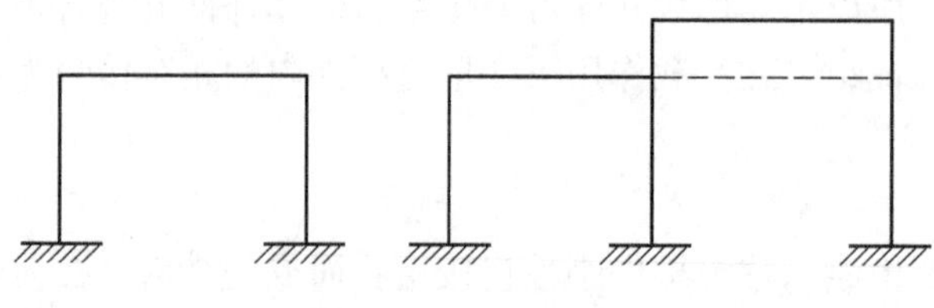

图4-14　复式刚架

析上的方便，可以根据结构的受力特征简化为平面结构，如单层工业厂房由于山墙的作用可使侧移减少，即考虑厂房的空间作用的有利影响下，可把空间结构的厂房转化为平面结构计算（见图4-15）。

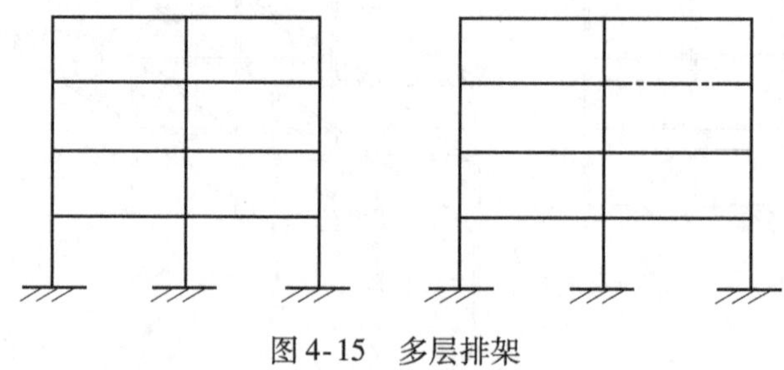

图4-15　多层排架

4.2　建筑工程结构类型

4.2.1　建筑工程分类

1）按建筑使用性质分为住宅建筑、公共建筑、商业建筑、文教卫生建筑、工业建筑、农业建筑。

2）按结构形式和受力结构体系分为墙体结构、框架结构、筒体结构以及由它们相互组成的框架-剪力墙结构、框架-筒体结构、梁架结构、网架结构、拱结构、空间薄壳结构、钢索结构。

3）按房屋结构采用的材料分为砌体结构、钢筋混凝土结构、钢结构、木结构、薄膜充气结构。

4.2.2　楼面结构

楼面结构的传力特点：单向板（只沿一个方向传力）→次梁→主梁→柱（墙）→基础；双向板（沿两个方向传力）→次梁、主梁→柱（墙）→基础（见图4-16）。

1. 楼面主体结构

楼面主体结构主要包括单向板肋形楼盖、双向板肋形楼盖、井字楼盖（密肋楼盖）、无梁楼盖、叠合梁楼盖。

（1）肋形楼盖　肋形楼盖包括单向板、肋形楼盖和双向板肋形楼盖。支承不一定是理解为构件在构件之上，也可以是在同一个平面内，不过受力钢筋有一定的上下次序（见图4-17）。

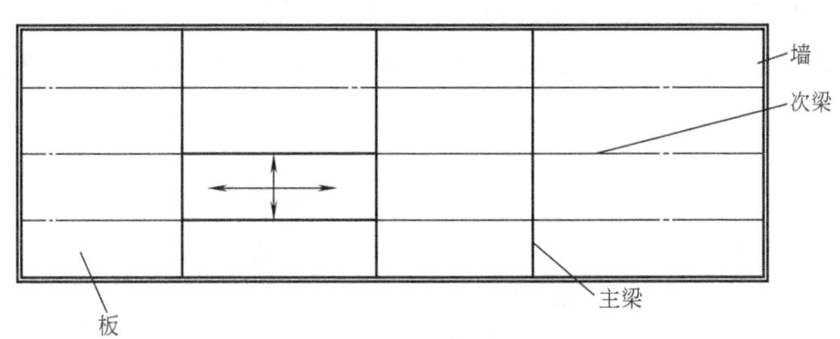

图4-16 楼面受力示意图

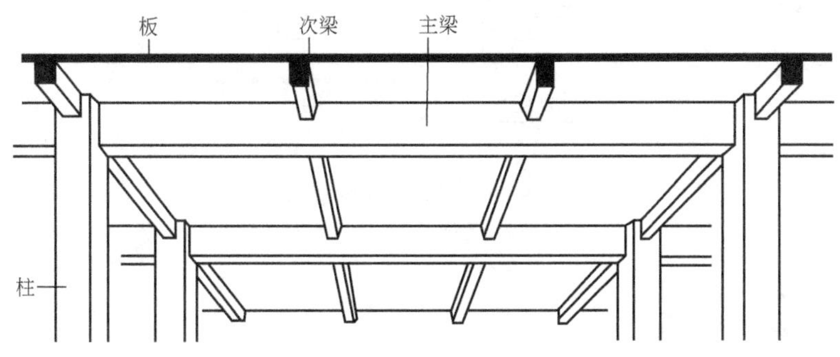

图4-17 肋形楼盖

(2) 井字楼盖 两个方向的梁互为支承时形成井字楼盖（见图4-18a），当双重井字楼盖中的肋较密时，构成密肋楼盖（见图4-18b）。

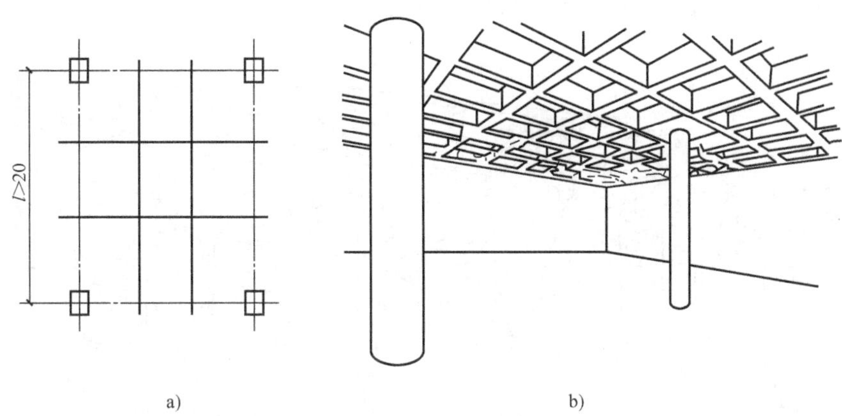

图4-18 井字楼盖按分类

a）井字楼盖 b）密肋楼盖

(3) 无梁楼盖 无梁楼盖是一种板柱结构，由柱板及板柱之间的柱帽组成。由于没有梁肋，板底平整，较适合于公共建筑、大型水池的池顶板，且在施工方面可采用提升法预制施工。

(4) 叠合梁楼盖 这种楼盖部分预制，部分现浇，可以充分发挥预制和现浇的优势。

2. 楼面附属设施

楼面结构附属设施主要包括楼梯、走廊、阳台、雨篷等。楼梯是建筑中的垂直交通措施。楼梯的形式有板式、梁式（见图4-19），剪刀式、螺旋式，单跑、双跑、三跑。板式楼梯由梯段跑、梯口梁、休息平台（板底整齐）构成。梁式楼梯的传力途径是：板→斜梁→梯口梁→墙（跨度可较大）。

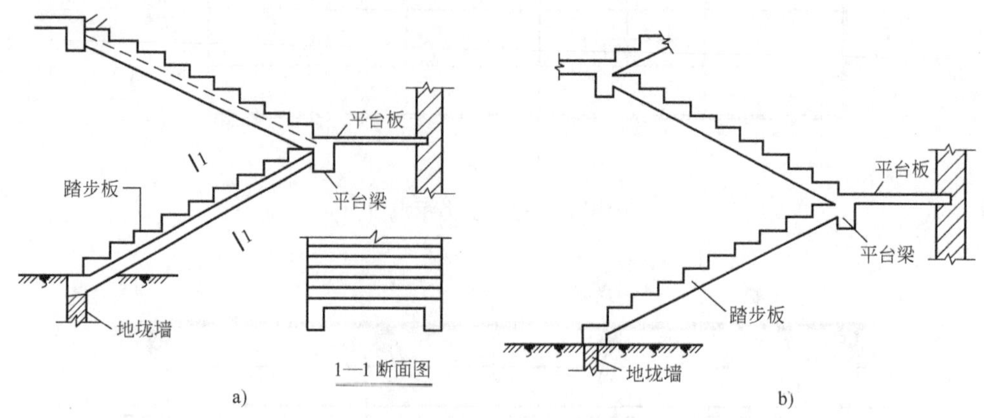

图4-19 楼梯形式示意图

a）板式楼梯 b）梁式楼梯

4.2.3 单层房屋及大跨房屋

1. *单层房屋*

一般单层房屋主要指住宅、影剧院、实验室、仓库及厂房。厂房的组件有：屋面板、天沟板、屋面梁或屋架、屋盖支撑、天窗架、托梁、柱、连系梁、吊车梁、柱间支撑、围护结构、山墙、抗风柱、基础及基础梁（见图4-20）。

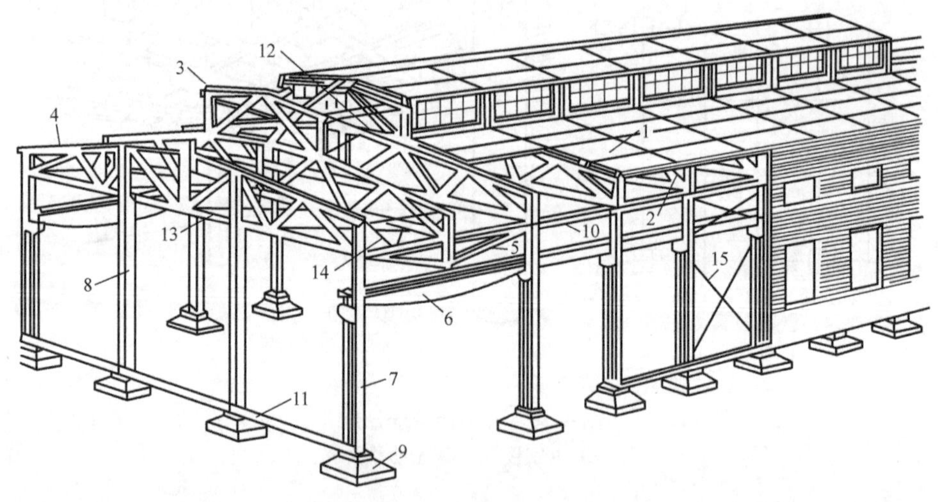

图4-20 厂房结构示意图

1—屋面板 2—天沟板 3—天窗架 4—屋面梁（屋架） 5—托架起重机 6—吊车梁 7—排架柱 8—抗风柱 9—基础 10—连系梁 11—基础梁 12—天窗架垂直支撑 13—屋架下弦横向水平支撑 14—屋架端部垂直支撑 15—柱间支撑

2. 大跨结构

大跨结构的竖向承重结构为柱和墙体，屋盖采用钢网架、悬索结构或混凝土薄壳、膜结构等。这类建筑中没有柱子，而是通过网架等空间结构把荷载传到房屋四周的墙、柱上去，适用于体育馆、航空港、火车站等公共建筑。大跨度建筑目前是发展最快的结构体系，除了跨度大，经济合理，还具有整体刚度大、抗震性能好的优点，另外，轻盈优美的外形更是受到人们的青睐。

近年来，各种类型的大跨空间结构在美、日、欧等发达国家发展很快。建筑物的跨度和规模越来越大，目前，尺度达150m以上的超大规模建筑已非个案；结构形式丰富多彩，采用了许多新材料和新技术，发展了许多新的空间结构形式。美国亚特兰大为1996年奥运会修建的“佐治亚穹顶”（Geogia Dome，1992年建成）采用新颖的整体张拉式索-膜结构，其准椭圆形平面的轮廓尺寸达192m×241m。北京奥运会主场馆“鸟巢”（见彩图6），目前是世界上跨度最大的钢结构建筑，外形像鸟巢，立面与结构达到了完美的统一，工程主体建筑呈空间马鞍椭圆形，南北长333m、东西宽294m，高69m。阿拉伯塔酒店（见彩图7）矗立在海滨的人工小岛上，酷似帆船状，通体呈塔形，从头到脚56层，高达321m。酒店采用双层膜结构建筑形式，造型轻盈、飘逸。国家游泳中心（见彩图8），平面尺寸177m×177m，是世界上最大的膜结构工程，总建筑面积65000～80000m^2。除地面外，外表面都采用了膜材料—ETFE。深圳龙岗商业中心（见彩图9）建筑面积114300m^2，2003年开工兴建，是我国也是世界上第一个充气悬浮的建筑。华盛顿杜勒斯机场候机厅（见图4-21）机楼有两排巨型钢筋混凝土柱墩，一排稍高，另一排稍低，在相对的柱墩顶上张着40多米长的钢索，钢索上铺屋面板。钢索中部下垂，形成自然的凹曲线形屋顶。柱墩向外倾斜，屋面向上翻起，具有动势，很有气派。候机楼为矩形平面，长182.5m，宽45.6m。许多宏伟而富有特色的大跨度建筑已成为当地的象征性标志和著名的人文景观。

图4-21　杜勒斯机场候机厅

大跨结构往往采用以下结构形式：

（1）薄腹梁　将梁的腹部尺寸减薄，达到减轻自重，提高有效承载力，跨越比一般梁更大的跨度。

（2）桁架结构　将实腹式结构变为格构式结构，用弦杆承受梁上、下边的压、拉应力，用腹杆承受剪应力。

（3）拱结构　拱结构比桁架结构具有更大的力学优势。桁架结构从整体上还相当于受弯构件，而拱结构的受力在外荷载作用下产生压力，如果用抗压强度高的材料去做拱，能较好地发挥作用。

（4）网架结构　网壳结构的出现早于平板网架结构。世界各国在大中型屋盖中都已成功地建造很多网架结构，如加拿大和日本的博览会、美国芝加哥国会大厅及英国伦敦的飞机库等，平面尺寸都很大，总用钢量也比较经济。总之，网架结构已成为现代世界应用较普遍的新型结构之一。在国外，传统的肋环形穹顶已有 100 多年历史，第一个平板网架是 1940 年在德国建造的（采用 Mero 体系）。中国第一批具有现代意义的网壳是在 20 世纪 50 年代和 60 年代建造的，但数量不多。当时柱面网壳大多采用菱形“联方”网格体系，1956 年建成的天津体育馆钢网壳（跨度 52m）和 1961 年同济大学建成的钢筋混凝土网壳（跨度 40m）可作为典型代表。球面网壳主要采用助环型体系，1954 年建成的重庆人民礼堂半球形穹顶（跨度 46.32m）和 1967 年建成的郑州体育馆圆形钢屋盖（跨度 64m）可能是仅有的两个规模较大的球面网壳。近年来，由于电子计算技术的迅速发展，解决了网架结构高次超静定结构的计算问题，促使网架结构发展很快。目前网架结构主要用于大、中跨度的公共建筑中，如体育馆、飞机库、俱乐部、展览馆和候车大厅等，中小型工业厂房也开始推广应用。跨度越大，采用此种结构的优越性和经济效果也就越显著。

网架结构跨度一般都在 150m 以上，由于受力很好，在大跨度建筑中得到广泛使用。

网架的典型结构形式有平面桁架体系、四角锥体系、三角锥体系、曲面网架体系及其他体系（如六角锥网架、组合网架等），如图 4-22 所示。

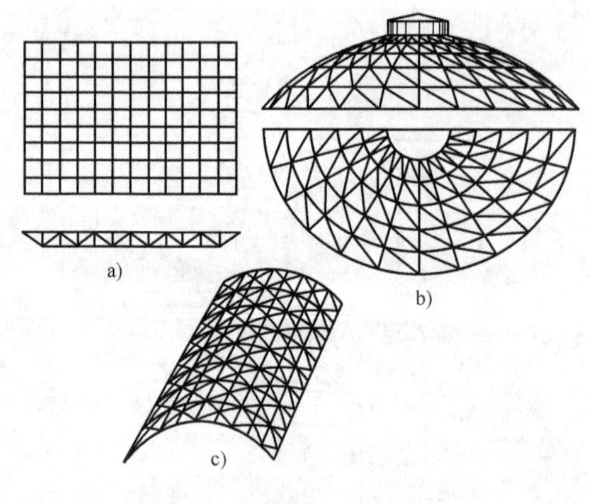

图 4-22　网架的结构形式

a）四角锥　b）曲面　c）三角锥

1）四角锥体系网架包括正放四角锥网架、正放抽空四角锥网架、斜放四角锥网架、拱盘形四角锥网架、星形四角锥网架（见图 4-23）几种形式。

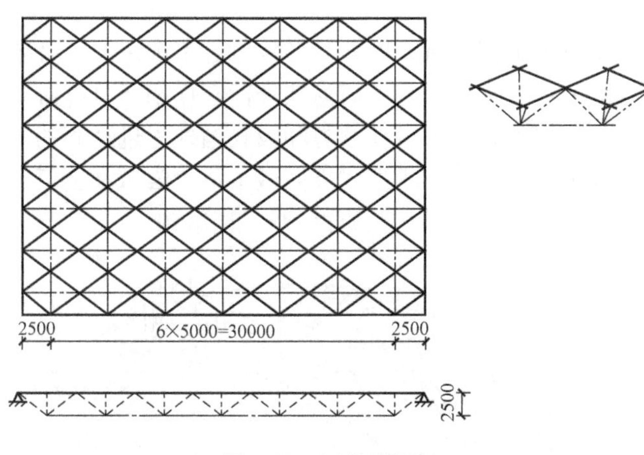

图4-23 四角锥网架

2）三角锥体系网架包括三角锥网架、抽空三角锥网架和蜂窝形三角锥网架（见图4-24）几种形式。

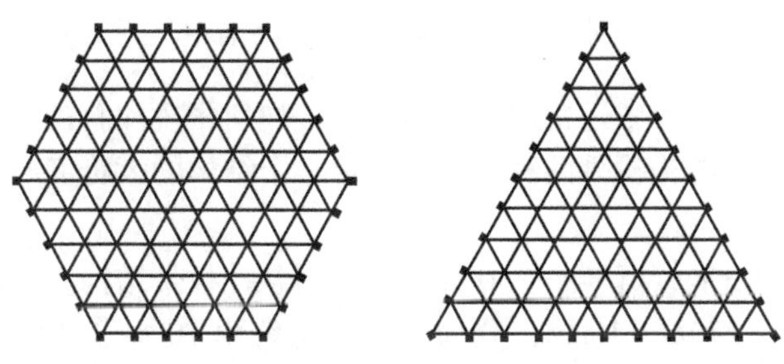

图4-24 三角锥网架图

十分明显，包括网架和网壳在内的空间网格结构是我国近年来发展最快、应用最广的一种空间结构类型。这类结构体系整体刚度好，技术经济指标优越，可提供丰富的建筑造型，因而受到建设者和设计者的喜爱。我国网架企业的蓬勃发展也为这类结构提供了方便的生产条件。据估计，近几年我国每年建造的网架和网壳结构达800万m^2建筑面积，相应钢材用量约20万t。这么大的数字是任何其他国家无法比拟的，无愧于“网架王国”这一称号。

（5）悬索结构 中国现代悬索结构的发展始于20世纪50年代后期和60年代，北京的工人体育馆和杭州的浙江人民体育馆是当时的两个代表作。北京工人体育馆建成于1961年，其圆形屋盖采用车辐式双层悬索体系，直径达94m。浙江人民体育馆建成于1967年，其屋盖为椭圆平面，长径80m，短径60m，采用双曲抛物面正交索网结构。

世界上最早的现代悬索屋盖是美国于1953年建成的Raleigh体育馆，采用以两个斜放的抛物线拱为边缘构件的鞍形正交索网。我国建造的上述两个悬索结构无论从规模大小或技术水平来看在当时都是达到国际上较先进水平的。但此后我国悬索结构的发展停顿了较长一段时间，一直到20世纪80年代，由于大跨度建筑的发展而提出的对空间结构形式多样化的要求，这种形式丰富的轻型结构重新引起了人们的热情，工程实践的数量有较大增长，应用形式趋于多样化，理论研究也相应地开展起来，形势相当喜人。

柔性的悬索在自然状态下不仅没有刚度，其形状也是不确定的，必须采用敷设重屋面或施加预应力等措施，才能赋予一定的形状，成为在外荷载作用下具有必要刚度和形状稳定性的结构。值得称道的是，我国的科技人员在学习和吸收国外先进经验的同时，在结合工程具体条件创造更加符合中国国情的结构应用形式方面做了不少尝试和创新。如北京亚运会朝阳体育馆（见图4-25）96m×66m屋面结构为索网-悬索拱结构。

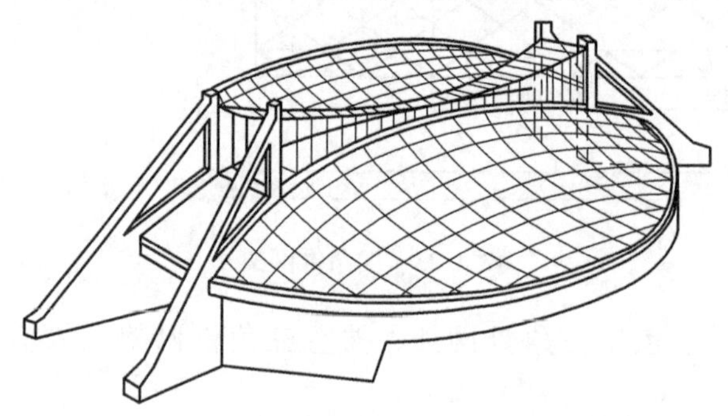

图4-25　北京亚运会朝阳体育馆

除上述悬索结构外，工程中还常用斜拉索结构，如斜张桥和斜拉索屋盖。这种斜拉索主要是用来减小屋面或桥面结构构件的跨度，以满足整个结构的大跨度要求和达到节省材料的目的。

随着卷材薄钢板的发展，近年来，有的国家采用悬挂板带结构。如法兰克福航空港飞机库的屋盖，平面尺寸达270m×100m，分为两跨，每跨由10条长13m、宽7.5m的板带组成，板带之间用3m宽的采光带隔开。

在各种形式的悬索结构中，索的边缘构件及地锚的合理性和可靠性具有极其重要的意义，在一定程度上决定着结构的技术经济指标和安全。

（6）筒壳　筒壳分为长壳、短壳（见图4-26），当$0.2 \leqslant B/L \leqslant 0.6$时为长壳，当$B/L > 0.6$时则为短壳。壳厚很薄：长壳一般为60～75mm，短壳为50～80mm。

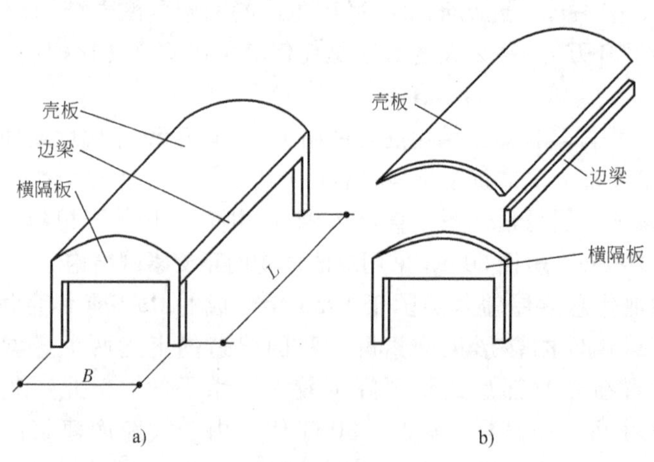

图4-26　筒壳

（7）双曲扁壳 双曲扁壳是由一条曲线在另一条曲线上移动构成，一般为抛物线或圆弧线移动曲面。双曲抛物面壳在我国习称为扭壳，扭壳的特点是：其中的钢筋是直线的，因此钢筋加工比较方便（见图4-27）。

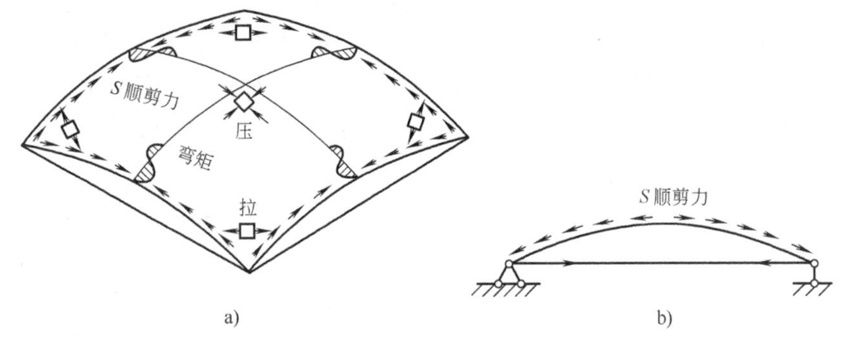

图4-27 双曲扁壳

（8）充气结构和应力膜结构 充气结构是在玻璃丝增强塑料薄膜或尼龙布罩内部充气形成一定形状，作为建筑空间的覆盖物（见图4-28）。如膜结构是由多种高强薄膜材料（PVC或Teflon）及加强构件（钢架、钢柱或钢索）通过一定方式使其内部产生一定的预张应力以形成某种空间形状，作为覆盖结构，并能承受一定的外荷载作用的一种空间结构形式。膜结构可分为充气膜结构和张拉膜结构两大类。俗称“水立方”的国家游泳中心即为著名的充气膜结构建筑物。

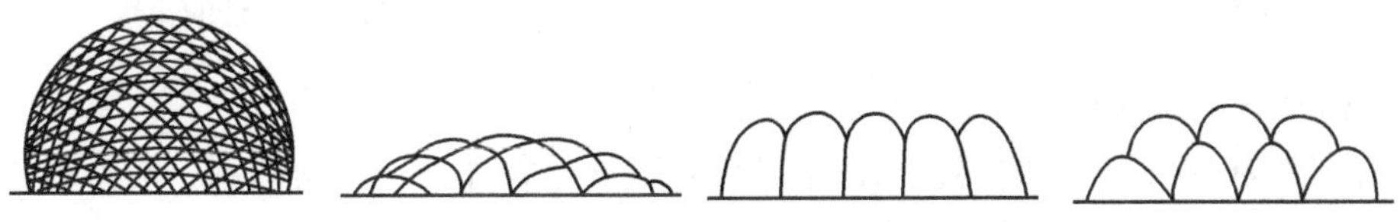

图4-28 充气结构、应力膜结构

4.2.4 多高层房屋

多高层房屋的平面形状有方形、条形、工字形、口字形或L形，还可以是圆形、星形或多边形及其他较复杂的形状（见图4-29）。多高层房屋在设计和施工时要注意伸缩缝、沉降缝、防震缝的设置。

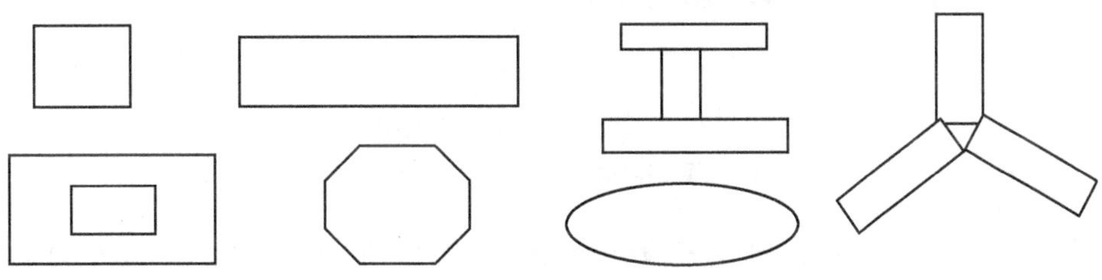

图4-29 高层房屋平面形状

1. 伸缩缝、沉降缝、防震缝的设置

1）伸缩缝。伸缩缝主要解决因材料的热胀冷缩而要求的变形条件。一般根据结构物的料、体量、体型而设置，其宽度只要满足伸缩要求即可。

2）沉降缝。沉降缝主要解决由于结构物的荷载差异及地基土承载力的差异而引起的垂直方向的变形要求。其特点是结构物从地下基础至上部结构完全分开（见图4-30）。

3）防震缝。防震缝主要解决由于结构物在地震作用下因结构的水平位移所产生结构的相互碰撞而引起的结构破坏。它可以结合前面两种缝一起处理，但其宽度要宽一些（见图4-31）。

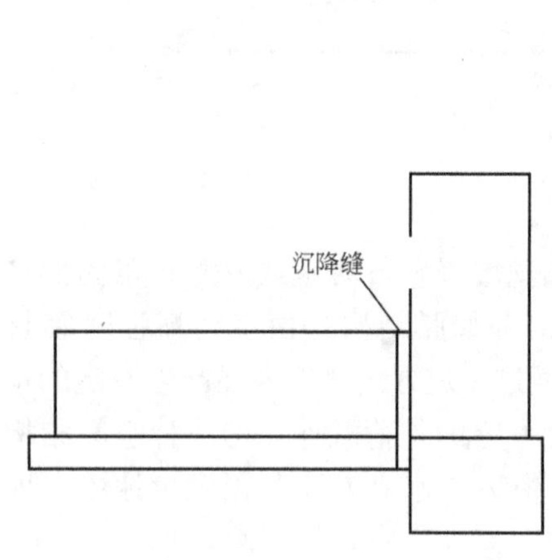

图4-30 沉降缝的设置

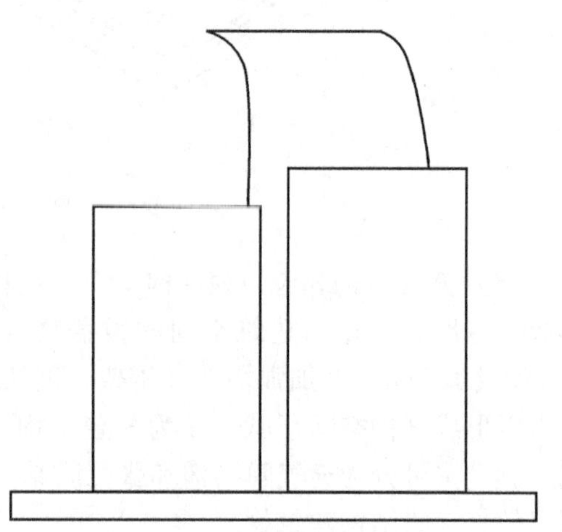

图4-31 防震缝的设置

2. 多高层建筑的结构体系

多高层建筑的结构体系主要包括以下几种：混合结构体系、框架体系、剪力墙体系、筒式体系、内芯和外伸体系、组合体系。

1）框架体系是由梁和柱组成的空间杆系结构（见图4-32）。

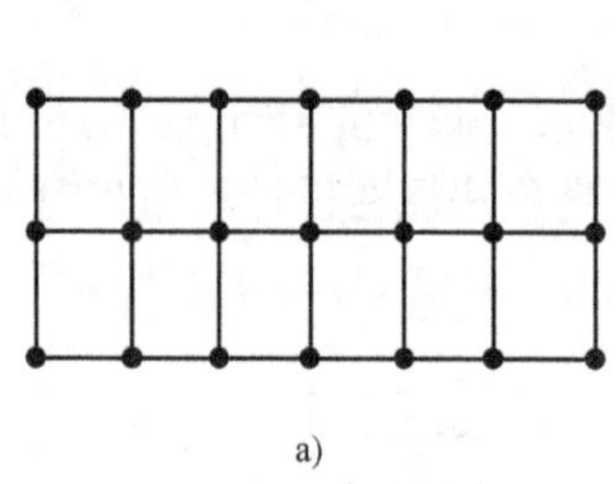

a)

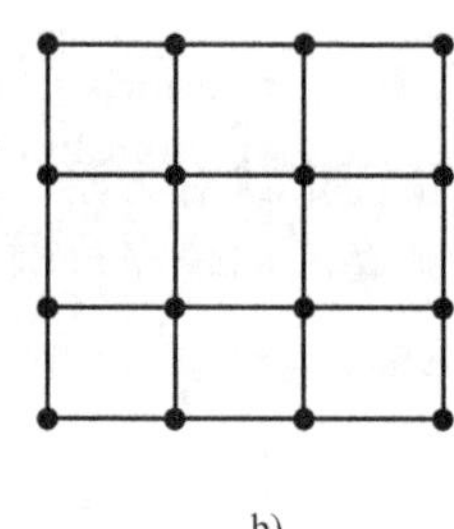

b)

图4-32 框架体系平面示意图

a）平面横向框架 b）纵横双向框架

2）剪力墙体系中剪力墙一般为一段钢筋混凝土墙体，它的平面刚度和承载力很大，因此除承受垂直荷载外，还能很好地承受水平剪力。如1976年建成的白云宾馆长70m，宽18m，地上33层、地下1层，总高度为112.45m。

框架结构具有平面布置的特点，但其高度受到限制；剪力墙结构具有较好的抗横向水平

力的特点，但结构布置难以满足功能要求，可以将两者结合形成框架-剪力（见图4-33）。

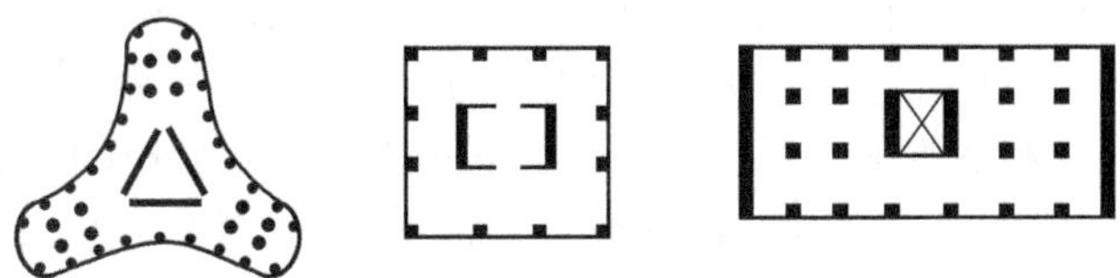

图4-33 框-剪结构体系典型平面布置

3）剪力墙结构。上海展览中心北馆主楼（1989），地上48层、地下2层，高165m，为钢筋混凝土框架剪力墙结构。

4）内芯和外伸体系。内芯一般为刚性大的结构，如剪力墙（筒）（框筒结构）；外伸结构为与内芯相连接的水平结构，一般为高度很大的钢筋混凝土梁或钢桁架。如马来西亚石油双塔楼地上88层，高390m，连同桅杆总高450m；深圳地王大厦高68层，325m，连同桅杆总高384m。

5）筒式体系。筒式体系有框筒体系、筒中筒体系、桁架筒体系、成束筒体系（见图4-34）。

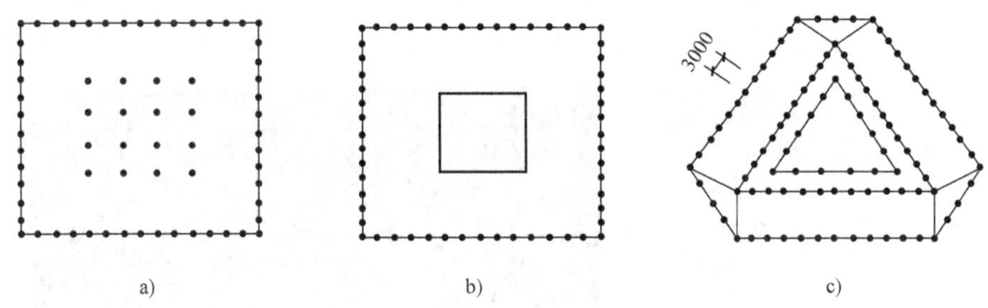

图4-34 筒体结构体系
a）框筒体系 b）两重筒体系 c）三重筒体系

3. 高层建筑

产业革命带来了生产力发展与经济的繁荣，大工业的兴起使人口集中到城市中来，造成城市用地紧张，地价上涨，城市不断向周边扩展，但城市空间仍显局促。为了在较小的用地范围内建造更多的使用面积，建筑物不得不向高空发展。这是高层建筑产生的根本原因。也可以说，高层建筑的产生是社会发展的必然产物，两者相互依存，相互影响。

概括而言，高层建筑是土地经济、金融、城市运输、投资机调和技术进步，再加上其他原因造成的结果。简单地讲，高层建筑是在一个不大的底层上叠加许多层。从功能上，它能使可用的楼层空间向高处延伸。从商业上，它能使其所有者从土地上获利更多，并且可以容纳更多货物、更多的人，在一个地方可收入更多租金。它在经济上存在的原因是土地高价的体现，土地高价与城市交通便利密切相关，也是配套基础设施和土地利用的必然结果。高层建筑实际上是一种商业建筑类型，它的开发将增加城市的就业及生产力，促进城市的有益发展。同时，它的发展也推动了与之相关的建筑结构、技术、材料、交通等的发展，进而影响到整个城市的发展。

高层建筑是超过一定高度和层数的建筑。在美国，24.6m或7层以上视为高层建筑；在日本，31m或8层及以上视为高层建筑；在英国，把等于或大于24.3m的建筑视为高层建筑。中国自2005年起规定超过10层的住宅建筑和超过24m高的其他民用建筑为高层建筑。高层建筑是城市空间的元素，优秀的高层建筑并不是排斥城市空间的明星建筑，而是一个创造人性的场所，又融入文化元素，不去破坏城市空间的和谐。优秀的高层建筑要考虑使用者的需要，以城市的公众利益为追求的目标。我们必须在高层和城市的发展中取得平衡，才能创造出更好的城市景观和适合人们生活的环境，才能沿着可持续发展的道路健康地发展下去。

国内主要高层建筑有：

（1）金茂大厦　金茂大厦屹立于黄浦江畔，是集现代办公楼、豪华五星级酒店、商业会展、观光、娱乐、商场等综合设施于一体，赋有中华民族文化内涵，融汇西方建筑艺术的智慧型摩天大楼。金茂大厦于1992年12月17日被批准立项，1994年5月10日动工，1997年8月28日结构封顶，至1999年3月18日开张营业，当年8月28日全面营业。金茂大厦占地2.3万m^2，塔楼高420.5m，总建筑面积29万m^2。

（2）上海环球金融中心（见彩图10）　位于浦东陆家嘴金融中心的“上海环球金融中心”大楼，总建筑面积为38.2万m^2，总高度为492m。建成后的“上海环球金融中心”大楼超过现在被誉为“上海之巅”的420.5m的金茂大厦，成为上海乃至亚洲的新地标。

（3）广州珠江城　珠江城（见图4-35）坐落于广州珠江新城的核心区域，定位为国际超甲级写字楼，整个建筑工程占地面积10636m^2，建筑高度309m，总建筑面积达21万m^2。

a)

b)

图4-35　珠江城

a）侧面图　b）正面图

大楼南偏东12.8°的建筑朝向；并通过全螺栓联接钢结构、巨型柱与核心筒结构体系和风力发电层外伸桁架结构，设计出大楼独一无二的建筑形体，实现了新科技、建筑艺术与建

筑安全度的完美融合；通过采用风涡轮发电、太阳能发电、冷辐射空调配智能控温湿新风置换系统、300mm 中空双层呼吸式 Low-E 幕墙、智能遮阳百叶、人性化照明系统、日光漫射等 11 项先进技术浑然天成地融入建筑，以“零能耗”为最高设计目标，致力于清洁新能源、低碳节能、能源回收再生的实践，营造健康、舒适、安静、节能的绿色办公环境新形象。据美国能源部的专业软件计算，珠江城每年将减少二氧化碳排放 3000t，比常规节能建筑节能 30.4%，成为未来智能化建筑新典范。

4.2.5 生态建筑

1. 生态建筑的发展简介

当今世界，人口剧增，资源锐减，生态失衡，环境遭到严重破坏，人类生存和发展与全球的环境问题越演越烈，生态危机几乎到了一触即发的程度。在严峻的现实面前，人们不得不重新审视和评判我们现时奉为信条的城市发展观和价值系统。

为了建筑、城市、景观环境的“可持续”，建筑学、城市规划学、景观建筑学学科开始了可持续人类聚居环境建设的思考。许多有识之士逐渐认识到人类本身是自然系统的一部分，它与其支撑的环境休戚相关。在城市发展和建设过程中，必须优先考虑生态问题，并将其置于与经济和社会发展同等重要的地位上；同时，还要进一步高瞻远瞩，通盘考虑有限资源的合理利用问题，即我们今天的发展应该是“满足当前的需要又不削弱子孙后代满足其需要能力的发展”。这就是 1992 年联合国环境和发展大会“里约热内卢宣言”提出的可持续发展思想的基本内涵，它是人类社会的共同选择，也是我们一切行为的准则。建筑及其建成环境在人类对自然环境的影响方面扮演着重要角色，因此，符合可持续发展原理的设计需要对资源和能源的使用效率、对健康的影响、对材料的选择等方面进行综合思考，从而使其满足可持续发展原则的要求。近几年提出的生态建筑及生态城市的建设理论，就是以自然生态原则为依据，探索人、建筑、自然三者之间的关系，为人类塑造一个最为舒适合理且可持续发展的环境的理论。生态建筑是 21 世纪建筑设计发展的方向。

所谓生态建筑，就是追求建筑与人和自然和谐统一，以高新技术为主导，针对建筑全寿命的各个环节，强调节约能耗、节省资源、保护环境、创造健康舒适的生活条件的建筑。建筑节能主要包括以下几方面的技术：充分采用围护结构的隔热保温技术；充分采用自然通风、天然采光和外遮阳技术；充分应用太阳能光电、光热技术；降低设备的运行能耗；健康舒适的环境比如提高空气品质，降低室内各种 VOC 的排放；提高绿化的健康效果和降温效果；净化景观水环境；利用气流原理，合理配置出风口和通风量，优化室内热舒适度；结合大然采光，控制并改善光的舒适性；大幅度提高建筑物各部位的隔声效果等；节约资源，推荐选用 3R 材料，即减少材料用量，使用可再利用、可循环使用和可再生的建筑材料；合理利用当地的各种自然资源，推广包括中水在内的资源回收技术；采用智能控制技术，对室内环境、空气质量和光照度进行智能监控和调节的技术，对建筑物综合节能效应的智能监控和改进技术，智能家居技术等。

生态建筑不仅可实现人、建筑与自然的协调统一，还可带动新型节能墙体、节能门窗、新能源利用等 30 多个产业的发展，仅上海市场发展潜力就达 164 亿元。采用生态建筑技术，上海市每年可节约废弃物处置费 1 亿元以上；减少水泥用量 300 万 t，降低材料成本6 亿元；建筑节能潜力每年可达 74.78 万 t 标准煤，相当于减少二氧化碳 199 万 t、二氧化硫 0.46 万 t、烟尘0.19万t；采用绿色工程材料，可节煤42万t，减少二氧化碳135万t。

2. 国际智能生态建筑

1973年爆发了石油危机，1974年即召开了首次国际被动式太阳能大会，主要通过对太阳能供热，包括太阳能集热器技术和太阳能温室的开发利用，减少对不可再生能源的依赖。在太阳能住宅发展的基础上进一步出现了综合考虑能源的节能住宅，如采用中空玻璃的玻璃窗、外墙、屋顶设置保温层。建于法国巴黎的联合国教科文组织办公楼就是一例。

在德国，20世纪90年代利用高新技术设计建造了一座旋转式太阳能房屋，能在基座上转动，以3cm/min的速度随着太阳旋转。屋顶太阳能电池产生的电能仅1.3%被旋转电动机消耗掉，而它所获得的太阳能量相当于一般不能转动的两倍。

1992年，丹麦首都哥本哈根建成了斯科特帕肯低能耗住宅，曾获得1993年的世界人居奖。其技术措施主要包括：外墙、屋顶、楼板均设有保温层，使用热传导系数较小的门窗玻璃；利用智能系统对太阳能和常规供热系统进行智能调控；安装节水设备；用雨水槽将雨水引至住宅区中央的小湖里，再渗入地下等，这些技术措施使住宅小区的煤气、水、电分别节约了60%、30%和20%，而且改善了整个小区的环境。

瑞典最大的住宅银行有关人士于1995年宣布，只向生态住宅开发商贷款。2000年，瑞典北部于密奥市建成的世界第一家"绿色汽车经销展厅"，被称为"绿色区域"。其使用的能源全部来自太阳能、风能等可再生能源，同时通过天然采光和地热调节系统来减少能量使用，能源需求减少了70%。

1999年落成并交付使用的牙买加公共图书馆分馆是由美国政府出资兴建的纽约市第一幢绿色建筑，此建筑被评为2000年"世界地球日十佳建筑"之一。在晴天时，2/3的采光来自自然光。图书馆内空调送回风风道可以切换。夏天是下送上回，由回风口直接将窗户进来的辐射热带走；冬天是上送下回，得以充分利用太阳的辐射热。西向主立面的玻璃采用低辐射中空玻璃，具有对阳光的高透过率和对于长波辐射的高反射率，具有极好的保温性能。此建筑比同等规模的建筑在采暖空调方面节能1/3，但造价相当于现有同等规模图书馆的2.5倍。

"生态建筑示范楼"是上海市建筑科学研究院建筑环境实验办公楼，位于上海闵行区申富路568号该院的科技发展园区内，占地905m^2，建筑面积1994m^2，高17m，建筑主体为钢筋混凝土框架剪力墙，斜屋面结构，南两层，北三层。于2003年12月动工，2004年9月竣工，11月通过工程验收。总体技术目标达到综合能耗为同类建筑的1/4，再生能源利用率占建筑使用能耗的20%，室内综合环境达到舒适、健康，建筑节能率高达75%。"示范楼"集成了国内外大量的多种形式的最新生态技术产品，形成了自然通风、超低能耗、天然采光、健康空调、再生能源、绿色建材、智能控制、资源回收、生态绿化、舒适环境等十大技术特点，实现建筑一体化匹配设计的应用。

4.2.6 特种结构

特种结构主要包括以下类型：烟囱、水池、水塔、料斗、料仓、储罐、污泥消化池、塔桅结构。

（1）烟囱　烟囱有单筒、多筒两种。我国单筒烟囱最高达270m，国内砖烟囱高达60m，国外高达80m。位于哈萨克埃基巴斯图兹的GRES—2发电站烟囱（GRES—2 Power Station），高419.7m，是目前世界上最高烟囱。

（2）水塔 最初为整体式水塔（见图4-36）。我国20世纪70年代采用倒锥形水塔，最大容量可达1500m^3。世界上最大的水塔为瑞典马尔墨水塔，容量为10000m^3。

（3）水池 我国最大的矩形水池为北京水源九厂的10万m^3拼装式清水池。平面尺寸为255.9m×90.9m。天津庄子污水处理厂4只60m直径的混凝土初沉池为圆形预应力（缠丝机）水池。目前世界最大的圆形水池为内径83.8m，壁高7.5m（美国）。

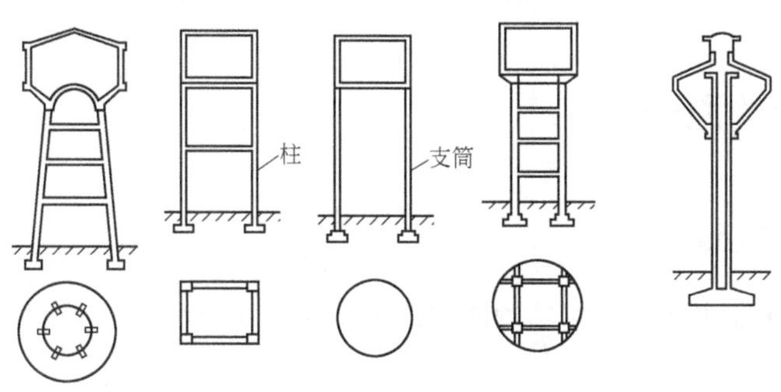

图4-36 水塔结构形式

（4）料斗、料仓和储罐 按容量来分，小型的称为料斗；储料较多称为料仓。从受力和存储量的优势考虑，料仓多选圆形。连云港28只钢筋混凝土散装粮仓每只内径为10m，壁厚250mm。我国已建成最大的两座预应力混凝土煤仓为山西云岗煤仓，其内径40m、高51.3m，储煤量为6万t。法国1982年建造的一只预应力混凝土液化气储罐，容量为12万m^3，日本建造的地上预应力混凝土储罐，容量为14万m^3。我国在舟山群岛建造最大的钢油罐，其直径为90m，高24m，容量为15m^3，是世界之最。

（5）污泥消化池 最早的圆筒形消化池采用预应力形式，容量为6105m^3。1993年山东济南首次建成三只预应力卵形污泥消化池，每只容量为10536m^3；1993年中国台北建成四只厌气消化池，每只容量为9400m^3。

（6）塔桅结构 竖立于地面的塔形结构和靠纤绳维持稳定的桅杆结构的总称。根据其结构形式可分为自立式塔式结构和拉线式桅式结构，高耸结构也称为塔桅结构。世界上一些主要的塔桅结构的高度见表4-1。被誉为广州城市新坐标的广州塔位于广州市中心，城市新中轴线与珠江景观轴交汇处，与海心沙岛和广州市21世纪CBD区珠江新城隔江相望，整体高600m，是中国第一高塔，世界第三高塔。广州塔为椭圆形的渐变网格结构，其造型、空间和结构由两个向上旋转的椭圆形钢外壳变化生成。在腰部处收紧，像编织的绳索，呈现“纤纤细腰”。隔江远望，广州塔犹如美丽的少女回望珠江（见图4-37）。

图4-37 广州广播电视塔

表 4-1 世界一些主要的塔桅杆高度情况表 （单位：m）

名　称	哈利法塔	广州塔	加拿大多伦多塔	莫斯科塔	吉隆坡塔
高　度	828	600	549	537	421
名　称	上海东方明珠塔	天津塔	中央广播电视塔	塔什干塔	柏林塔
高　度	468	415	405	375	368

4.3 结构设计的原理

4.3.1 结构设计的基本理论

结构设计的功能要求所设计的结构能完成由其用途决定的全部要求，结构功能要求包括如下：

1. 满足使用要求

满足使用要求又可从以下三个方面考虑。首先，要保证建筑物或构筑物在施工过程中和建成以后安全可靠，结构构件不会破坏，整个结构不会倒塌。其次，要满足使用者提出的适用性要求。如建筑物的梁变形太大，虽然其没有破坏，但站在下面的人将会感觉很不安全，不敢停留，这就不能满足人的适用性要求；再如厂房里的吊车梁，如果变形太大，起重机将会卡轨，无法使用，这时不能满足机械的适用性要求。最后，要注意经济问题，即如何用最经济的方法实现上述安全可靠性和适用性，将建筑物的建造费用降至最低。

2. 结构的安全可靠性

1）结构的安全可靠性、使用期间的适用性和经济性是对立统一的，也是我们结构设计所研究和考虑的主要问题。结构的安全可靠性，指建筑结构达到极限状态的概率是足够小的，或者说结构的安全保证率是足够大的。当整个建筑或结构的一部分超过某一特定状态就不能满足设计规定的某一功能要求时，这个特定状态就称为该功能的极限状态。

极限状态可分为两类：①承载能力极限状态，指结构或构件达到了最大的承载能力（或极限强度）时的极限状态，如混凝土柱被压坏、梁发生断裂等；②正常使用极限状态，指结构或构件达到了不能正常使用的极限状态，如梁发生了过大的变形，或裂缝太大，或在不能出现裂缝的构筑物中（如水池）产生裂缝等。

2）我国目前的规范对结构设计的规定。建筑结构必须满足下列各项功能要求：①能承受在正常施工和正常使用时可能出现的各种作用；②在正常使用时具有良好的工作性能；③在正常维护下具有足够的耐久性能；④在偶然事件发生时及发生后，仍能保持必需的整体稳定性；⑤结构的设计并不是要结构100%安全，那是不经济的，而是保证结构的失效概率达到人们的心理可接受的程度。

当前，国际上将结构概率设计法按精确程度不同分为三个水准，即水准Ⅰ——半概率设计法；水准Ⅱ——近似概率设计方法；水准Ⅲ——全概率设计法。我国现行规范采用水准Ⅰ，即在考虑极限状态发生概率和工程经验的基础上，对荷载取值、构件强度乘以安全系数来加以保证。GB 50009—2012《建筑结构荷载规范》中规定，荷载值是指结构在正常使用条件下，或在一定使用期间可能出现的最大荷载。但在偶然情况下，结构可能受到的荷载要

超出这个最大荷载，于是规范采用“荷载安全系数”，将设计荷载增大。规范中构件的强度值是按97.73%保证率规定的，但在正常情况下，由于施工误差、材料不均匀性等因素的影响，需考虑“构件强度安全系数”，按结构的重要性，还需考虑“附加安全系数”。

4.3.2 结构设计的方法

建筑工程的结构设计步骤一般可分为建筑结构类型选取、结构模型的建立、结构荷载的计算、结构内力计算和结构选取、施工图绘制。

1. 建筑结构类型选取

对建筑工程的结构设计前，必须先清楚需选用的结构类型。结构类型如本章前几节所述，可依据建筑的要求选用合理的结构类型。因此，结构设计人员要了解各种结构体系的形式、适用范围、结构传力体系等。

以下以框架结构为例，介绍建筑结构的设计方法，了解一般框架结构体系的形式。

2. 结构模型的建立

一般的建筑若完全按其实际结构来计算，其工作量将是惊人的，为简化计算，常需将结构进行简化，以形成利于计算的模型。这个过程即为结构模型的建立过程。

（1）整体结构的简化　框架结构虽然是空间结构，但为简化计算，可取出其中的一榀框架，将其简化为平面框架进行计算。

（2）构件的简化　梁和柱的截面尺寸相对于整个框架来说较小，因此可以将其简化为杆件，梁和柱的连接结点可简化为刚性连接。经过如上简化后，看似复杂的框架结构建筑即成为用结构力学完全可以对其进行受力计算分析的简单模型。

3. 结构荷载计算

结构模型建立完成后，就可进行结构荷载的计算，清楚该结构所承受荷载的种类和传力路线。

（1）荷载种类 建筑结构的荷载可分为：①永久荷载，包括结构自重、土压力、预应力等；②可变荷载，包括楼面活荷载、屋面活荷载、积灰荷载、起重机（吊车）荷载、风荷载、雪荷载和温度作用等；③偶然荷载，包括爆炸力、撞击力等。

（2）代表值选取 建筑结构设计时，应按下列规定对不同荷载采用不同的代表值：对永久荷载应采用标准值作为代表值；对可变荷载应根据设计要求采用标准值、组合值、频遇值或准永久值作为代表值；对偶然荷载应按建筑结构使用的特点确定其代表值。

（3）传力路线　在砌体结构中，荷载由板传递给梁，再由梁传递给墙，墙传递给基础，最后由基础传递给地基；在框架结构中，荷载由板传递给梁，再由梁传递给柱，柱传递给基础，最后由基础传递给地基；在剪力墙结构中，荷载由板传递给梁，再由梁传递给剪力墙，剪力墙传递给基础，最后由基础传递给地基。

4. 构件内力计算和构件选择

根据结构模型和结构所承受的荷载，进行内力计算。

1）预估结构的截面尺寸，进行内力计算。内力计算的方法将在结构力学课程中学到。

2）根据计算得到的内力，进行配筋计算和强度、稳定性、变形的检验和校核。这些方法将在混凝土结构、钢结构等课程中学到。

3）当选定的结构截面尺寸无法满足要求时，须重复上述两步，直至符合要求。

5. 施工图的绘制

构件的截面尺寸和配筋确定后，下一步即是如何将其反映至施工图上。如何绘制施工图将在画法几何和建筑制图课程中学习。

施工图的绘制必须规范，因施工人员是按图样施工的，只有按规范绘制的图样，施工人员才能识别，也才能按照图样施工。

思 考 题

1. 查询相关建筑图片资料，结合本章内容，谈谈你对建筑工程各种结构形式的认识。
2. 结合如广州广播电视塔等世界著名的特种结构，谈谈自身对特种结构稳定性的认识。
3. 根据相关的规范和内容，说明两种极限状态结构设计方法的异同。

5

第 5 章 道路工程

5.1 概述

5.1.1 道路运输的特点及发展概况

1. 交通运输体系的组成

由于社会生产与消费的需要，人们必须克服空间上的阻碍，实现人和物的移动。为具体实现这种移动提供服务所进行的经济活动称为运输。实现这种服务的物质生产全过程称为交通运输。

按运输路线和工具不同，交通运输体系可分为铁路运输（火车）、道路运输（汽车）、水路运输（轮船）、航空运输（飞机）及管道运输等。上述各种运输方式，各有所长，合理分工，协调配合，取长补短，组成了一个综合的交通运输体系，为社会生产和消费服务。

道路是交通的基础，是国家经济活动的基础和人民生活的基本设施，并可作全国土地利用结构的骨架。

城市道路是指城市范围内的道路，是城市建设的基础，是城市交通、生产和生活的必要设施，是城市总平面布置的骨架。

2. 道路运输的特点

道路是供各种车辆（指无轨车辆）和行人通行的工程设施的总称。与其他运输方式相比，道路运输具有如下特点：

1）机动灵活。汽车车辆可以随时调动，能迅速集散货物，并可随时发运，节省时间。

2）迅速直达。道路运输是“门到门”的运输方式，可将货物直接送到用户手中而不需中间转运，也不受运输路线等限制和影响。

3）适应性强。道路运输既可用于小批量运输，也可大量运输。

4）服务面广。道路运输受地形、气候等因素影响小，可伸展到山区、农村、矿企业、机关、学校、家庭用户。

5）汽车的燃料较贵，单位运量小、污染大。

3. 我国道路运输概况及发展规划

新中国成立以来，道路建设事业获得长足发展，成就辉煌。特别是改革开放以来，我国道路建设取得了突飞猛进的发展。

(1) 公路建设 3.5万km的“五纵七横”国道主干线于2008年全线贯通，提前12年完成规划目标。

其中的五纵是：

1) 由同江经哈尔滨、长春、沈阳、大连、烟台、青岛、连云港、上海、宁波、福州、深圳、广州、湛江、海口至三亚。

2) 由北京经天津、济南、徐州、合肥、南昌至福州。

3) 由北京经石家庄、郑州、武汉、长沙、广州至珠海。

4) 由二连浩特经集宁、大同、太原、西安、成都、内江、昆明至河口。

5) 由重庆经贵阳、南宁至湛江。

七横是：

1) 由绥芬河经哈尔滨至满洲里。

2) 由丹东经沈阳、唐山、北京、呼和浩特、银川、兰州、西宁、格尔木至拉萨。

3) 由青岛经济南、石家庄、太原至银川。

4) 由连云港经徐州、郑州、西安、兰州、乌鲁木齐至霍尔果斯。

5) 由上海经南京、合肥、武汉、重庆至成都。

6) 由上海经杭州、南昌、长沙、贵阳、昆明至瑞丽。

7) 由衡阳经南宁至昆明。

(2) 城市道路建设 截至2014年年末，全国设市城市653个，城市城区户籍人口3.86亿人，城区建成区面积4.98万km^2。城市道路长度35.2万km、道路面积68.3亿m^2，人均道路面积15.34m^2。

5.1.2 道路工程的主要组成及基本作用

按道路所在位置、交通性质及其使用特点，道路可分为公路、城市道路、厂矿道路、林区道路及乡村道路等。公路是连接城市、农村、厂矿基地和林区的道路；城市道路是城市内道路；厂矿道路是厂矿区内道路；林区道路是林区内道路。它们在技术方面有很多相同之处。下面主要介绍公路和城市道路。

1. 公路的主要组成

公路是线形结构物，它包括线形和结构两个组成部分。

(1) 线形组成 公路线形是指公路中线的空间几何形状和尺寸。这一空间线形投影到平、纵、横三个方面而分别绘制成反映其形状、位置和尺寸的图形，就是公路的平面图、纵断面图和横断面图（见图5-1）。公路设计中，平、纵、横三方面是相互影响，相互制约，相互配合的，设计时应综合考虑。平面线形由直线、圆曲线和缓和曲线等基本线形要素组成。纵面线形由直线（直坡段）及竖曲线等基本要素组成，公路线形设计时必须考虑技术经济和美学等要求。

(2) 结构组成 公路结构是承受荷载和自然因素影响的结构物，它包括路基、路面、桥涵、隧道、排水系统，防护工程、特殊构造物、交通服务设施及停车场等。

1) 路基是行车部分的基础，它承受路面传递下来的行车荷载，它是由土、石按照路线位置和一定技术要求修筑成的土工带状体。

2) 路面是用各种筑路材料铺筑在公路路基上供车辆行驶的构造物。它直接承受行车荷

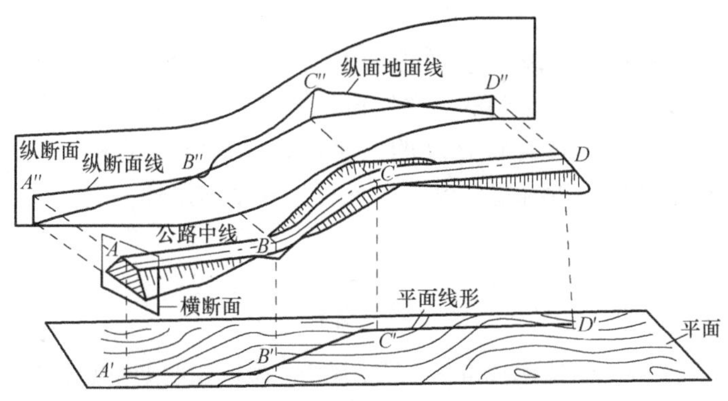

图5-1 公路的平面、纵断面和横断面

载和自然因素的作用，供车辆在上面以一定速度安全而舒适的行驶。

3）排水系统。为了防止地面水及地下水等自然水侵蚀、冲刷路基，确保路基稳定，需设置排水构造物。除上述桥梁涵洞外，还有边沟、截水沟、排水沟、跌水、急流槽、盲沟、渗井及渡槽等。这些排水构造物组成综合排水系统，以减轻或消除各种水对道路的侵害。

4）隧道是为道路从地层内部或水底通过而修筑的建筑物。隧道可以缩短道路里程并使行车平顺迅速。

5）防护工程是在陡峻山坡或沿河一侧的路基边坡修建的填石边坡、砌石边坡、挡土墙、护脚及护面墙等可加固路基边坡，保证路基稳定的构造物。在易发生雪害的路段可设置护雪栅、防雪棚等。在沙害路段设置控制风蚀过程的发生和改变沙粒搬运及堆积条件的设施。沿河路基可设置导流结构物，如顺水坝、格坝、拦水坝等间接防护工程。

6）特殊构造物是在山区地形、地质复杂路段修建的，如悬出路台、半山桥及防石廊等用以保证道路连续和路基稳定的构造物。

7）交通服务设施是为了保证公路沿线交通安全、管理、服务及环境保护而设置的，如照明设备、交通标志、护栏、中央分隔带、隔声墙、隔离墙、加油站及绿化和美化设施等。

8）停车场一般指在高速公路服务站设置的供停车及修理的场地，级别低的公路一般不设置停车场。

2. 城市道路的组成

城市道路将城市的主要组成部分如居民区、市中心、工业区、车站、码头及其他部分之间联系起来，形成完整的道路系统，通常其组成如下：

1）机动车道和非机动车道。

2）人行道（包括地下人行道及人行天桥）。

3）交叉口、步行广场、停车场、公共汽车站。

4）交通安全设施，如人行地道、人行天桥、照明设备、护栏、标志、标线等。

5）排水系统，如街沟、雨水口、窨井及雨水管等。

6）沿街设施，如照明灯柱、电杆、邮筒及给水栓等。

7）地下各种管线，如电缆、煤气管及给水排水管道等。

8）绿化带。

9）大城市还有地下铁道、高架桥等。

道路工程的主体是路线、路基（包括排水系统及防护工程等）和路面三大部分。在道路设计中它们是相互联系、相互影响的。路线设计中要有经济合理的线形，还应充分考虑通过地区的自然与地貌等因素，以保证路基的稳定性。路基设计要求要有足够的强度和稳定性，以保证路面结构的整体强度和稳定性，保证行车安全和迅速。

5.1.3 道路的分级

1. 公路的分级

按交通部部颁《公路工程技术标准》（JTG B01—2014），根据交通量及其使用任务、性质分为五个等级：

（1）高速公路 专供汽车分方向、分车道行驶。高速公路的年平均日设计交通量宜在15000辆小客车以上。高速公路单向最少设置两个车道，对允许进入的车辆进行限制，设置中央分隔带分隔对向交通，采用立交接入等措施全部控制接入，排除纵横向干扰，为通行效率最高的公路。

（2）一级公路 供汽车分方向、分车道行驶。一级公路的年平均日设计交通量在15000辆小客车以上。一级公路单向至少设置两个车道，根据功能需要采取不同程度的控制出入。具备干线功能的一级公路，通常采用部分控制接入措施，只对所选定的相交公路或其他道路提供平面出入连接，而在同其他公路、城市道路、铁路、管线、渠道等相交处设置立体交叉，并设置隔离设施以防行人、低速车辆、非机动车及牲畜进入。当一级公路用作集散公路时，纵横向干扰都较大，通常采取接入管理措施，合理地控制公路和周围土地接口的位置、数量、形式，提高安全保障和服务水平。

（3）二级公路 供汽车行驶的双车道公路。二级公路的年平均日设计交通量为5000～15000辆小客车。当慢行车辆交通量较大，街道化程度严重时，可采取加宽硬路肩的方式增设慢行车道，减少纵横向干扰，保证行车安全。

（4）三级公路 供汽车、非汽车交通混合行驶的双车道公路。三级公路的年平均日设计交通量为2000～6000辆小客车。

（5）四级公路 供汽车、非汽车交通混合行驶的双车道或单车道公路。双车道四级公路年平均日设计交通量宜在2000辆以下；单车道四级公路年平均日设计交通量宜在200辆小客车以下。

三、四级公路允许拖拉机等慢行车辆和非机动车使用行车道，其混合交通特征明显，抑制干扰能力弱。

公路等级应根据公路网的规划和远期交通量的发展，从全局出发结合公路的使用任务、性质等综合决定。远景设计年限为：高速公路、一级公路为20年；二级公路为15年；三级公路为10年；四级公路一般为10年也可以根据实际情况适当缩短。

2. 城市道路的分类依据及组成：

城市道路是城市组织生产、安排生活、搞活经济、物资流通所必需的车辆、行人交通往来的道路，是连接城市各个用地组成部分，并与市郊公路相贯通的交通枢纽带。在城市总平面图上，它是指总体规划所确定的建筑或其他建设规划用地控制线之间的用地部分。城市道路有各种类型，它们在交通性质上，为生产、生活服务上所起的作用各有不同特点。因此，我们必须要分清道路性质是全国性的还是地区性的，是交通性的（机动车辆多）还是生活

性的（非机动车与行人多），是货运交通为主还是客运交通为主等，方可使各种道路在城市道路网中充分发挥各自功能作用，做到使车辆与行人互不干扰，畅通行驶。

（1）分类依据　一般确定道路分类的基本因素是交通性质、交通量和计算行车速度。由于城市结构组成与交通运输的错综复杂，在分类中既要抓住基本因素，又要综合分析道路在城市中所处的地位和作用，并相应确定其技术标准。由于我国幅员广阔，城市的自然地理环境、政治经济地位、规模、交通运输发展程度、历史形成条件等方面有着各自的特点，因而在具体分类和确定技术标准上，必须从实际出发，正确处理好近期与远期、重点和一般，需要与可能的关系，做到实事求是、留有余地。

（2）城市道路分类　按照道路在城市道路网中的重要程度、交通运输功能及其对沿线附属配套设施的服务功能等，我国目前将城市道路分为四类：

1）快速路。快速路在特大城市或大城市中设置，为城市提供交通量大、距离长的快速交通服务，主要联系市区各主要地区、市区和主要的近郊区、卫星城镇、主要对外公路等。快速路两侧不应设置吸引大量车流、人流的公共建筑物的进出口，快速路对向车行道之间应该设置中间分车带，其进出口应采用全控制或部分控制。

2）主干路。主干路应为连接城市各主要分区的干路，作为城市道路的骨架以交通运输功能为主。自行车交通量大时，宜采用机动车与非机动车分隔形式，主干路两侧不应设置公共建筑物的进出口来吸引大量车流、人流。

3）次干路。次干路应与主干路结合组成道路网，兼有一般交通道路与服务作用，辅助主干路起集散交通的作用，并且允许两侧布置吸引人流的公共建筑。

4）支路。支路应为次干路与街坊路的连接线，主要连接次干路和居民区来解决局部地区交通问题，以服务功能为主。支路上不宜直接通行过境交通，只允许通行为地区服务的交通，部分主要支路用以补充干道网的不足，可以设置公共交通路线，也可以作为自行车专用道。

此外，根据城市的不同情况，还可以规划自行车专用道、风景区道路、居住区道路、有轨电车专用道、商业步行街、货运道路等专用道路。每类道路，除快速路外，应按照所在城市的整体规模、设计交通流量、地质条件等分为三个级别，大城市应采用各类道路中的一级标准，中等城市应采用二级标准，小城市应采用三级标准。

5.2　道路工程建设

5.2.1　公路建设

公路路线线形是指一条道路在三维空间中的立体几何形态，路线线形是道路的骨架，它不仅对行车安全、舒适、经济和道路的通行能力有着决定性的影响，而且对沿线的开发、土地利用也有重大的影响。从这种程度来讲道路的线形决定着道路建成后能否发挥预定功能及经济效应的大小，所以公路线形设计的质量往往是道路总体设计及其作用的主要评价标准。

1. 公路路线线形设计

线形设计是在路线的各项几何技术指标满足了与道路等级相应的技术标准要求的前提下，进一步研究线形各要素的运用和进行巧妙组合的要求，即将公路平面、纵断面进行合理的组合，以及将平面、纵断面与横断面组合成三维空间的立体线形，并考虑车辆行驶的安全、舒适，满足汽车动力性能与行驶力学的要求，以及充分考虑驾驶员的视觉和心理舒适要求，保持线形在视觉上的连续性和心理上的协调。在保证汽车行驶的安全性、舒适性、经济性的同时，还应考虑线形对地形、地物、景观、视觉等具有适应性、协调性及其在技术上、工程上的经济合理性，以便在条件许可时，选用较高的技术标准，从而提高道路的使用质量。

在公路线形设计时应考虑以下内容：在路线选线定线阶段就要注意线形设计的有关问题，后期的线形设计只是对路线的选定作线形设计的检查与修正。为尽量使汽车能匀速行驶，应注意各线形要素的连续性，必须避免线形的突变，以防止出现线形连续性不够而引起错觉，必须避免在一个平曲线上反复出现起伏不平的纵坡和驾驶员看不清眼前线形的情况，同时不应轻易采用技术指标的最小值或最大值，而应根据设计条件尽量选用较高的指标。线形设计应注意线性要素之间以及与其他设施间的相互平衡协调，并与自然地形和周围环境相协调。

理想的线形设计能使驾驶员在行驶中对线形三维空间外观看起来舒顺、连续，并能预见前进方向及路况的变化，避免引起驾驶员视觉上的错觉和不良的心理反应，自然地从视觉上诱导驾驶员。在路线交叉前后，主要指在互通式立体交叉和平面交叉前后，其线形要素应采用较高的指标，以有利于保证行驶安全和提高公路的通行能力。平、纵线形要素组合时，应选择对路面排水和汽车行驶力学都有利的合成坡度，注意不要使平曲线和竖曲线双方的不利条件重叠起来，以致造成合成坡度过大。在一些特殊路段，可借助交通管理设施、不同的植树方式等，来弥补设计中的某些不足之处。

在公路路线选线类型方面应注意下列问题：

（1）越岭线路的地质选线原则　应在大面积区域地质调绘的基础上，综合考虑地形、地质、分水岭两侧引线及施工条件等各种因素，始终与一定深度的线路方案研究工作相配合，做好多方案（或方案组合）比选，最终选择出能尽量避绕重大不良地质地段以及地质条件相对较好的线路方案。

（2）沿河线路的地质选线原则　沿河线路的选择受沿线水文地质条件等约束，沿岸路段选择、路线位置高程及越河桥位选定等是所面临的主要问题。要深入调查研究路线经过区域地质构造与滑坡、崩塌、泥石流、岩溶地貌、煤矿采空区等严重不良地质现象的特征、范围及对线路的影响，对于不良地质地段，如性质复杂、难处理且集中分布的，应尽可能绕避，尤其是河流曲折多弯，线路有跨河条件且桥不太高时，应选择有利地段，采用多次跨河方案。

（3）不良地质和特殊地质地区的选线原则　线路通过不良地质和特殊地质地区应仔细查明地质现象的分布范围、类型、规模和严重程度，搞清其发生、发展的原因和规律，根据具体情况做出可行的通过和绕避方案，保证道路建成后畅通无阻，不留后患。一般对性质严重、规模较大、难以处理的不良地质地段均应予以绕避，但对通过治理能彻底整治并不需付出昂贵代价和不致使运营条件严重恶化的不应盲目绕避，可选择合理位置通过。

2. 公路的结构组成

公路结构主要由路基、路面、排水设施、特殊结构防护设施及其公路沿线附属结构设施组成。

（1）公路路基建设　公路路基是公路的基本承重结构，是支撑路面结构的基础。它与路面共同承受行车荷载的作用，同时承受气候变化和各种自然灾害的侵蚀和影响，所以路基也必须满足安全性、稳定性以及经济性综合要求。路基的典型横断面形式分为天然路基、路堤、路堑及挖填混合式路基，各种路基横截面形式如图5-2所示。

路堤是指全部用岩土填筑而成的路基，路堤的几种常用横断面形式：矮路堤（填土高度低于1.0m者）、高路堤［填土高度大于18m（土质）或20m（石质）］、一般路堤（填土高度介于两者之间）、浸水路堤、护脚路堤及挖沟填筑路堤；路堑是指全部在原地面开挖而成的路基，路堑横断面的几种基本形式：全挖式路基、台口式路基、半山洞式路基；挖填混合路基是指当原地面横坡大，且路基较宽，需一侧开挖另一侧填筑时，为挖填结合路基，在丘陵或山区公路上，挖填结合是路基横断面的主要形式。路基横断面尺寸由路基宽度、高度及边坡组成，路基宽度取决于公路技术等级，路基高度取决于路线纵断面、地形及其纵坡设计，路基边坡坡度取决于水文地质条件、边坡稳定性及其横断面经济性等因素比选确定。

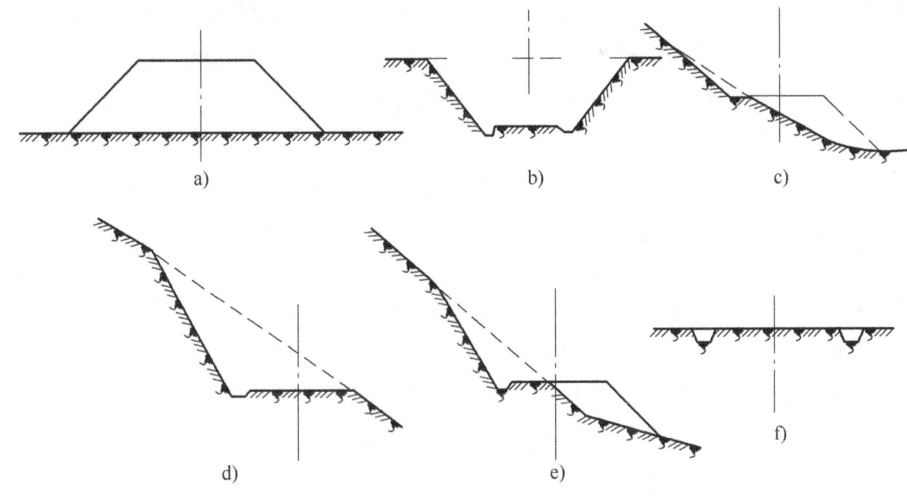

图5-2　路基横断面形式

a）路堤　b）路堑　c）半路提式　d）半路堑式　e）半堤半堑式　f）天然（不填不挖）

（2）公路路面建设　公路路面是铺筑在公路路基上与车轮直接接触的结构层，承受和传递车轮荷载、承受磨耗并经受自然气候的侵蚀和影响。路面应具备足够的强度、稳定性、平整度、抗滑性能等，路面质量的好坏直接影响行车速度、运输成本、行车安全和舒适性，所以修好路面对发挥整个公路的运输经济效益具有十分重要的意义。路面应具有足够的强度和刚度，足够的稳定性，具有足够的平整度，具有足够的抗滑性能，具有足够的耐久性，具有尽可能低的扬尘性。由于行车荷载和自然因素对路面的影响随深度的增加而逐渐减弱，为适应这一特点，按照各个层位功能的不同，路面结构一般划分为三个层次，即面层、基层和垫层。公路路面施工如图5-3所示。

图5-3　公路路面施工

1）面层。面层作为直接承受车轮荷载反复作用和自然因素影响的结构层，它承受较大的行车荷载的垂直力、水平力和冲击力的作用，同时还受到降水的侵蚀和气温变化的影响。所以公路面层应具备良好的平整度，较高的承载强度与抗变形能力，较好的耐水与耐温度稳定性，修筑面层所用的材料主要有水泥混凝土、沥青混凝土、沥青碎石混合料和级配碎石等。

2）基层。基层主要承受由路面传来的交通荷载的竖向力，并将该力扩散到垫层和路基中，基层作为路面结构中的承重层应具有较好的平整度、足够的强度和刚度、良好的扩散应力的能力及足够的水稳定性。修筑基层的主要材料有各种结合料、稳定土或稳定碎（砾）石、混凝土、天然砂砾、碎石或砾石、各种工业废渣混合料等。

3）垫层。垫层是设置在基层和路基之间的结构层，通常是为蓄水、排水、隔热、防冻等目的而设置的，所以通常设在路基处于潮湿和过湿及有冰冻翻浆的路段，主要作用是用来加强路基和改善基层的工作条件，扩散由基层传下来的应力以减小路基的应力变形，还能阻止路基土挤入基层中以保证基层的结构性能。修筑垫层常用的材料有松散粒料和整体性材料两类，如粗砂、砾石和炉渣等组成的透水性垫层和石灰粉煤灰稳定粗粒土或炉渣石灰稳定性粗粒土等组成的稳定性垫层。

（3）公路排水设施　地面水和地下水是影响路基强度和稳定性重要因素，许多路基病害是由水的侵蚀造成的，在道路施工与运营阶段，都应重视排水系统的建立并与地区排水规划相协调，以防止因各种原因造成的水患给公路路基、路面造成大量损失。公路排水主要有路面排水和地下排水。路面排水设施通常采用的是边沟（见图5-4）、截水沟、跌水、急流槽及地表的排水管，主要任务是迅速排除路面范围内的降水，减少水从路面渗入使之不冲刷路基边坡。高速公路和一级公路上的排水沟渠一般都要求铺砌防护（见图5-5），普遍采用浆砌片石加固，而水泥混凝土预制板块也开始广泛应用，路面排泄雨水方式主要有集中排水和分散排水；公路地下排水多采用暗沟、盲沟、渗沟、渗井等，其特点是以渗透力式排水，当水流量较大时多采用带渗水管的渗沟。传统的砂砾料反滤层多改用有反滤功能的土工织物，近年研制的带有钢圈、滤布和加强合成纤维组成的加劲软式透水管很适用于地下排水。

图5-4　公路边沟排水

图5-5　公路隧道

（4）特殊结构防护设施　公路隧道通常是指建造在山岭、江河、海峡和城市地面下，供车辆通过的工程构造物，如图5-5所示，按所处位置可分为山岭隧道、水底隧道和城市隧道；公路渡口是指以渡运方式供通行车辆跨越水域的基础设施；桥涵是指公路跨越水域、沟谷和其他障碍物时修建的构造物；码头是公路渡口的组成部分，可分为永久性码头和临时性码头；挡土墙用于支挡防护目前仍占主要地位。石砌的重力式挡土墙多用于石料丰富、墙高较低、地基较好的场地；钢筋混凝土结构的悬臂式挡土墙、扶壁式挡土墙和板柱挡土墙其受力比较合理，墙身圬工体积小，已广泛应用于公路路基的防护。垛式挡土墙易于调整墙的高度，并采用预制构件拼装，是一种特殊形式的挡土墙。公路边坡防护如图5-6所示。

图5-6　公路边坡防护

（5）沿线附属设施　公路附属设施是指公路主体工程以外的公路安全设施、防护设施、管理设施、监控设施、通信设施、服务设施及绿化工程。公路附属设施包括公路的路基、路面、桥梁、涵洞、排水设施、防护工程、隧道、测桩、界桩、里程碑、百米桩、示警桩、轮廓标、花草树木、专用房屋、工程通信设施、公路用地以及收费站设施等。

（6）交叉工程　交叉工程包括公路与公路、公路与铁路，以及公路与管线的交叉。公路与公路或铁路相交时，可采用平面交叉或立体交叉（见图5-7）；公路与管线交叉时，一般采用留净空和横向间距的办法来保证各种管线不致侵入公路建筑界限内。广州城市立交桥和上海南浦立交桥分别如彩图16、彩图17所示。

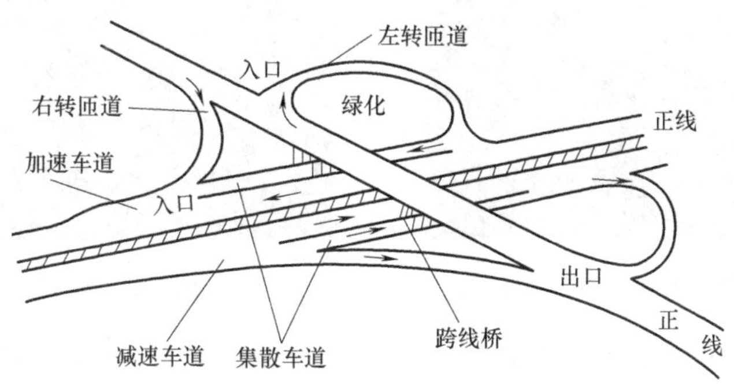

图5-7　立体交叉的组成

5.2.2　城市道路建设

城市道路作为城市组织生产、安排生活、搞活经济、物资流通所必需的车辆、行人交通往来的纽带，是连接城市各个用地组成部分，包括市中心区、工业区、生活居住区、对外交通枢纽以及文化教育、体育设施和风景游览场所等，并与市郊公路相贯通的交通枢纽。在城市总平面图上，它是指总体规划所确定的建筑或其他建设规划用地控制线之间的用地部分，城市道路有各种类型，它们在交通性质上，为生产、生活服务上所起的作用各有不同特点。

因此必须分清道路性质，区分是机动车、货运车辆多还是行人的、自行车多，是交通量大还是交通量小，是以货运交通为主还是以客运交通为主等，才能使各种道路在城市道路网中充分发挥其功能作用，做到使车辆、行人“各从其类、各行其道”。现代化的城市道路作为城市主体规划的重要组成部分，必须与城市的主体发展相适应，才能协调好城市车流与人流的行驶畅通，现代城市道路应具备的功能要满足繁重的城市交通压力、路面平整防滑、坚固耐久、噪声低扬尘小、排水通畅及照明设备充分等。

5.2.3 高速公路建设

高速公路被誉为一个国家走向现代化的桥梁，是发展现代交通业的必经之路，而中国在这条路上，则迈出了非同寻常的一个个令人赞叹的脚印。我国高速公路从1988年底通车的第一条沪嘉高速公路开始到2014年年底通车总里程达到11.2万km，居世界第一位。这其中的发展历程留下了几代人艰苦奋斗的足迹，凝结了无数公路建设者们的辛勤汗水。

高速公路属于高等级公路，其建设情况反映着一个国家和地区的交通发达程度、乃至经济发展的整体水平。世界各国的高速公路没有统一的标准，命名也不尽相同，各国尽管对高速公路的命名不同，但都是专指有四车道以上、两向分隔行驶、完全控制出入口、全部采用立体交叉的公路（见图5-8，图5-9）。此外还有不少国家对部分控制出入口、非全部采用立体交叉的直达干线也称为高速公路。国际道路联合会在历年的统计年报中，把直达干线也列入高速公路范畴。

图5-8 哈大高速公路

图5-9 海南环岛高速公路

国外发达国家公路的发展大致都已经历了三个发展阶段，现正处于第四个发展阶段。第一阶段从19世纪末到20世纪30年代，是各国公路的普及阶段。第二阶段从20世纪30年代到50年代，是各国公路的改善阶段。第三阶段从20世纪50年代到80年代，是各国高速公路和干线公路高速发展阶段。第四阶段为20世纪80年代末90年代初以来，是各国公路提高通行能力和服务水平的综合发展阶段。此外，各国还特别重视公路环境设施的建设，在公路建设和运营过程中对环境和生态进行保护，如通过居民区的路段建设防噪墙等以减小汽车行驶噪声影响，又如设置鱼类和其他动物等专用通道，保证公路沿线动物的生活不受大的影响。

从定义可以看出，一般来讲高速公路应符合下列四个条件：只供汽车高速行驶；设有多车道、中央分隔带，将往返交通完全隔开；设有平面、立体交叉口；全线封闭，出入口控制，只准汽车在规定的一些立体交叉口进出公路。高速公路优点有：交通通行能力大、行车速度快、行车安全舒适、交通事故很少、运输物资周转快以及综合经济效益高等。高速公路比普通等级的公路设计要求更高，我国高速公路工程建设标准规定内容主要有高速公路线性

设计、最大纵坡和竖曲线极限最小半径、公路横断面形式、沿线安全管理设施、环境美化设施以及服务性设施等。

回顾我国公路发展历程，对比世界公路发展趋势，可以认为，我国公路交通正处于扩大规模、提高质量的快速发展时期。但是，由于基础十分薄弱，我国公路建设总体上还不能适应国民经济和社会发展的需要，与发达国家的先进水平相比还有较大差距。从公路技术等级看，在全国公路总里程中还有超过 20 万 km 等外公路，等外公路占公路总里程的比重达到 14.4%，西部地区更高，达到 21.8%，技术等级构成仍不理想。从行政区划分布看，由于经济发展和人口分布的不平衡，公路发展在各地区之间存在着较大差距，总的来看，东部地区公路密度较大，高等级公路的比例也较高，明显高于全国平均水平，更高于中、西部地区水平。

我国公路工程技术标准体系已初步建立了以国家标准、行业标准、地方标准和企业标准为主要内容的“四级”标准构架，为公路交通快速发展提供了强有力的技术支撑和基础保障。公路工程技术标准是全行业遵循的技术法规，随着“四级”架构的不断完善，标准体系对确保工程质量与安全、规范公路建设与养护市场、提高工程效益将起到重要推动作用。

5.2.4　公路的发展趋势

目前，许多国家的高速公路已不再是互不连接的分散的线路，而是向高速公路网的方向发展，欧洲正将各国主要高速公路连接起来，逐步形成国际高速公路网。总之，当今世界公路基础设施的发展趋势是发达国家以完善、维护和提高现有路网和通行能力为主，发展中国家则是普及和提高相结合，在增加公路通车里程的同时，大力提高干线公路的技术水平。

我国从 20 世纪 70 年代开始注意电子信息技术在公路交通领域的研究及应用工作，相应建立了电子信息技术、科技情报信息、交通工程、自动控制等方面的研究机构。迄今为止已取得了以道路桥梁自动化检测、道路桥梁数据库、高速公路通信监控系统、高速公路收费系统、交通与气象数据采集自动化系统等为代表的一批成果。尽管如此，由于研究的分散以及研究水平所限，形成多数研究项目是针对交通运输的某一局部问题而进行的，缺乏一个综合性的、具有战略意义的研究项目。而智能交通系统（ITS）项目恰恰是覆盖这些领域的一项综合性技术，也就是说可以通过智能交通系统（ITS）将原来这些互不相干的项目有机的联系在一起，使公路交通系统的规划、建设、管理、运营等各方面工作在更高的层次上协调发展，使公路交通发挥出更大的效益。

从某种意义上讲，我国道路基础设施薄弱这一特点为发展智能交通系统（ITS）技术提供了机遇。欧美发达国家目前是在已建成的路网上进行智能交通系统（ITS）的建设，难免在建设上走弯路。而我国的路网正处于建设期，如果我们能够及早地开展智能交通系统（ITS）的研究，吸收国外的经验和教训，结合中国国情，将智能交通系统（ITS）发展的思想同我国公路网的规划、设计、建设和技术改造结合起来，将使我们少走弯路，提高我国交通运输的整体水平，实现从粗放型到集约型的转变，进而促进全社会经济的发展。

按照社会的发展态势，公路的发展趋势应该归结为以下三条：

1）相邻国之间合作修建高速公路，形成国际高速公路网，促成了国际高速公路网的形成，成为高速公路发展的大趋势。为了更好地发挥高速公路效益，加强国际之间的公路运输联系，一些发达国家正在把主要高速公路联结起来，构成国际高速公路网。

2）信息化公路将逐步实现。将着眼于道路的多功能利用，不仅使用路面，还要利用空间，成为信息化的公路。不仅具有运输人和物资的固有的交通功能，还能输送电力等能源及各种信息，加上道路所派生出来的美化环境、抗灾避难及作为建造其他建筑物的基础等空间功能。高速公路将正成为多功能的公路。

3）卫星检测及控制系统将得到广泛利用。信息时代的到来，各类检测及监测系统普遍使用，交通控制中心将充分利用卫星地面系统转发的交通信息且按新的交通流理论，指挥汽车按最优路线行驶，既节约时间，又创造最大利益。

思 考 题

1. 城市道路的主要组成部分是什么？
2. 简述我国道路运输的特点。
3. 道路路线选线时应考虑哪些因素？
4. 简述刚性路面与柔性路面各自的优缺点？
5. 公路和城市道路是怎样划分等级的？
6. 公路的几何组成和结构组成有哪些区别？
7. 高速公路建设中对路线线形是怎样要求的？

第6章 铁路工程

6

6.1 铁路发展概述

6.1.1 世界铁路的发展

世界铁路已有200多年的历史，它的发展过程大体上可划分为四个阶段：

(1) 初建时期　世界铁路的产生和发展是与科学技术进步和大规模的商品生产分不开的。1804年英国人特富维西克试制了第一台行驶在轨道上的蒸汽机车。1825年英国建成了世界上第一条铁路，总长21km。以后，欧、美比较发达的资本主义国家竞相仿效，法国(1828年)、美国(1830年)、德国(1835年)、比利时(1835年)、俄国(1837年)、意大利(1839年)等国纷纷修建铁路。到19世纪50年代初期，亚、非、拉地区也开始出现了铁路，如印度(1853年)、埃及(1854年)、巴西(1854年)、日本(1872年)等国。1825—1860年，世界铁路已修建了105000km。

(2) 筑路高潮时期　在资本主义国家，铁路是资本家赚钱牟利的工具，因而形成了盲目修建、竞争激烈的局面。自1870年到1913年第一次世界大战前，铁路发展最快，每年平均修建20000km以上，主要资本主义国家的大部分投资用于修建铁路，大量钢材用于轧制钢轨。如美国从1881年到1890年的10年间，每年平均建成铁路10000km，仅1887年就建成铁路20619km，而当年钢产量仅3392万t。世界铁路营业里程到1870年为21.0万km，1880年为37.2万km，1890年为61.7万km，1900年为79.0万km，1913年为110.4万km。绝大部分铁路集中在英、美、德、法、俄五国。19世纪末，帝国主义为了掠夺和侵略落后国家，开始在殖民地半殖民地国家修建铁路。

(3) 停滞不前时期　第一次世界大战后到第二次世界大战前的20多年间，主要资本主义国家的铁路基本停止发展，殖民地、半殖民地、独立国、半独立国的铁路则发展较快，到1940年世界铁路营业里程达到135.6万km。第二次世界大战中，西欧各国的铁路受到战争破坏，直至1955年前后才恢复旧貌。战后，公路和航空运输发展较快，主要资本主义国家的铁路与公路、航空的竞争更为剧烈，铁路货运量的比重日益减少，很多铁路无利可图、亏损严重。不少国家不得不将铁路收归国有，美、英、德、法、意等国继续封闭并拆除铁路。如美国的铁路营业里程自1916年的40.8万km，到1937年为30.0万km，缩短了10.8万km；英国铁路的营业里程自1929年的32.8万km，到1980年为17.8万km，缩短了

15万km，相当于减少46%的营业里程；法国铁路的营业里程自1937年的6.48万km，到1980年为3.39万km，缩短了3.09万km，相当于减少47%的营业里程。一方面资本主义世界的铁路营业里程有所萎缩，另一方面亚、非、拉与部分欧洲国家的铁路营业里程有所增长，所以世界铁路营业里程基本保持在130万km左右。

（4）现代化时期　20世纪60年代末期，世界铁路的发展又开始复苏。特别是70年代中期世界石油产生危机后，因为铁路的能源消耗较飞机、汽车低，噪声污染小，运输能力大，安全可靠，从而铁路又作为主要的运输手段为人们提供经济、快捷的服务。

6.1.2 国内铁路发展概况

旧中国的铁路多为帝国主义修建，为其侵略服务，分布极不合理。铁路集中于东北地区与沿海各省，而西北、西南的广大地区，却几乎没有铁路。旧中国的铁路，设备简陋，标准低。全路的机车不但数量少，而且破损不堪。机车有120多种型号，全路钢轨竟有130多种类型。粤汉线最小曲线半径仅194m；沪宁、沪杭线的最短坡道长度仅152m；浙赣线某些路段无信号设备，未铺设道砟；宝天线绝大部分隧道没有衬砌，境内断道经常发生。旧中国铁路凋零残破、千疮百孔，给新中国成立后铁路的恢复和改建带来了不少困难。

新中国成立以后，铁路建设有了很大的发展。在路网建设、线路状况、技术装备和运输效率上，都取得了巨大的成就。在崇山峻岭的西南地区，修建了成渝、宝成、黔桂、吉黔、贵昆、成昆、湘黔、襄渝、阳安、来睦（来宾—睦南关）、黎湛、内宜、达成、南昆等干线，构成了大西南的路网骨架。在西北地区，建成了天兰、兰新、兰青、青藏（西宁—格尔木）、南疆、包兰、干武、宝中、北疆等干线，加强了大西北与内地的联系。在华北地区，建成了丰沙、京承、京原、京通、通培、京秦、太焦、新湾、侯西等干线，以及纵贯南北的京九大干线，首都北京已形成九条干线引入的大型枢纽。在东南沿海，建成了兰烟、兖石、肖南、鹰厦、外福、皖赣、阜淮、广梅汕、三茂等干线。在华中地区，建成了焦枝、枝柳、汉丹、武大、大沙、合九等干线。在东北地区，修建了沟海、通让等联络线，杨林、牙林、长林、嫩林、林碧等森林线，以及霍林河、伊敏河等煤矿支线。

到1996年，新建铁路正线交付运营里程1954km，增建铁路复线交付运营里程1522km，路网布局大为改观。铁路延伸到西南、西北的边远地区，京广线西侧的铁路营业里程占全国铁路的45%左右。路网骨架已基本形成。

到1997年，国有铁路的营业里程达到57566km，其中复线为19046km，电气化铁路里程为12027km，内燃化铁路里程为30940km，分别占营业里程的33.1%、20.9%、53.7%。此外，各省区建成的地方铁路还有5339km。新中国成立前长江上没有一座桥梁，黄河上只有郑州、济南两座桥梁，目前已建成攀枝花、宜宾、重庆、枝城、武汉、九江、南京等多座铁路长江大桥，刘家峡至济南段又建起20余座黄河铁路桥。新中国成立前标准轨距营业线的隧道仅238座，总延长891km，到1996年年底，路网（不含台湾省）中共有隧道4970多座，总延长达2323km，居世界之冠。

轨道结构，铺设无缝线路的里程已达24286km，占正线里程的31%，钢轨采用60kg/m以上的线路已占正线的48%，铺设钢筋混凝土轨枕的正线已占铁路线的80%以上。闭塞方式、半自动闭塞里程为41175km，自动闭塞里程为17344km，调度集中里程为2332km。线路装备的改善为提高铁路的输送能力奠定了基础，为行驶大型机车车辆和提高行车速度创造

了条件。机车车辆，新中国刚成立时全路仅有蒸汽机车4096台，后来陆续建成了制造蒸汽、内燃和电力机车的工业体系。到1997年年底，电力机车保有量为2821台，占机车总数的18.4%。内燃机车保有量为9583台，占机车总数的62.5%。电力、内燃机车完成的客货总重t·km已超过总运量的90%。客车保有量为34346辆，货车保有量为436488辆。随着我国复线、电气化和内燃化水平的提高，铁路运输效率也随之提高，有的技术指标已进入世界先进行列。

2003年，铁道部提出了“推动中国铁路跨越式发展”的总战略。从此，中国铁路进入了跨越式发展的新时代。

“十一五”期间，铁路基本建设投资完成1.98万亿元，是“十五”投资的6.3倍；新增营业里程1.6万km，复线投产1.1万km，电气化投产2.1万km，分别是“十五”的2.3、3.2和3.9倍。2010年全国铁路营业里程9.1万km，其中西部地区铁路3.6万km，复线率、电化率分别由2005年的34%、27%提高到41%、47%，路网规模和质量大幅提升。

在引进消化吸收时速200~250km高速列车、大功率机车技术基础上，我国自主研制生产并批量投入运营时速300~350km的高速列车及大功率交流传动机车。中国铁路在高速铁路、高原铁路、重载运输和机车车辆等方面技术创新取得重要突破。铁路信息化在运输经营等领域的作用更加突出。随着京津城际铁路、石太客运专线、武广客运专线、郑西客运专线、沪宁城际铁路、沪杭城际铁路的开通，大量时速250km、300km、350 km的动车组已经上线运行，中国高速铁路已经达到世界先进水平。

目前，我国铁路的发展与经济社会发展要求还存在一定差距，面临新的挑战。一是近年来铁路的快速发展，还未根本缓解铁路“瓶颈”制约。二是实现铁路技术装备现代化，有待进一步完善技术创新体系和持续提升自主创新能力。三是转变交通运输发展方式、优化交通运输结构，有待进一步优化完善路网布局和技术结构，发挥铁路在综合运输体系中的骨干作用。四是实现铁路科学发展，有待进一步推进体制机制改革、转换经营机制、发展多元化经营、提高服务水平等。这些都需要今后铁路发展中加以研究和解决。

6.2 铁路运输业的整体布局及特点

6.2.1 铁路运输业的整体布局

社会的物质生产是人类赖以生存的基础。而社会的物质生产无非是改变劳动对象的形态和性质，或者是改变劳动对象的位置。铁路运输业当然不能改变劳动对象的形态和性质，但是劳动对象位置的变换却依靠运输。劳动对象位置的变换，看起来，好像并不生产什么物质，但是它是进行生产的必要条件，是生产过程中不可缺少的一个环节。在产品的生产过程中，从一个工序到另一个工序，从一个生产场所到另一个生产场所，从原料进厂到成品出厂，都离不开运输。

例如一个现代化的大型钢铁联合企业，它本身要有一个庞大的运输系统，其铁路线长应有几百千米，机车上百台，车辆几千辆，一个厂内所运输东西就有几千万吨，它不但需要运输原料，而且从炼铁到炼钢、从炼钢到轧钢，都要靠运输来联系。所以可以说铁路运输是冶金工业的命脉，没有运输就没有现代化的冶金工业。另外，有些生产例如采矿与开采石油等，其生产过程几乎就是运输过程。例如开采煤炭，它主要的就是把埋藏在地下的煤炭运送到地面上来，只有通过运输把产品送到消费地点，才为社会提供了使用这些产品的可能性，产品只有在消费领域内才能得到正常的利用，也只有在消费领域内，才能表现出产品的价值。显然，工农业所需要的原料和产品都必须通过运输才能完成它的生产和再生产过程。另外，人们的旅行和其他生活需要也离不开运输。

由此可见，铁路运输业生产过程就是运送旅客和货物的运输过程，其运送对象在位置上的变换是生产在流通过程中的继续。运输业最明显的特点是，运输业的生产不为社会创造出新的物质产品，在运输过程中，既不增加运送对象的数量，也不改变运送对象的性质、运输旅客和货物的结果，只是改变了旅客和货物所在地的位置。因此，“位移”就是运输业的“产品”，它是以“人·km”和“t·km”为单位来计量的。其产品的总数分别称为旅客周转量和货物周转量，分别按下式计算

旅客周转量=旅客发送人数×旅客的平均运距

货物周转量=货物发送吨数×货物的平均运距

运输业的产品——位移，同运输过程本身不可分离，在它被生产出来的同时就被消费掉了。因此，运输业的产品既不能储存，也不能进行积累。这就和工业生产可以用产品储备不一样，运输业不可能以自己的产品储备，而只能储备生产能力——运输能力。另一方面，工农业可以调拨产品的方法来调剂地区之间的供应，运输业却不能用调拨产品的办法来调节不同时期和不同地区对运输的需要，它只能调动运输业的生产能力——如机车车辆等生产工具来进行调剂。因此，不仅整个运输业的发展要适应国民经济不断增长的需要，而且运输业生产能力的配置必须与工农业生产的配置密切地协调一致。

另外，在运输的过程中，运输工人的劳动主要作用于劳动资料（如机车、车辆、船舶等），而不是作用在劳动对象上（所运送的旅客和货物）。劳动资料的运行使劳动对象也随之而改变其所在位置，这就是用运输工具实现的生产过程。因此，要提高运输业产品的数量，就必须充分利用运输工具的载运能力和加速运输工具的周转，提高运输效果。

6.2.2 铁路运输业在国民经济中的地位和作用

新中国成立以来，我国交通运输业有了很大的发展，初步形成了由铁路、公路、水运、航空和管道五种主要运输方式组成的综合运输网。这些纵横交错的运输网就像布满祖国土地上的脉络，把全国各地联系成为一个统一的整体，无论在政治、经济、国防和国际交流方面都有着重要的意义。

运输作为生产和消费的联系纽带，把供销几个环节有机地联系起来，是社会经济的重要组成部分。运输业是“先行官”，只有运输业走在工业建设的前面，才能为现代化工业提供可靠的运输条件。

在我国交通运输中，铁路运输是主体，它起着骨干和国民经济大动脉的作用。我国土地辽阔、人口众多、资源丰富，大量的客货运输任务是由铁路承担的。据统计，新中国成立60多年来，铁路完成的客货周转量都占到整个运输业完成客货周转量的一半以上，有力地促进了社会主义现代化建设的发展。

为了适应国家建设的需要，我国已明确把包括铁路在内的交通运输业列为国民经济发展的战略重点。因此，依靠科学装备和改造各种运输设备，扩大运输能力，改善日趋紧张的运

量与运能的矛盾势在必行。

6.2.3 现代化交通运输的种类

现代化的运输方式可分为铁路、公路、水运、管道、航空五种。这五种运输方式是随着生产的需求和科学技术的进步逐渐产生、发展和完善的，它们构成了国家统一的运输网。根据五种运输方式的技术特征，它们既有分工，又互相协作，充分发挥各种运输方式的优势，共同完成国民经济对运输提出的任务。

铁路运输具有运量大、运距长、速度快、成本低、安全可靠、受气候条件影响较小等特点。因而目前铁路运输是我国交通运输中的主体，继续发挥骨干的作用。它适合大宗货物的长距离运输，也是深受广大群众喜爱、工厂企业欢迎的一种运输方式。

公路运输速度快，具有高度的灵活性。无论在山地、高原或沙漠，修筑公路都比修筑铁路容易，而且造价较低，养护维修方便，因此公路往往可以伸展到各个角落。它既可服务于城乡之间，又是各厂矿内部必不可少的运输工具。不过它的载运能力较小，成本较高，主要适合短途客货运输。

水路运输具有巨大的载运能力，海洋和主要内河干线的大型轮船，可以载运万吨以至几十万吨货物。它基本上是利用天然形成的海洋和河流加以整改，修建必要的码头而进行运输，因此运输成本较铁路低。我国海岸线长、河流众多、水量充足，具有发展航运的良好基础和巨大潜力，应积极发展以减轻繁重的铁路运输任务。但水路运输受自然界气候（如冰冻或风暴）的影响较大。

管道运输输送能力大、能耗小、无污染，且具有连续和稳定的优点。目前管道运输主要用于液体和气体的输送，如石油、天然气等。近年来，国外运送固体、液体物料的管道，主要是运煤、运矿石与运矿建筑材料的管道得到较快的发展。其主要方法是将煤、矿石粉碎采用浆体泵送到目的地后经脱水处理后使用。因此入地布设的管道可以走捷径，行程短而快，且管理方便。今后管道运输将有较大的发展，只是初期投资大。

航空运输的特点是速度高，而且运输方式更容易连接各地，到达其他运输工具难以到达的地区。它所完成的客货运输任务，虽然在我国客货运输中所占比重很小，但在国家生活中起着重要的作用。它的缺点是载运能力较小而成本高。

6.3 我国铁路建设规划

铁路是国民经济的大动脉，在国家建设中发挥了重大作用。但是我国铁路的密度仍然较低，按人口计，人均约 53cm，在世界上排在 100 位之后：按国土面积计，约 6.6cm/km^2，在世界上排在 60 位之后。为适应国民经济持续稳定、快速增长的需要，铁路应有一个历史性的大发展。

铁路建设要服从和服务于国民经济和社会发展的战略需要，在适应社会主义市场经济体制和扩大对外开放的形势下，要确立超前发展的战略思想，以建立大能力通道作为战略重点，以打通限制口为突破方向；投资重点要向中西部倾斜，打通西南通道，扩展西部路网，促进中西部经济协调发展；要坚持科技兴路的战略方针，满足快速客运和货运重载的需要；要重视前期工作，要讲究经济效益。近年来国家加大了包括铁路在内的基础设施投入，以拉动经济发展，铁路建设形势大好。

“十二五”铁路发展的总体目标是：路网布局更加完善，技术装备先进适用，运输安全持续稳定，创新能力不断增强，信息化水平全面提高，运输能力和服务水平大幅提升，经营效益同步增长。到2015年，全国铁路营业里程达12万km左右，其中西部地区铁路5万km左右，复线率和电化率分别达到50%和60%以上。初步形成便捷、安全、经济、高效、绿色的铁路运输网络，基本适应经济社会发展的需要。

——基本建成快速铁路网，营业里程达4万km以上，基本覆盖省会及50万人口以上城市，区域间时空距离大幅缩短，旅客出行更加便捷、高效和舒适。

——大能力区际干线和煤运通道进一步优化完善，煤炭运输能力达30亿t以上，重点物资和跨区域货运服务能力显著增强，大幅提升铁路对经济发展的支撑和保障能力。

——加快构建与其他交通方式紧密衔接的综合交通枢纽及综合物流中心，提高服务效率，促进综合交通运输体系建设。

6.3.1　发展铁路运输

20世纪80年代以前，铁路与公路、水运、民航和管道五种运输方式中，铁路基本处于垄断地位，全国的长短途客货运输非铁路莫属。自80年代起，国民经济迅猛发展，交通运输全面紧张；公路和民航发展很快，铁路客运被大量分流；在社会主义市场经济逐步完善的过程中，运输市场的竞争日益显著，铁路的垄断地位已被削弱。在综合交通运输体系中，五种运输方式应当发挥各自的优势，协调发展，共同为国民经济持续、稳定、快速发展服务。铁路运输能力大，运输成本低，是中长距离客货运输的主力，在地区间物资交流和大宗货物运输中具有明显优势，是我国陆上运输的骨干。公路运输机动灵活，在广大城乡集散客货的面上运输中非公路莫属，是短途运输的主力。水运投资省、运力大、成本低、能耗少，沿海和内河水运应当充分利用。管道运输投资省、运力大、建设周期短，占地极少，是输送油、气的最佳运输方式。航空运输速度高、运达快，但能耗大、成本高、运力有限，主要担负中长途高级客流和贵重货物的快速运送任务。交通运输是国民经济的基础设施，制约着国民经济发展的规模和速度。发展综合运输体系要符合我国的国情民情，要发展铁路，因为：

1）我国疆域辽阔，人口众多，且处于小康水平，中长距离的出行需要运力大、运费低的铁路运输。

2）我国东部工业发达，中西部资源丰富，形成了北煤南运、西煤东运、南粮北调、西棉东调等大宗货物长距离运输的格局，只有铁路才能承担这样繁重的运输任务。

3）我国还处于社会主义初级阶段和工业化前期，决定了运输物品多为煤炭、矿产品、原材料和粗加工的大宗货物，量大而价低，为了减少销售成本中的运费支出，必将选择运费低廉、安全可靠的铁路运输。

6.3.2　铁路的基本建设

1. 技术工作的演进

我国铁路兴建之初，管理权为外国人把持，设计工作也为外国人包办。当时，铁路的规划要符合帝国主义的侵略政策，铁路的设计要满足资本家投资少获利多的要求。因此，造成我国旧有铁路标准低劣，能力很小，互不配合的落后局面。

中国人民是勤劳智慧的人民，在铁路修建的实践中，也涌现出许多有成就的中国铁路工程师。1902—1909年勘测设计京张铁路的詹天佑，就是一个杰出的代表。京张铁路北京始经丰台，向西穿燕山山脉，任务艰巨。詹天佑设计了一条经南口进关沟，穿居庸关，越八达岭，过康庄、沙城、宣化而到达张家口的路线，走向顺直、节省造价，是当时情况下的最佳决策。铁路由南口至康庄的关沟段，地形困难，纵坡陡峻，詹天佑创造性地采用了“2-8+8-2型”双节蒸汽机车与33‰的最大坡度，并引进国外的自动车辆，利用青龙桥车站设计了人字形展线，减少了工程数量，缩短了越岭隧道长度，使工程造价大大降低；在长达1091m的八达岭隧道施工中，开挖两个竖井，在大桥架梁中预先就地拼装，加快了施工进度，克服了资金不足、材料机具缺乏、技术工人不足等困难，使这条铁路比原计划提前两年建成，工程费结余白银28万两。詹天佑坚持在京张铁路采用1435mm的轨距，并建议作为全国的标准轨距是很有远见的。詹天佑还编定了“京张铁路标准图”和“行车、养路、机车、电报”等规则共33章，可谓是我国最早的设计规范与管理规程。

辛亥革命后，我国的铁路工程师勘测设计了不少铁路，其中粤汉路、株（洲）韶（关）段的选线和浙赣路钱塘江大桥的修建，誉满中外。新中国成立以后，我国铁路勘测设计工作面貌焕然一新，铁道部成立了专门的勘测设计总队，后来逐步发展为地区性和专业性的设计院，铁路勘测设计的实践和理论都有了长足的进展。为了统一全路的设计标准，提高勘测设计质量，铁道部颁布并多次修订了铁路设计规范，编制了一系列指导勘测设计的基本文件，建立了各个设计阶段鉴定审批工作程序。在有关规定中和勘测设计的实践中，体现了总体设计思想，并制定了总体设计负责人和专业负责人的岗位责任制，强调勘测中要重视地质情况和水文条件，明确了设计铁路要根据国家运输要求，有的放矢地设计铁路能力，设计方案的选定要经过技术经济比较确定。航空勘测、遥感技术和计算机辅助设计在勘测设计中得到广泛应用。这些措施有力地推动了设计质量的提高。

在线路设计方面，无论是山区铁路、电气化和内燃化铁路，还是高速重载铁路，以及既有线改建和第二线设计，都积累了丰富经验，取得了长足进步。对高填深挖、风沙、冻土、软土、盐渍土、膨胀土的路基设计，以及轻型挡墙、抗滑桩等支挡建筑物的设计方面，都取得了突破和创新。在对新型混凝土轨枕、整体道床、焊接长钢轨、可动心轨道岔及钢轨扣件等轨道结构条件的改善方面，也取得了可喜的成就，铁道工程设计技术已创立了我国自己的特色。

2. 铁路基本建设程序

1998年铁道部制定了新的《铁路基本建设工程设计程序改革实施方案》，将铁路建设项目的前期工作划分为预可行研究和可行性研究两个阶段，将铁路设计调整为初步设计和施工图两个阶段，并计划加强铁路建成后的后评估工作。

（1）预可行性研究　在预可行性研究中，要从宏观上论证项目的必要性，为项目建议书提供必要的基础资料。工作内容包括：研究建设项目在路网中的意义和作用，邻接铁路的能力制约及加强措施，设计线的客货运量调查、远期预测及设计能力，对地区国民经济发展的意义，外部协作条件及相关工程，线路走向、接轨方案、主要技术标准的初步意见，建设年限、投资估算、资金筹措设想与经济评价、环保评价。

（2）可行性研究　为了提高投资与效益的估算精度，决定将现行初测和初步设计的部分工作，特别是线路、地质工作提前到可行性研究阶段进行。工作内容包括线路方案，建设规模，主要技术标准，主要设计原则，主要设备制式、类型和概数，主要工程数量，主要材料概数，用地及拆迁概数，建设工期，投资估算，资金筹措方案及外资使用方案建议，财务评价和国民经济评价。

1）编制方法。根据初测阶段施工组织调查资料，按国家的修建计划、工期要求、投资安排，结合建设项目的特点，从技术可行性和经济合理性等方面进行全面研究、分析，均衡分配劳动力、物资、机械设备的投入，拟定最佳施工组织方案。

2）编制内容。施工组织进度示意图主要表示在规定的总工期范围内，总的工程进度及各类主要工程的施工顺序及其进度。一般包括以下内容：①线路平面示意图（绘出车站、重点桥隧工程的位置、里程）；②主要工程数量；③施工区段划分；④工程进度图示；⑤劳动力动态示意图（指各个时期直接参加施工的出勤工人数）；⑥控制工程及主要工程进度指标；⑦图例、附注。施工特别复杂地段，由于工点密集，必要时，可另绘放大的局部示意图。枢纽项目，可分站、分片或分几个部分按顺序排列连接绘制。

施工总平面布置示意图一般包括以下内容：①线路平面缩图及主要村镇、河流位置、省界（新建铁路）、局界（改建铁路）；②重点桥隧等工程的位置及其中心里程、长度、孔跨，以及重点取土场位置；③车站位置及其中心里程；④施工区段划分；⑤砂、石、道碴场的位置和储量，砖瓦、石灰厂等的位置（包括既有和新建）；⑥大型临时设施的位置；⑦既有道路和拟建或改建的运输便道的位置；⑧改建铁路，应标明设计线与既有线的关系；⑨图例、附注。

另外，对于复杂的展线地段及站场改造，可附放大的平面示意图；应积极推广先进的技术绘制施工组织进度示意图和施工总平面布置示意图；施工组织进度示意图和施工总平面布置示意图按 TB/T 10059—1998《铁路工程制图图形符号标准》的要求绘制。

（3）初步设计　初步设计的工作深度要求达到现行技术设计水平，应解决各类工程的设计方案和技术问题、工程数量、主要设备数量、主要材料数量、用地拆迁数量、施工组织设计及概算。文件经审查批准后，作为控制建设项目总规模和总投资的依据。

编制方法。参照可行性研究阶段编制施工组织方案意见的方法，在批准的施工组织方案意见基础上，依据定测施工组织调查资料，优化、细化施工组织方案，对施工总工期进行必要调整。

（4）施工图　工作深度与现行施工图阶段相同，应详细说明施工具体事项和要求。

（5）工程施工和设备安装。

（6）验交投产，正式运营。

（7）竣工后评估　在铁路运营若干年后，由建设单位会同有关部门对立项决策、设计质量、施工质量、技术经济指标、投资和经济效益等进行后评估，以总结经验提高决策水平。

6.4 铁路选线设计与路基

6.4.1 铁路等级和主要技术指标

铁路的等级和其主要技术指标见表6-1。

表 6-1 铁路的等级和其主要技术指标

等级	Ⅰ	Ⅱ	Ⅲ
路网中作用	骨干	骨干、联络、辅助	地区性
远期年客货运量/万 t	≥1500	750～1500	≤750
最高行车速度/(km/h)	120	100	80
最大坡度（‰）	6（12）	12（15）	15（20）
最小半径/m	1000（400～350）	800（350～300）	600（300～250）

注：括号外值为一般地段，括号内值为困难地段。

6.4.2 铁路的基本组成

铁路是由线路、路基、线路上建筑三部分构成。此外，属于铁路工程的还有桥梁、涵洞、隧道、车站设施、机务设备、电力供应等。铁路线路一般分为平面线形线路和面线形线路。平面线形线路包括直线线路、圆曲线线路、缓和曲线线路。面线形线路包括上坡、下坡、平道。

6.4.3 铁路选线设计

1. 越岭地区的地质选线原则

1）越岭线高程大、地形地质条件复杂，工程艰巨、集中，且直接影响线路走向、技术标准、工程投资和施工期限等重大原则问题，因此，做好地质选线十分重要。应在大面积区域地质调绘的基础上，自始至终与一定深度的线路方案研究工作相配合，做好多垭口、多限坡的多方案（或方案组合）比选。

2）越岭线的越岭隧道和越岭两侧引线的选择是一项密不可分的系统工程。做好越岭线的地质选线就是要综合考虑地形、地质、分水岭两侧引线及施工条件等各种因素，选择出能尽量避绕重大不良地质地段，地质条件相对较好的线路方案。越岭隧道一般应选在山坡较陡、山梁较薄、岩体完整、岩层坚硬、无不良地质现象、地下水较少的地段。

2. 山区河谷的地质选线原则

1）查清区域地质构造特征，绕避不良地质现象。当河流曲折多弯，线路有跨河条件，且桥不太高时，应选择有利地段，采用多次跨河方案。

2）在地形狭窄的困难河段，受地质、水文条件的控制，线路常需进行内移建隧道或外移设桥的方案比选。在滑坡、崩塌等不良地质地段或冲刷严重地段，以及路基通过不能保证线路安全时，应考虑内移做隧道方案。在断层和岩层破碎地带，当线路靠山或内移作隧道有困难时，可考虑外移设桥通过。采用隧道方案时，尚应充分考虑山体的稳定性和山体压应力，做好采用长隧道或短隧道群的方案比选。

3）山区河谷线路应尽量减少高边坡，并应做好过坡外自然山坡的稳定性评价。通过支沟，要注意泥石流的危害，应逢沟设桥，并留足净空。

3. 不良地质和特殊地质地区的选线原则

（1）总的原则　线路通过不良地质和特殊地质地区时，应深入进行调查研究，查明地质现象的分布范围、类型、规模和严重程度及其发生、发展的原因和规律。根据具体情况做出各种可行的绕避和通过方案，做到绕有根据，治有措施，保证铁路建成后畅通无阻，不留后患。

（2）滑坡地段

1）对性质复杂、工程量大、采取整治措施也不易确保稳定的大型滑坡，线路应尽量绕避。当滑坡规模小、边界条件清楚、技术条件可能、经济上合理时，可选择在有利于滑坡稳定和线路安全的部位，采取有效的工程措施通过。

2）当线路通过处于稳定状态的滑坡时，不应在滑坡体上部填方或在滑坡体下部挖方。

3）在选线阶段，在认真进行地质调绘勘探的基础上，应注意对地貌、地形、地层结构和水文地质条件上具备潜在滑动可能的斜坡地段，作出预测预报，确保线路通过时，山体稳定条件不受到削弱和破坏。

（3）崩塌、岩堆地段

1）对山体极不稳定、岩体非常破碎、松散的陡坡地段，或预计人工开挖使自然条件遭受破坏后，可能发生较大规模崩塌，且工程处理困难的地段，线路应尽量绕避。

2）对崩塌范围不大，性质不严重，有采取清理山坡危石及其他有效工程措施可确保安全的地段，也可考虑在崩塌影响范围内通过。

3）对物质来源不多，且已基本稳定或有相应措施确保其稳定的岩堆，线路可考虑在其上以低路堤或浅路堑通过。

（4）泥石流地段

1）对处于发育期的特大型、大型泥石流和淤积严重的泥石流沟，线路宜绕避。泥石流堵河严重地段，在堵河影响范围，线路应远离河岸，并应有足够高度。当沿河两岸均有泥石流时，线路应选在较轻微的一岸，必要时，可多次跨河。

2）峡谷河段选线，应查明泥石流活动痕迹，判定泥石流规模的基础上确定线路位置和高程；宽谷河段选线，应根据主河床与泥石流沟（扇）的淤积上涨率，主河摆动趋势，确定线路位置和高程。

3）线路一般不宜穿越泥石流沉积区，严禁在洪积扇上挖沟设桥或设置路堑，应在流通区设桥通过。桥的净空与跨度应能保证泥石流畅通，并应避免在沟床纵坡由陡变缓处和平面上急弯部位设桥。如没有建桥条件时，可考虑以隧道或明洞渡槽通过。

4）对于泥石流现象轻微、技术上易于处理的沟谷，线路可考虑在沉积区设桥通过。但不得压缩沟床断面，不宜合并沟槽，沟中不宜设桥墩，并要做好导流工程，确保泥石流排泄通畅。

（5）岩溶地区　线路宜尽量设法绕避处于强烈发育阶段、具网状洞穴和巨大空洞的岩溶地区；若不能绕避时，应避免顺可溶岩与非可溶岩接触带、有利于岩溶发育的褶皱轴和断裂带及其交汇处，岩溶水富集区及岩溶水排泄带延伸；并选择其最窄、最易于采取工程措施处，以最大交角通过。

1）在孤峰平原区线路应选择在覆盖土较厚、地下水位埋藏较深地段，并避开抽取地下水可能形成的最大下降漏斗范围、地表水位与地下水位变化幅度较大、上覆土层结构复杂的地段。

2）在峰林谷地、峰丛洼地及溶丘洼地区，线路宜选择在高程高于岩溶水的最高洪水位的洼地、谷地边缘靠山边通过。遇有垭口时宜避开垭口中心，选在地质条件较好的一侧通过。

3）越岭线宜在地下分水岭通过，平面位置宜选在相对的岩溶负地形之间；高程宜在垂直渗流带，无条件时也可在深部缓流带，但不宜在水平径流带中，隧道纵断面宜采用“人”字坡。

4）河谷线宜选在岩溶发育较弱一岸的高阶地上。当线路位于斜坡地段时应将线路选择在负地形之间及垂直渗流带；若遇早期河流侧蚀作用形成的无水溶洞群地带，线路宜向山里靠。

5）岩溶地区选线，宜多做路基、桥梁，少做隧道，尤其应避免长隧道。

（6）采空地区

1）对于正在开采或经过批准计划开采的矿区，为了避免压矿，线路应尽量绕避。如必须通过时，须与有关单位协商，选择穿过矿体长度最短的部位通过，并按规定预留保安煤柱，以保证线路安全。

2）对于既有的采空密集区和工程处理复杂的大型采空区，线路宜尽量绕避到采空安全距离以外的地段通过，当绕避有困难时，线路应尽量选择在矿层薄、埋藏深、倾角缓和垂直于矿层走向等有利条件处，以一般工程通过，应避免采用桥、隧等大型工程。

3）线路通过小型采空区或单个坑洞时，应采取适当的工程措施。对埋藏浅的可挖开回填；对不易开挖的可进行灌浆处理。

（7）水库地区

1）线路位置一般应选在预测最终坍岸线以外，并留有一定安全距离，还应充分考虑水库蓄水后引起地下水壅升的不利影响。个别地段若有防护条件，能确保线路稳定，且投资有显著节省时，也可考虑选在坍岸范围以内。

2）线路宜尽量选择在基岩出露较多，河岸平缓，边坡相对稳定，地质条件较好的一岸。宜尽量避免走在垂直主导风吹向的一岸，以减少风浪对线路的影响。对滑坡、崩塌等不良地质地段，要预测水库建成后对其稳定性的影响；若加固工程投资过大或不能确保安全时，线路应予以绕避。

3）线路以桥跨越水库支沟时，应尽量远离沟口，并注意支沟坍岸的影响；跨越库尾时，应考虑泥砂淤积的影响。

4）遇有隧道时，应按坍岸断面及地下水壅升曲线检查线路位置，以确定隧道的平面位置及设计高程。在湿陷性黄土地区，还应预测沉陷影响。如因特殊原因，不能满足有关要求时，要有足够的技术、经济比较资料作为依据，并有相应的工程处理措施。

（8）高烈度地震区

1）铁路干线应尽量避免在活动性大断裂带和两个构造线交汇的高烈度地震区通过。当难以避开时，应选择其最窄处，正交通过。

2）线路必须通过高烈度地震区时，应尽量利用空阔地形以低路堤通过；应避绕对抗震不利的悬崖陡壁、地形复杂和不良地质分布较多地段，以减少地震可能造成的破坏。在地下水埋藏较浅的松软地基地区或斜坡地段，线路应避免高填深挖或半填半挖；桥渡位置应尽量选择在良好的地基和稳定的河岸地段；当线路必须通过非岩质的和岩层风化破碎的高陡山坡时，应考虑采用隧道通过，其洞口位置应避开岩层破碎，有崩塌、滑坡现象的不稳定地段，并应“早进洞、晚出洞。”

6.4.4 铁路路基

铁路路基的设计，包括路基的纵断面和横断面各部分几何尺寸的设计，还包括局部区段或个别点段的平面布设。通过对铁路路基纵横断面的合理设计和平面的适当布置，达到铁路不被沙埋和风蚀的目的，以下对铁路路基设计的要点作简要分析。

1）路基工程应加强地质调绘和勘探、试验工作，查明基底、路堑边坡、支挡结构基础等的岩土结构及其物理力学性质，查明不良地质情况，查明填料性质和分布等，在取得可靠地质资料的基础上开展设计。

2）路基主体工程应按土工结构物进行设计，设计使用年限应为 100 年。

3）基床表层的强度应能承受列车荷载的长期作用，刚度应满足列车运行时产生的弹性变形控制在一定范围内的要求，厚度应使扩散到其底层面上的动应力不超出基床底层土的承载能力。基床表层填料应具有较高的强度及良好的水稳性和压实性能，能够防止道砟压入基床及基床土进入道床，防止地表水侵入导致基床软化及产生翻浆冒泥、冻胀等基床病害。

4）路基填料的材质、级配、水稳性及填筑压实等应符合相关标准。

5）路堤填筑前应进行现场填筑试验。

6）路基与桥台、横向结构物、隧道及路堤与路堑、有砟轨道与无砟轨道等连接处均应设置过渡段，保证刚度及变形在线路纵向的均匀变化。

7）路基工后沉降值应控制在允许范围内，地基处理措施应根据地形和地质条件、路堤高度、填料及工期等进行计算分析确定。

8）路基支挡加固防护工程（见图 6-1）应满足路基安全稳定的要求，路基边坡宜采用绿色植物防护，并兼顾景观与环境保护、水土保持、节约土地等要求。

图 6-1　铁路护坡

9）路基排水工程应系统规划，满足防、排水要求，并及时实施。

10）路基设计应重视防灾减灾，提高路基抵抗连续强降雨、洪水及地震等自然灾害的能力。

6.4.5 线路上部建筑

路基和桥隧建筑物建成后，就可以在上面铺筑轨道，轨道的基本组成如图 6-2 所示。

1）轨枕：是钢轨的支座，作用是承受钢轨传来的荷载并传给道床、保持钢轨的方向和

轨距。轨枕类型有木枕（220mm × 220mm × 160mm）、预应力混凝土轨枕（300mm × 203mm × 228mm）两种。我国普通轨枕的长度为2.5m，铺筑数量为1520～1840根/km。

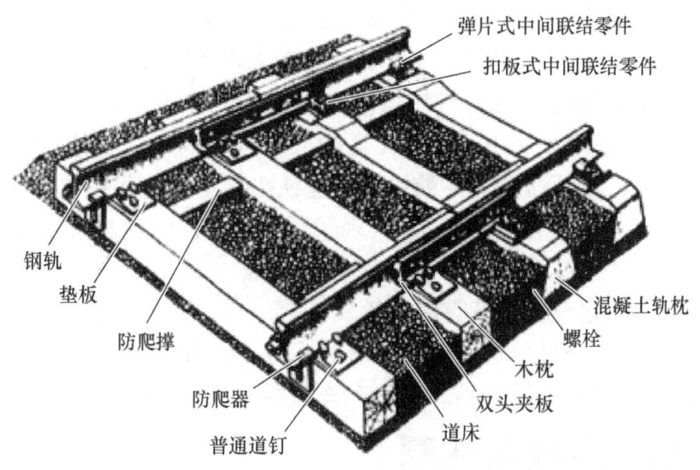

图6-2 轨道的基本组成

2）钢轨：起承受车身重力及引导列车行车方向的作用。我国生产的钢轨标准长度有25m和12.5m两种，标准轨距为1435mm。钢轨接头用鱼尾板夹住，轨间留有缝隙以伸缩。

3）道床：是铺筑在路基顶面的道砟层，其作用是把荷载均匀地传到路基面上，阻止钢轨位移，并缓和列车的冲击，同时保持路基面和轨枕的干燥。主要线路应采用碎石道砟道床。

4）道岔：是铁路线路、线路间连接和交叉设备的总称，其作用是使机车车辆由一条线路转向另一条线路。普通单式道岔由转辙器、转辙机械（有手动和电动两种）、辙叉、连接部分和岔轨组成（见图6-3）。

图6-3 京九铁路

6.5 高速铁路

高速铁路作为国民经济的大动脉、国家重要基础设施和大众化交通工具，在中国经济社会发展中具有重要作用。近年来，中国高速铁路取得了长足进步，为经济建设作出了重要贡献。一般认为，高速铁路是新建铁路旅客列车设计最高行车速度达到250km/h及以上的铁路。国际铁路联盟（UIC）以速度为等级将铁路划分为：100～120 km/h为常速铁路、120～160 km/h为中速铁路、160～200km/h为准高速铁路、200～400km/h为高速铁路、400km/h以上为超高速铁路。

1964年10月1日，世界上第一条高速铁路——日本的东海道新干线正式投入运营，时速达210km，从东京到大阪运行190min（后来又缩短为176min）。它的建成通车标志着世界高速铁路新纪元的到来。法国于1981年建成了它的第一条高速铁路（TGV东南线），时速270km，后来建成TGV大西洋线，时速300km。

中国大陆第一条高速铁路——京津城际高速铁路，连接北京和天津两个城市，线路全长120km，最高营运时速350km。2005年7月开始动工，2008年8月1日正式运营。作为我国第一条最高时速350km的客运专线，京津城际高速铁路既是我国铁路跨越式发展的标志性和示范性工程，同时也是2008北京奥运会交通配套工程。同时，京津城际高铁也是中国第一条具有自主知识产权、运营速度世界最快的高速铁路，不仅使北京和天津这两个人口超过千万的特大城市间形成“半小时交通圈”，实现了同城化，同时也打开了中国铁路迈向“高速时代”的大门。

现已形成的高速铁路建设与运营有四种模式：

1）日本新干线模式：全部修建新线，旅客列车专用，如图6-4所示。

2）德国ICE模式：全部修建新线，旅客列车及货物列车混用，如图6-5所示。

图6-4 日本新干线模式

图6-5 德国ICE模式

3）英国APT模式：既不修建新线，也不大量改造旧线，主要采用由摆式车体的车辆组成的动车组，旅客列车及货物列车混用，如图6-6所示。

4）法国TGV模式：部分修建新线，部分旧线改造，旅客列车专用，如图6-7所示。

图6-6 英国APT模式

图6-7 法国TGV模式

高铁“大运量、高速度、高密度、公交化”的运输优势，吸引了大量的旅客。高速铁路与普通铁路相比，主要的区别为：

1）高速铁路非常平顺，以保证行车安全和舒适性，高速铁路都是无缝钢轨，时速300km以上的高速铁路采用的是无砟轨道，以保证平顺性。

2）高速铁路的弯道少，弯道半径大，道岔都是可动心高速道岔。

3）大量采用高架桥梁和隧道，以保证平顺性和缩短距离。

4）高速铁路的接触网与普通铁路不同，保证高速动车组的接触稳定和耐久性。

5）高速铁路的信号控制系统比普通铁路高，因为发车密度大，车速快，安全性一定要高。

中国高铁远期规划从2010年起至2040年，用30年的时间，将全国主要省市区连接起来，形成国家网络大框架。考虑现实，线路东密西疏；照顾西部，站点东疏西密。所有高铁线路的规划和建设，全部由中央政府集中组织实施，建成后的营运，交中国高铁公司集中管理。目前，中国已经拥有全世界最大规模以及最高运营速度的高速铁路网。到2014年年底，中国高铁营运里程突破1.6万km，稳居世界第一。

6.6 城市轻轨与地下铁路

自1863年以来，世界城市轨道交通已走过了140年的历程，其数量和质量有了极大的增加和提高。尤其是以人为本的宗旨和因地制宜、可持续发展等理念得到了充分的体现和实施，从而给乘客带来了极大的方便和惬意。伦敦于1863年修建了世界上第一条地下铁道，地铁列车由蒸汽机车牵引。巴黎和纽约于20世纪初建造了地铁。东京则在二次世界大战后开始形成网络。莫斯科首条地铁始建于1933年。伦敦、巴黎、纽约、东京、莫斯科五大城市的地铁和城郊铁路数量，按城市土地面积及居民数计的线路密度都名列世界前茅，为世人所赞誉。各项指标见表6-2。

表6-2 世界五大城市地铁、市郊铁路指标表

指标	城市				
	伦敦	巴黎	纽约	东京	莫斯科
线路长度/km	3493	1602	2022	3128	2051
按城市土地面积计的线路密度/(m/km^2)	130	133	61	238	1880
按城市居民数计的线路密度/(m/千人)	199	150	102	98	186

我国北京、上海、天津、广州等城市也先后拥有了城市轨道交通。我国第一条城市地下铁道是1969年10月在北京建成的；2012年12月30日，北京地铁总运营里程达到442km，当时已超过伦敦、首尔和上海，成为世界上地铁线路最长的城市。预计2015年北京地铁运营里程将达660km，力争在2020年达到900km。截至2014年年底，全国共有22个城市建成轨道交通，线路长度2715km，全国36个城市在建轨道交通线路长度3004km。

城市轻轨是城市客运有轨交通的又一种形式，它与原有的有轨电车交通系统不同。它一般有较大比例的专用道，大多采用浅埋隧道或高架桥的方式，车辆和通信信号设备也是专门化的，克服了有轨电车运行速度慢、正点率低、噪声大的缺点。它与公共汽车相比，具有速度快、效率高、省能源、无空气污染等。

上海建成了我国第一条城市轻轨系统，即明珠线（见图6-8）。明珠线轻轨交通一期工程全长24.975km，自上海市西南角的徐家汇开始，贯穿长宁、普陀、闸北、虹口，直到东北角的宝山区，沿线共设19座车站。全线为无缝线路，除了与上海火车站连接的轻轨站以外，其余全部采用高架桥结构形式。

图6-8 城市轻轨（上海明珠线）

城市轻轨和地下铁道一般具有如下特点：

1）线路多经过居民区，对噪声和振动的控制较严，除了对车辆结构采取减振措施及修筑声障屏以外，对轨道结构也要求采取相应的措施。

2）行车密度大，运营时间长，留给轨道的作业时间短，因而须采用较强的轨道部件，一般用混凝土道床等少维修轨道结构。

3）一般采用直流电动机牵引，以轨道作为供电回路。为了减少泄漏电流的电解腐蚀，要求钢轨与基础间有较高的绝缘性能。

4）曲线段占的比例大，曲线半径比常规铁路小得多，一般为100m左右，因此要解决好曲线轨道构造问题。

6.7 磁悬浮铁路

磁悬浮列车是一种靠磁悬浮力（即磁的吸力和排斥力）来推动的列车（见图6-9）。由于其轨道的磁力使之悬浮在空中，行走时不需接触地面，因此只受来自空气的阻力。磁悬浮列车的最高速度可达每小时500km以上，比轮轨高速列车还要快。

图6-9 磁悬浮列车

磁悬浮列车具有高速、低噪声、环保、经济和舒适等特点。世界诸多国家都相继筹划进行磁悬浮运输系统的开发。

在磁悬浮铁路这项研究中，德国和日本起步最早。德国从1968年开始研究磁悬浮铁路，1983年在曼姆斯兰德建设了一条长32km的试验线，已完成了载人试验，行驶速度达412km/h。其他发达国家也都在进行各自的磁悬浮铁路研究。目前，磁悬浮铁路已经逐步从探索性的基础研究进入到实用性开发研究的阶段，经过几十年来的研究与试验，各国已公认它是一种很有发展前途的交通运输工具。

我国对磁悬浮铁路的研究起步较晚，1989 年我国第一台磁悬浮实验铁路与列车在湖南长沙的国防科技大学建成，试验运行速度为 10m/s。

2009 年 6 月 15 日，国内首列具有完全自主知识产权的实用型中低速磁悬浮列车，在中国北车唐山轨道客车有限公司下线后完成列车调试，开始进行线路运行试验，这标志着我国已经具备中低速磁悬浮列车产业化的制造能力。2010 年 8 月 14 日，由长春客车厂、西南交通大学和株洲电力机车研究所联合研制开发的我国首辆磁悬浮客车，在长春客车厂竣工下线，从而使我国继德国和日本之后，成为世界上第三个掌握磁悬浮客车技术的国家。

目前，世界上首条投入商业运行的磁悬浮列车线（上海浦东龙阳路至浦东机场）已投入试运行，全长 31km，总投资约 89 亿元人民币，设计最高时速 430km/h，运行时间 7min。

思 考 题

1. 我国铁路发展经历了几个阶段？
2. 铁路运输有哪些特点？
3. 铁路运输在国民经济中的地位如何？
4. 铁路建设前期工作有哪些内容？

7

第 7 章

桥梁工程

大力发展交通运输事业，建立四通八达的交通运输网络，不仅对加速国民经济的发展，同时对促进文化交流、加强民族团结、巩固国防建设，缩小地区差别等方面，都有着十分重要的作用。

在工程规模上，桥梁占道路总价的 10% ~20%，它同时也是保证全线贯通的咽喉，特别是在战争时期，桥梁工程具有非常重要的地位。

7.1 桥梁的基本组成与分类

7.1.1 桥梁的基本组成

桥梁一般由上部结构、下部结构、支座三个基本部分组成，如图 7-1、图 7-2 所示。

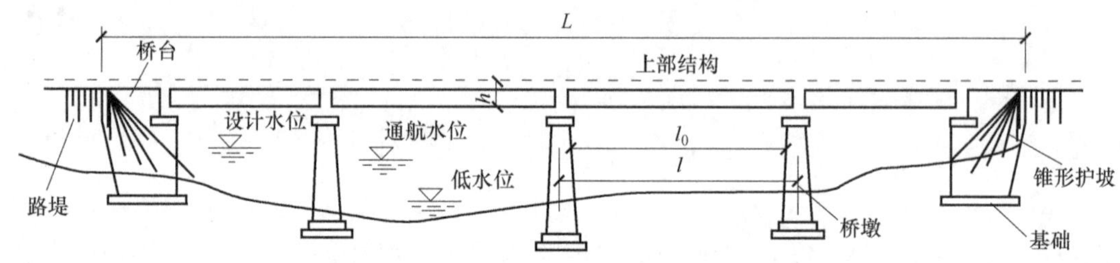

图 7-1　梁式桥概貌

上部结构（或称桥跨结构）是桥梁支座以上（拱桥起拱线或刚架桥主梁底线以上）跨越桥孔的总称，是线路中断时跨越障碍的主要承重结构。

下部结构包括桥墩、桥台和基础。桥墩和桥台用于支承上部结构，并将其传来的恒荷载和车辆活荷载传至基础。桥墩和桥台底部与地基相接触的部分，称为基础。

支座设置在墩台的顶部，是用于支承上部结构的传力装置。它不仅要传递很大的荷载，并且要保证上部结构能按设计要求产生一定的变位。

河流中枯水季节的最低水位称为低水位；洪峰季节河流中的最高水位称为高水位；桥梁设计中按规定的设计洪水频率计算所得出高水位，称为设计洪水位；在各级航道中，能保持船舶正常航行的水位称为通航水位。

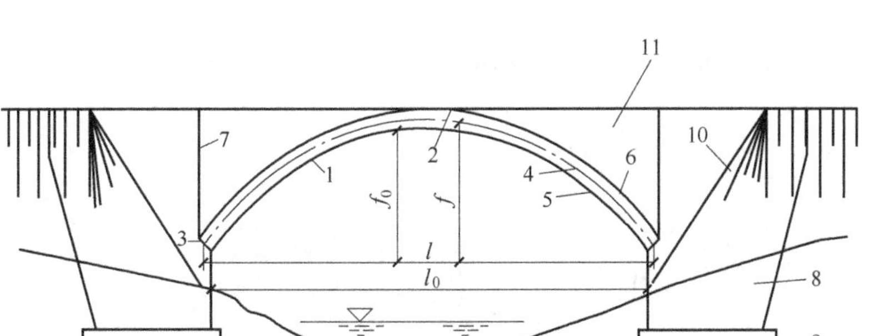

图 7-2 拱式桥概貌

1—拱圈 2—拱顶 3—拱脚 4—拱轴线 5—拱腹 6—拱背 7—变形缝
8—桥墩 9—基础 10—锥形护坡 11—拱上结构

净跨径：对于梁式桥是设计洪水位相邻两个桥墩（或桥台）之间的净距，用 l_0 表示（见图 7-1）；对于拱式桥是每孔拱跨两个拱脚截面最低点之间的水平距离（见图 7-2）。

总跨径；是多孔桥梁中各净跨径之总和（Σl_0），它反映了桥下宣泄洪水的能力。

计算跨径：对于设有支座的桥梁，是指桥跨结构相邻两个支座中心之间的距离；对于拱式桥，是两相邻拱脚截面形心点之间的水平距离，用 l 表示，桥跨结构的力学计算是以 l 为基准的。

桥梁全长（简称桥长）：对于有桥台的桥梁为两岸桥台后端点之间的水平距离；对于无桥台的桥梁则为桥面行车道长度，用 L 表示。

桥梁高度（简称桥高）：是指桥面与低水位之间的高差，或为桥面与桥下线路路面之间的距离（指跨线桥）。桥高在某种程序上反映了桥梁施工的难易性。

桥下净空：为了满足通航或行车、行人等需要和保证桥梁结构安全而对上部结构底缘以下所规定的净空间界限，对此，规范中有专门的规定。

桥面净空：是桥梁行车道、人行道上方应保持的净空间界限，对此，规范中也有相应的规定。

桥梁建筑高度：是上部结构底缘至桥面顶面的垂直距离（图 7-1 中的 h）。线路定线中所确定的桥面标高与桥下净空界限顶部标高之差，称为桥梁的允许建筑高度。

净矢高（对拱桥而言）：是从拱顶截面下缘至相邻两跨拱脚截面下缘最低点之连线的垂直距离，用 f_0 表示（见图 7-2）。

计算矢高：是拱顶截面形心至相邻两拱脚截面形心连线的垂直距离，用 f 表示（见图 7-2）。

7.1.2 桥梁的分类

1. 按桥梁受力体系分

（1）梁式桥 梁式桥是一种在竖向荷载作用下无水平反力的结构（见图 7-3a、b，图 7-4），由于外力（恒荷载和活荷载）的作用方向与桥梁结构和轴线接近垂直，因而与同样跨径的其他结构体系相比，梁桥内产生的弯矩最大，即梁式桥以受弯为主。

（2）拱式桥 拱式桥的主要承重结构是主拱圈或拱肋，如图 7-5、图 7-6 所示，在竖向荷载作用下，桥墩和桥台将承受水平推力，如图 7-5b 所示，同时，墩台向拱圈或拱肋提供

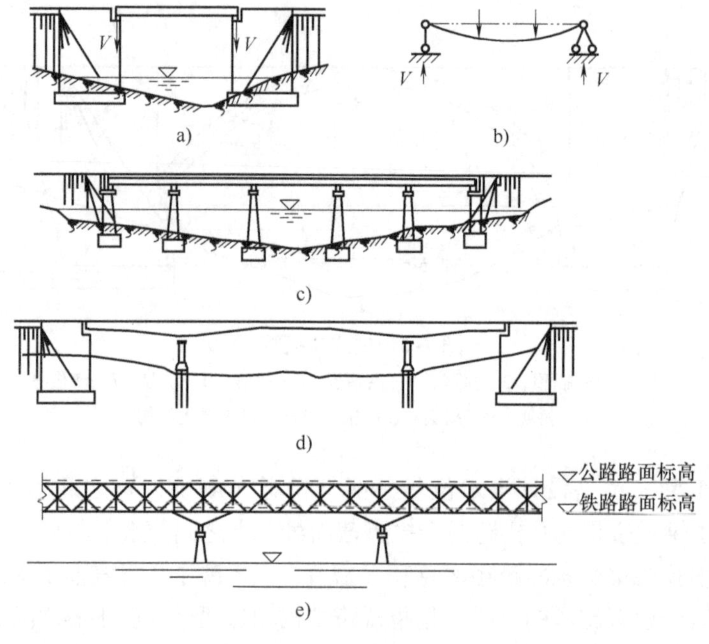

图7-3 梁式桥

水平反力，这将大大抵消在拱圈或拱肋中由荷载引起的弯矩。因此，与同跨径的梁式桥相比，拱桥的弯矩、剪力和变形却要小得多，拱圈或拱肋以受压为主。拱桥对墩台有水平推力及承受重结构以受压为主这是拱桥的主要受力特点。

图7-4 简支梁桥——开封黄河大桥图

按照行车道处于主拱圈的不同位置，拱桥可分为上承式（见图7-5a）、中承式（见图7-5d）、下承式拱（见图7-5c）三种。

（3）悬索桥（也称为吊桥） 悬索桥的承重结构包括主缆、塔柱、加劲梁和锚碇及吊杆，如图7-7、图7-8所示。在桥面系竖向荷载作用下，通过吊杆使主缆承受巨大的拉力，主缆悬跨在两边塔柱上，锚固于两端的锚碇结构中；锚碇承受主缆传来的巨大拉力，该拉力可分解为垂直和水平分力，因此，悬索桥也是具有水平反力（拉力）的结构。

（4）刚架桥（或刚构桥） 桥跨结构主梁或板与墩台（或立柱）整体相连的桥梁称为刚架桥。由于梁和柱两者之间是刚性连接，在竖向荷载作用下，将在主梁端部产生负弯矩，在柱脚处产生水平反力，如图7-9a所示的门式刚架桥，梁部主要受弯，但其弯矩较同跨径的简支梁小，梁内还有轴力 H 作用，因此，刚架桥的受力状态介于梁桥与拱桥之间（见图7-10）。

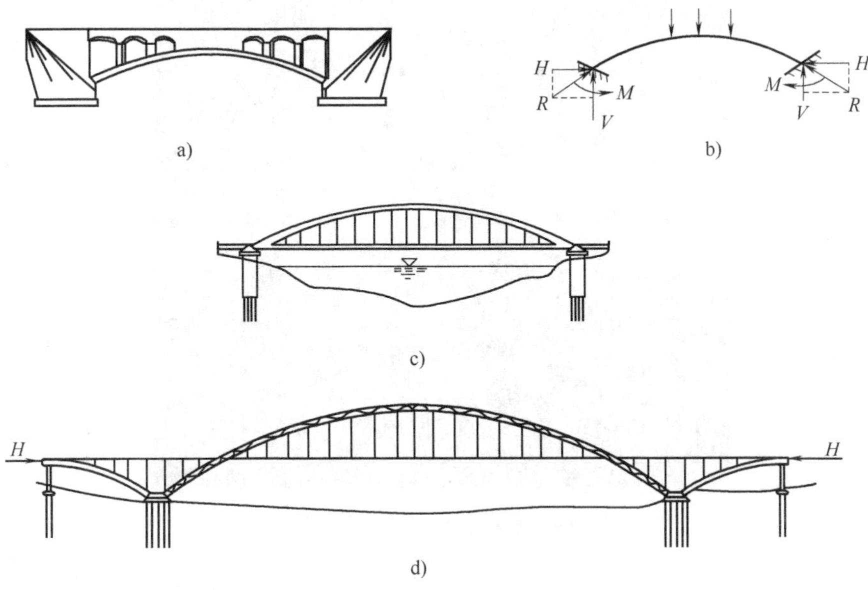

图7-5 拱式桥

a）上承式拱桥 b）拱式桥受力简图 c）下承式拱桥 d）中承式拱桥

图7-6 中承式拱桥——广东高明桥

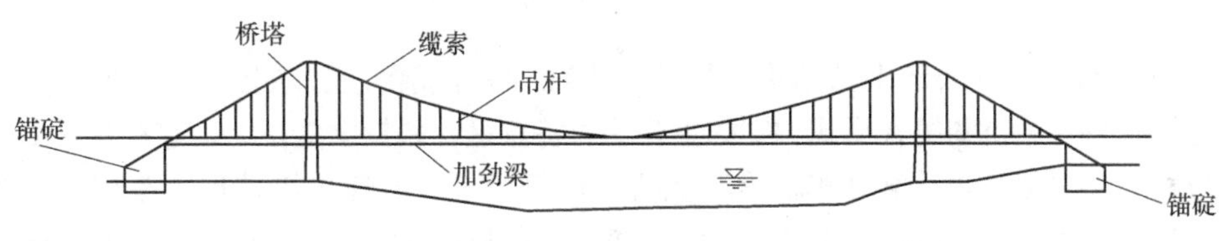

图7-7 悬索桥

图7-8　悬索桥——美国金门大桥

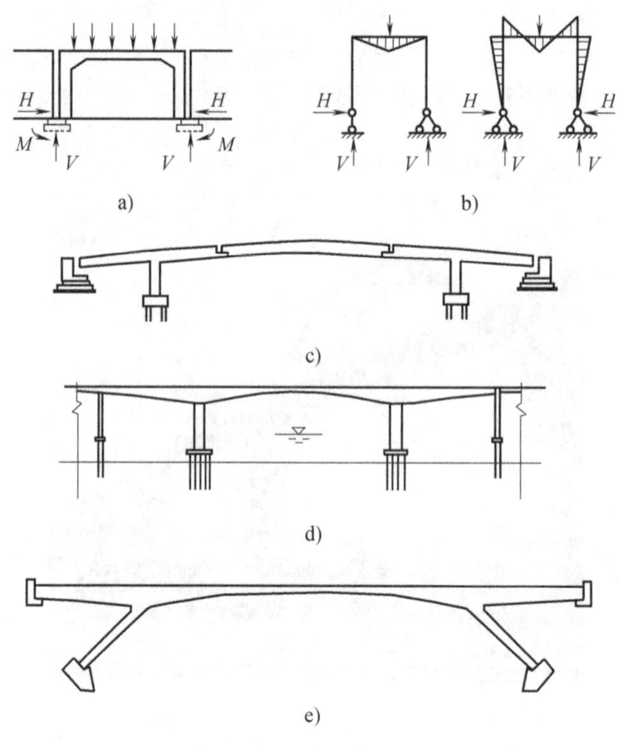

图7-9　刚架桥

（5）斜拉桥　斜拉桥的上部结构由塔柱、主梁和斜拉索组成，如图7-11所示，斜拉桥实际上是梁式桥与吊桥的组合形式。它的主要受力特点是：斜拉索受拉力，它将主梁多点吊起（类似吊桥），将主梁的恒荷载和车辆等其他荷载传至塔柱，再通过塔柱传至基础和地基。塔柱以受压为主。主梁由于被斜拉索吊起，它如同一多点弹性支承的连续梁，从而使主梁内的弯矩较一般梁式桥大大减小，这也是斜拉桥具较大跨越能力的主要原因。主梁由于同时受斜拉索水平力的作用，其基本受力特点为偏心受压构件。美国西德尼拉尼尔桥如图7-12所示。

图 7-10 刚构桥——安康汉江桥

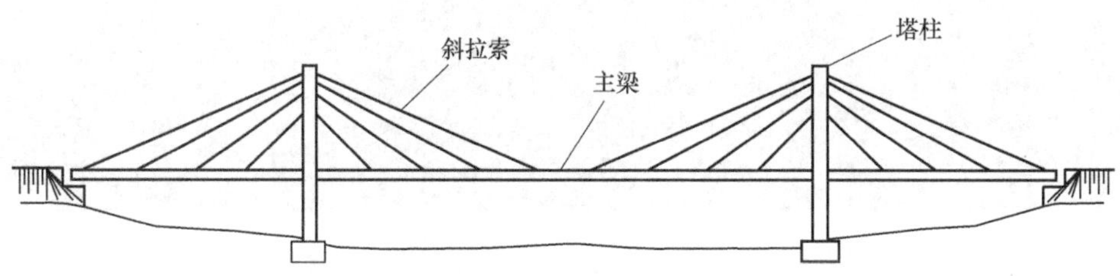

图 7-11 斜拉桥

图 7-12 斜拉桥——美国西德尼拉尼尔桥

2. 桥梁的其他分类

1）按用途可分为公路桥、铁路桥、公铁两用桥、人行桥、水运桥（或渡桥）和管线桥等。目前世界最长铁路桥为我国的京沪高铁丹阳至昆山特大桥，全长164.8km。最长的跨海大桥是我国的青岛海湾大桥，全长长41.58km（见图7-13），该桥于2011年6月30日全线通车，是我国自行设计、施工、建造的特大跨海大桥，2011年上榜吉尼斯世界纪录和美国“福布斯”杂志，荣膺“全球最棒桥梁”荣誉称号。

图7-13 世界最长跨海大桥——中国青岛海湾大桥

2）按主要承重结构用的材料可分为钢筋混凝土桥、预应力混凝土桥、圬工桥（包括砖、石、混凝土）、钢桥、钢—混凝土组合桥和木桥等。

3）JTG D60—2015《公路桥涵设计通用规范》规定，按桥梁总长跨径的不同可分为特大桥、大桥、中桥、小桥和涵洞，见表7-1。

表7-1 桥梁按总长和跨径分类

桥梁分类	多孔跨径总长 L/m	单孔跨径 L_0/m	桥梁分类	多孔跨径总长 L/m	单孔跨径 L_0/m
特大桥	$L \geqslant 1000$	$L_0 \geqslant 150$	小桥	$8 \leqslant L \leqslant 30$	$5 \leqslant L_0 < 20$
大桥	$100 \leqslant L < 1000$	$40 \leqslant L_0 < 100$	涵洞	—	$L_0 < 5$
中桥	$30 < L < 100$	$20 \leqslant L_0 < 40$			

4）按跨越障碍的性质可分为跨河桥、跨线桥（或立交桥）、高架桥和栈桥。高架桥一般指跨越深沟峡谷以代替高路堤的桥梁，以及在城市中跨越道路的桥梁。

5）按上部结构的行车道位置分为上承式桥、中承式桥和下承式桥。桥面布置在主要承重结构上的称为上承式桥；桥面布置承重结构之下的称为下承式桥；桥面布置在桥跨结构高度中间的称为中承式桥。

6）按桥跨结构的平面布置可分为正立桥、斜交桥和弯桥（或曲线桥）等。

7.2 桥梁发展状况

7.2.1 桥梁发展的基本历程

桥梁是道路的组成部分。从工程技术的角度来看，桥梁发展可分为古代、近代和现代三个时期。桥梁建设发展至今，经历了三次飞跃，它是伴随着建筑材料、生产力水平和计算能力的发展，而不断发展的。

1. 古代桥梁

人类在原始时代，跨越水道和峡谷，是利用自然倒下来的树木、自然形成的石梁或石拱、溪涧凸出的石块、谷岸生长的藤萝等。人类有目的地伐木为桥或堆石、架石为桥始于何时，已难以考证。据史料记载，中国在周代（公元前11世纪—前256年）已建有梁桥和浮桥，如公元前1134年左右，西周在渭水架有浮桥。古巴比伦王国在公元前1800年建造了多跨的木桥，桥长达183m。古罗马在公元前621年建造了跨越台伯河的木桥，在公元前481年架起了跨越赫勒斯旁海峡的浮船桥。据考证，中国早在东汉时期（公元25—220年）就出现石拱桥，如出土的东汉画像砖，刻有拱桥图形。现在尚存的赵州桥（又名安济桥）（见图7-14），建于公元605—617年，净跨径为37m，首创在主拱圈上加小腹拱的空腹式（敞肩式）拱。古代桥梁在17世纪以前，一般是用木、石材料建造的，并按建桥材料把桥分为石桥和木桥。

图7-14 赵州桥

2. 近代桥梁

18世纪铁的生产和铸造，为桥梁提供了新的建造材料。但铸铁抗冲击性能差，抗拉性能也低，易断裂，并非良好的造桥材料。19世纪50年代以后，随着酸性转炉炼钢和平炉炼钢技术的发展，钢材成为重要的造桥材料。钢的抗拉强度大，抗冲击性能好，尤其是19世纪70年代出现钢板和矩形轧制断面钢材，为桥梁的部件在厂内组装创造了条件，使钢材应用日益广泛。中国于1705年修建了四川大渡河泸定铁链吊桥。桥长100m，宽2.8m，至今仍在使用，如图7-15所示。

图7-15 中国四川大渡河泸定铁索桥

18世纪初，发明了用石灰、黏土、赤铁矿混合煅烧而成的水泥。19世纪50年代，开始采用在混凝土中放置钢筋以弥补水泥抗拉性能差的缺点。此后，于19世纪70年代建成了钢筋混凝土桥。

近代桥梁建造，促进了桥梁科学理论的兴起和发展。1857年由圣沃南在前人对拱的理论、静力学和材料力学研究的基础上，提出了较完整的梁理论和扭转理论。这个时期连续梁和悬臂梁的理论也建立起来。桥梁桁架分析（如华伦桁架和豪氏桁架的分析方法）也得到解决。19世纪70年代后经德国人K. 库尔曼、英国人W. J. M. 兰金和J. C. 麦克斯韦等人的努力，结构力学获得很大的发展，能够对桥梁各构件在荷载作用下发生的应力进行分析。这些理论的发展，推动了桁架、连续梁和悬臂梁的发展。19世纪末，弹性拱理论已较完善，促进了拱桥发展。20世纪20年代土力学的兴起，推动了桥梁基础的理论研究。近代桥梁按建桥材料划分，除木桥、石桥外，还有铁桥、钢桥、钢筋混凝土桥。

3. 现代桥梁

20世纪30年代，预应力混凝土和高强度钢材相继出现，材料塑性理论和极限理论的研究，桥梁振动的研究和空气动力学的研究，以及土力学的研究等获得了重大进展，从而为节约桥梁建筑材料，减轻桥重，预计基础下沉深度和确定其承载力提供了科学的依据。现代桥梁按建桥材料可分为预应力钢筋混凝土桥、钢筋混凝土桥和钢桥。现代桥梁的建设见表7-2～表7-5。

表7-2 预应力混凝土梁桥

序号	桥 名	主跨/m	结构形式	桥 址	年 份
1	斯托尔马桥（Stolma）	301	连续刚构	挪威	1998
2	拉脱圣德桥（Raftsundet）	298	连续刚构	挪威	1998
3	亚松森桥（Asuncion）	270	三跨T构	巴拉圭	1979
4	虎门大桥辅航道桥	270	连续刚构	中国	1997
5	云南元江大桥	265	连续刚构	中国	2003
6	门道桥	260	连续刚构	澳大利亚	1985
7	伐罗德2号桥（Varodd-2）	260	连续梁	挪威	1994

（续）

序号	桥　名	主跨/m	结构形式	桥　址	年　份
8	宁德下白石大桥	260	连续刚构	中国	2004
9	泸州长江二桥	252	连续刚构	中国	2001
10	Schottwien 桥	250	连续刚构	奥地利	1989
11	Doutor 桥	250	连续刚构	葡萄牙	1991
12	斯克夏桥（Skye）	250	连续刚构	英国	1995
13	Confederation 桥	250	带挂梁 T 构	加拿大	1997
14	重庆黄花园大桥	250	连续刚构	中国	1999
15	马鞍石嘉陵大桥	250	连续刚构	中国	2002
16	黄石长江大桥	245	连续刚构	中国	1995
17	科罗巴普图瓦普桥（Koror-Bobelthuap）	241	有铰 T 构	美国太平洋托管区	1977
18	滨名大桥（Hamana）	240	有铰 T 构	日本	1976
19	江津长江大桥	240	连续刚构	中国	1997
20	重庆高家花园嘉陵大桥	240	连续刚构	中国	1997
21	贵州六广河大桥	240	连续刚构	中国	2000
22	重庆龙溪河大桥	240	连续刚构	中国	2001

表 7-3　拱　桥

序号	桥　名	主跨/m	结构形式	桥　址	年　份
1	卢浦大桥	550	钢箱	中国	2003
2	新河峡桥	518.2	钢桁架	美国	1977
3	贝永桥	504	钢桁架	美国	1931
4	悉尼港湾桥	503	钢桁架	澳大利亚	1932
5	重庆巫山长江大桥	492	钢管混凝土	中国	2005
6	广州新光大桥	428	钢箱桁架	中国	2006
7	万县长江大桥	420	钢骨混凝土箱拱	中国	1997
8	克尔克 1 号桥（KRK-1）	390	混凝土箱形拱	前南斯拉夫	1980
9	弗里芝特桥	383	钢拱	美国	1973
10	益阳茅草街大桥	368	钢管混凝土	中国	2006
11	曼港桥	366	钢拱	加拿大	1964
12	广州丫髻沙珠江大桥	360	钢管混凝土	中国	2000
13	塔歇尔桥	344	钢拱	巴拿马	1962
14	拉比奥莱特桥	335	钢拱	加拿大	1967
15	郎克恩桥	330	钢拱	英国	1961
16	兹达可夫桥	330	钢拱	捷克	1967
17	江界河大桥	330	混凝土拱	中国	1995

（续）

序号	桥　　名	主跨/m	结构形式	桥　　址	年　　份
18	伯钦诺夫桥	329	钢拱	津巴布韦	1935
19	罗斯福湖桥	329	钢拱	美国	1990
20	大三岛桥	328	钢箱拱	日本	1979
21	广西邕宁邕江大桥	312	钢骨混凝土拱	中国	1996
22	格莱兹维尔桥（Gladesville）	305	混凝土拱	澳大利亚	1964
23	艾米赞德桥	290	混凝土拱	巴西	1964
24	武汉江汉三桥	280	钢管混凝土	中国	2001
25	布洛克兰斯桥（Bolukrans）	272	混凝土拱	南非	1983
26	阿拉比达桥（Arrabida）	270	混凝土箱拱	葡萄牙	1963
27	广西三岸邕江大桥	270	钢管混凝土	中国	1998

表7-4　斜　拉　桥

序号	桥　　名	主跨/m	结构形式	桥　　址	年　　份
1	苏通长江大桥	1088	混合梁	中国	2008
2	昂船洲大桥	1018	混合梁	中国香港	2008
3	多多罗桥（Tatara）	890	主跨钢箱，两端62.5、105.5m混凝土梁	日本	1999
4	诺曼底桥（Normandy）	856	主跨钢箱梁624m，其余混凝土梁	中国	1995
5	南京长江三桥	648	钢箱梁	中国	2005
6	南京长江二桥南汊桥	628	钢箱梁	中国	2001
7	武汉白沙洲大桥	618	钢箱梁，两端87m混凝土梁	中国	2000
8	福建青州闽江大桥	605	钢与混凝土结合梁	中国	2001
9	上海杨浦大桥	602	钢与混凝土结合梁	中国	1993
10	上海徐浦大桥	590	主跨结合梁，边跨混凝土梁	中国	1996
11	名港中央大桥（Meiko-Chuo）	590	钢箱梁	日本	1997
12	Skarnsundet 桥	530	混凝土	挪威	1991
13	湖北荆门大桥	500	混凝土	中国	2002

表7-5　悬　索　桥

序号	桥　　名	主跨/m	结构形式	桥　　址	年　　份
1	明石海峡大桥（Akashi-Kaikyo）	1991	钢桁梁	日本	1998
2	浙江西堠门大桥	1650	钢桁梁	中国	2007
3	大贝尔特东桥（Great Belt East）	1624	钢桁梁	丹麦	1998
4	润扬长江公路大桥南汊桥	1490	钢桁梁	中国	2005
5	亨伯尔桥（Humber）	1410	钢桁梁	英国	1981

（续）

序号	桥　名	主跨/m	结构形式	桥　址	年　份
6	江阴长江公路大桥	1385	钢桁梁	中国	1999
7	青马大桥	1377	开空钢箱梁	中国香港	1997
8	维拉扎诺桥（Verrazana-Narrows）	1298	钢桁梁	美国	1964
9	金门大桥（Gold Gate）	1280	钢桁梁	美国	1937
10	霍加大桥（Hoga Kusten）	1210	钢桁梁	瑞典	1997
11	麦金内克桥（Mackinac）	1158	钢桁梁	美国	1957

预应力钢筋混凝土桥有简支梁桥、连续梁桥、悬臂梁桥、拱桥、桁架桥、刚架桥、斜拉桥等桥型。第二次世界大战以后，世界上修建了多座较大跨径的钢筋混凝土拱桥，随着强度高、韧性好、抗疲劳和耐腐蚀性能好的钢材的出现，以及用焊接平钢板和用角钢、板钢材等加劲所形成轻而高强的正交异性板桥面的出现，高强度螺栓的应用等，钢桥有很大发展。

7.2.2 桥梁建筑发展趋势

在20世纪桥梁工程大发展的基础上，描绘21世纪的宏伟蓝图，桥梁建设技术将有更大、更新的发展。趋势大致如下：

（1）新材料的开发和应用　新材料应具有高强、高弹模、轻质的特点，研究超高强硅粉和聚合物混凝土、高强双相钢丝纤维增强混凝土、纤维塑料等一系列材料取代目前桥梁用的钢和混凝土。

（2）在设计阶段采用高速发展的计算机技术　计算机作为辅助手段，进行有效的快速优化和仿真分析，运用智能化制造系统在工厂生产部件，利用GPS和遥控技术控制桥梁施工。

（3）大型深水基础工程　目前世界桥梁基础尚未超过100m深海基础工程，下一步是进行100~300m深海基础的实践。

（4）桥梁建成交付费用　使用后将通过自动监测和管理系统保证桥梁的安全和正常运行，一旦发生故障或损伤，将自动报告损伤部位和养护对策。

（5）重视桥梁美学及环境保护　桥梁是人类最杰出的建筑之一，闻名遐迩的美国旧金山金门大桥，澳大利亚悉尼港桥，英国伦敦桥，日本明石海峡大桥，中国上海杨浦大桥、南京长江二桥、香港青马大桥等这些著名大桥都是一件件宝贵的空间艺术品，成为陆地、江河、海洋和天空的景观，成为城市标志性建筑。宏伟壮观的澳大利亚悉尼港桥与现代化别具一格的悉尼歌剧院融为一体，成为今日悉尼的象征。因此，21世纪的桥梁结构必将更加重视建筑艺术造型，重视桥梁美学和景观设计，重视环境保护，达到人文景观同环境景观的完美结合。

综观大跨径桥梁的发展趋势，可以看到世界桥梁建设必将迎来更大规模的建设高潮。

7.3 桥梁的总体规划和设计要点

桥梁工程必须遵照“安全、耐久、适用、环保、经济和美观”的基本原则进行设计，应充分考虑建造技术的先进性以及环境保护和可持续发展的要求。

7.3.1　桥梁设计的步骤

桥梁设计的步骤分为以下几个阶段：

1）“预可行性研究”阶段。

2）“工程可行性研究”阶段。

3）初步设计阶段。

4）技术设计阶段。

5）施工图设计阶段。

7.3.2　桥梁基本设计资料

1）调查研究桥梁的使用任务。调查桥上的交通种类和行车、行人的往来密度，以确定桥梁的荷载等级和行车道、人行道宽度等。调查桥上是否需要铺设电缆或输水、输气管道等，为此需设置专门的构造装置。

2）测量桥位附近的地形，并绘制地形图，供设计和施工用。

3）探测桥位的地质情况，包括土壤的分层标高、物理力学性能、地下水等，并将钻探资料绘成地质剖面图，作为基础设计的重要依据。

4）调查和测量河流的水文情况，包括调查河道性质（如河床及两岸的冲刷和淤积、河道的自然变迁等），收集和分析历年的洪水资料，测量河床断面图，调查河槽各部分的形态标志、糙率等，通过计算确定各种特征水位、流速、流量等，与航运部门协商确定通航水位和通航净空，了解河流上有关水利设施对新建桥梁的影响。

5）调查和收集桥位处的地震资料，确定桥梁的抗震设防烈度。

6）调查和收集有关气象资料，包括气温、雨量及风速（或台风影响）等情况。

7）调查当地建筑材料（砂、石料等）的来源、水泥钢材的供应情况及水陆交通的运输情况。

8）调查了解施工单位的技术水平、施工机械等装备情况，以及施工现场的动力设备和电力供应情况。

9）调查新建桥位上、下游有无老桥，其桥型布置和使用情况等。

7.3.3　桥梁平、纵、横断面设计

1. 桥梁平面设计

桥梁的线形与桥头引道要保持平顺，使车辆能平稳的通过。高速公路、一级公路上的各类桥梁除特殊大桥外，其线形布设应满足路线总体布设的要求。而特殊大桥应尽量顺直，以方便桥梁结构的设计。二级、三级、四级公路上的中小桥与涵洞的线形及其与公路的衔接也应符合路线总体布设的要求。

二级、三级、四级公路上的特大桥、大桥桥位选择的余地较小，成为路线控制点时，路线线位应兼顾桥位。

2. 桥梁纵断面设计

桥梁纵断面设计包括确定桥梁的总跨径、桥梁的分孔、桥道的标高、桥上和桥头引道的纵坡及基础的埋置深度等。

(1) 桥梁总跨径的确定 对于一般跨河桥梁，总跨径一般根据水文计算来确定。桥梁的总跨径必须保证桥下有足够的排洪面积，使河床不致遭受过大的冲刷。桥梁的总跨径应根据具体情况经过全面分析后加以确定。

(2) 桥梁的分孔 要根据通航要求、地形和地质情况、水文情况、技术经济和美观的条件来加以确定。通常采用最经济的分孔方式，即使得上下部结构的总造价趋于最低。

(3) 桥道标高的确定

1) 流水净空要求。按计算水位 H_j（设计水位计入壅水、浪高等）计算桥面最低高程 H_{min}时，应按下式计算

$$H_{min} = H_j + \Delta h_j + \Delta h_0 \tag{7-1}$$

$$H_j = H_s + \sum \Delta h \tag{7-2}$$

式中 Δh_j——桥下净空安全值；

H_s——设计水位；

$\sum \Delta h$——各种水面升高值总和；

Δh_0——桥梁上部构造高度，包括桥面铺装高度。

当在不通航和无流筏的水库区域内，梁底面或拱顶底面离开水面的高度不应小于计算浪高的0.75倍加上0.25m。

按设计最高流冰水位 H_{SB}计算桥面最低高程 H_{min}时，应按下式计算

$$H_{min} = H_{SB} + \Delta h_j + \Delta h_0 \tag{7-3}$$

桥面设计高程不应低于式（7-1）或式（7-3）的计算值。

2) 通航净空要求。在通航及通行木筏的河流上，必须设置保证桥下安全通航的通航孔。

3) 跨线桥桥下的交通要求。在设计跨线桥的立体交叉时，桥跨结构底缘的标高应高出规定的车辆净空高度。

综上所述，全桥位于河中各跨的桥道标高均应首先满足流水净空的要求；对于通航或桥下通车的桥孔还应满足通航净空或建筑净空限界的要求；另外，还应考虑桥的两端能够与公路或城市道路顺利衔接等。因此，全桥各跨的桥道标高是不相同的，必须综合考虑和规划，一般将桥梁的纵断面设计成具有单向或双向坡度的桥梁，既利于交通，美观效果好，又便于桥面排水（对于不太长的小桥，可以做成平坡桥）。但桥上纵坡不宜大于4%；桥头引道纵坡不宜大于5%。对于位于市镇混合交通繁忙处的桥梁，桥上纵坡和桥头引道纵坡均不得大于3%，并应在纵坡变更的地方按规定设置竖曲线。

3. 桥梁横断面设计

桥梁横断面的设计，主要是决定桥面的宽度和桥跨结构横截面的布置。桥面宽度决定于行车和行人的交通需要。在建筑限界内，不得有任何部件侵入。

7.3.4 桥梁设计方案的选择

桥梁设计方案的比选和确定可按下列步骤进行：

1) 明确各种标高的要求。

2) 桥梁分孔和初拟桥型方案草图。

3) 方案初筛。

4）详绘桥型方案。

5）编制估算或概算。

6）方案选定和文件汇总。

思 考 题

1. 国内外桥梁的发展概况和发展趋向怎样？
2. 桥梁的基本组成有哪些？
3. 桥梁的主要类型有哪几种？每一种都有什么特点？
4. 桥梁的总体规划原则是什么？桥梁纵、横断面设计有哪些要求？

第 8 章 机场工程

空中旅行是20世纪时尚的旅行方式，空中旅行已经改变了我们对地点和时间的体验，它拓宽了我们的地域观念和人生的经历。21世纪的今天，航空业进入了一个新的发展时期，民航在交通体系中的地位将逐步上升，民航将成为世界范围内的新兴产业，民用航空运输在社会发展中将扮演越来越重要的角色。继海港、铁路和高速公路之后，机场将作为一种新型的、先进的交通设施，给世界经济发展带来强劲的推动作用。

民航运输和经济的发展是相辅相成的。一个地区的经济发展能促进民航运输的发展，而民航的发展反过来也会促进和加强该地区与外界人、财、物、信息的交流，从而促进地区经济的发展。当代的国际性中心城市如纽约、巴黎、东京、伦敦、中国香港和上海等，无一不是重要的国际性航空枢纽中心，无一不拥有强大的旅客和货物吞吐能力。20世纪，国际性的生产协作和经济全球化已经开始向以空运为主的方向发展，21世纪，航空运输业将在人类生活中变得更为重要。因此，积极参与航空运输发展和竞争，占领建设枢纽机场这一制高点，已成为国际社会的共识。世界上现有的和发展中的经济中心城市都纷纷建设相当规模的大型机场，力争成为新时代的航空交通枢纽。交通枢纽中心的竞争实质上是政治、经济实力的竞争，也是争取使所在城市成为本地区政治、经济中心的竞争。我国在新中国成立后民航事业发展迅速，相继建设了许多的机场。如图8-1所示的成都双流国际机场、彩图23所示的

图8-1 成都双流国际机场

桂林两江国际机场、彩图24所示的天津滨海国际机场、图8-2所示的重庆江北国际机场、图8-3所示的深圳宝安国际机场、图8-4所示的广州新白云国际机场，图8-5所示的上海浦东国际机场等。

图8-2 重庆江北国际机场

图8-3 深圳宝安国际机场

在“十二五”期间，我国改扩建了101座机场，迁建了15座机场，从而形成了新的北方、华东、中南、西南、西北机场群，更好地为经济发展提供了推力。

（1）北方机场群 完成北京、太原、呼和浩特等机场扩建以及新建鄂尔多斯、长白山、漠河、鸡西机场等一批工程；实施天津、大连等机场扩建工程及阿尔山、二连浩特、大庆、伊春等新建机场项目；积极推进沈阳、哈尔滨、包头、延吉等机场扩建项目及北京第二、白城、吕梁等新建机场项目的前期工作，并适时开工建设；新设良乡等军民合用机场。

图 8-4 广州新白云国际机场

图 8-5 上海浦东国际机场

（2）华东机场群 完成上海浦东、杭州机场扩建工程；实施虹桥、南昌、无锡、温州等机场扩建工程，合肥机场迁建及三明、宜春等新建机场项目；积极推进南京、厦门、青岛、常州、晋江、舟山、武夷山等机场扩建项目及淮安、苏中、九华山等新建机场的前期工作，适时开工建设。新设济宁等军民合用机场。

（3）中南机场群 完成广州、深圳机场扩建工程；实施长沙、南宁、张家界等机场扩建工程，汕头机场迁建及新建河池机场项目；积极推进海口、桂林、湛江、三亚改扩建工程及新建神农架机场等项目的前期工作，适时开工建设。

（4）西南机场群 完成九寨沟机场扩建以及荔波、康定、黔江、腾冲等机场新建；实施成都、重庆、丽江、大理等机场扩建工程，迁建昆明机场及新建阿里机场等项目；积极推进贵阳等机场扩建工程及六盘水、亚丁等新建机场项目的前期工作，适时开工建设；新设日喀则、红河等军民合用机场。

（5）西北机场群 完成新建喀纳斯机场、银川机场扩建工程；实施乌鲁木齐、西安等机场扩建工程、库车迁建及新建固原、中卫、玉树机场以及天水、哈密等军民合用机场项目；积极推进西宁、兰州机场扩建工程项目的前期工作，适时开工建设。

8.1 机场规划和类型

8.1.1 民航机场的分类

按机场规模和旅客流量可将机场分为三种类型：

（1）国际机场 供国际航线使用，同时设有海关、边防、卫生检疫、动植物检疫、商品检验相关检验机构。国际机场的年旅客吞吐量超过2000万人次。

（2）区域（干线）机场 其所在城市是省会（自治区首府）、重要开放城市、旅游城市或其他经济较为发达城市，人口密集的城市。区域（干线）机场的旅客接送人数、货物吞吐量相对较大，每年为200～2000万的乘客服务。

（3）支线机场 除上述两种类型以外的民航运输机场。虽然它们的运输量不大，但作为沟通全国航路或对某个城市地区的经济发展起着重要作用。其每年服务的乘客在200万以下。

这种分类是基于交通的流量，并不是准确无误的。如拥有八个大型机场的德国，它的某些支线机场乘客的流量接近于国际机场。而一些小国家的国际机场，也不会因低于分类的乘客流量基数而影响到它的名称。另一种分类的方法是以机场的活动性质来区分，分为国内、国家和国际机场。

通常来说，越是大型的机场，搭乘国际航班的乘客就越多，对非机场设备的需求也相应会更多。国际机场通常会迎合商务乘客的需求，如在机场设置会议室。这些乘客会更倾向于一流的酒店、健身俱乐部或小型高尔夫球场。相反地，区域机场的乘客可能只是短途或度假的游客，他们没有太多的要求。但是，区域机场正日益成为工业发展的重点和仓储的发展中心。

一个好的确定机场的方式就是看它的和其他可供选择的交通方式。即使是新建机场也会包容更多的新的交通系统来维持自己的地位，使之能够从国内机场发展成国家甚至国际机场。虽说早期的分类有助于确定所需设备的范围，但事实上很少有机场会停滞不前，多数会有向更高一级发展的愿望。

机场的分类也是安全问题的导火线。国际恐怖主义经常会选择主要的国际机场为目标，而不是微不足道的区域机场。对于恐怖主义分子来说，如果能成功进攻国家航站楼便可造成对一个国家的声誉的破坏。如果遭受攻击的是国家的主要机场，那即便是没有乘客受伤，它对国家的经济利益的破坏仍是广泛的。因此，在国际机场的设计和管理中会有意地加强防范措施。机场的发展不仅限于满足飞行的需求，还会带来很大的利润。机场，无论是国际或区域的，需要发展它的整个商业，包括飞行、零售、土地所有权和综合交通。新的机场将发展航站楼的零售业，更会添置一些特殊的设施，使商务人员可以在会议结束后飞回家。商务会议是区域机场的另一个发展趋势。

8.1.2 机场的规划

机场规划的作用在于：①平整机场的基础设施的需求；②提供投资的实质性框架，确保有效管理机场的不动产，满足未来土地财政和规划的需求。

机场的规划不仅要提供一份未来或扩建机场的实质性草图，还要给出综述性的财政投资预算，它同样涉及政治和环保的分支领域。在一个高速发展的工业中，规划对未来的土地、财政和基础设施的需求起着极为关键的作用，所以它是机场管理的一个重要因素，虽然在过去的一段时间里它经常遭到忽视。

机场的规划通常是未来发展的框架，它涉及一些政策性问题，并把一些具体的问题留给工程师或设计师。飞行器技术的变化、越来越严格的环境保护措施和不断变化的航空公司都对规划有着深远的影响，所以规划要体现一些基本的、灵活的战略思想。

机场规划还应制订在不同的时期内解决不同问题的方法，如短期的投资计划和长期的目标都是需要的。规划必须提供给不同的对象，公众有权了解机场的规划，同样法律的制定者、当地的规划机构和可能投资的金融机构都有权了解机场的规划。从某种意义上来说，规划就是使每个人了解必要的信息，寻求多数人对于机场未来发展的模式和范围的意见，从而可以更好地解决合理的反对意见。

规划最终还需得到有关技术方面、政策方面和程序方面的评估。规划的表达涉及不同的概念和选项，每项都需通过经济、技术、社会和环境的评估。那些根据调查、事实、趋势起草规划的人必须在公众提出一个又一个问题后不断修改规划。规划必须在解决问题方面直接，并有说服力，能清晰地阐述机场的未来前景。

8.1.3 机场总平面规划

总平面规划布局应用于现有机场的扩建、新机场的建设，并对下述各项进行指导：

1）研究机场的物质设施——用于航空的和不用于航空的。

2）研究机场周围土地的使用。

3）确定机场建设和运行对环境的影响。

4）确定机场进出道路的要求。

总平面规划布局所规定的每项物质设施的建设应只有在交通量及经济状况表明这项设施是为满足需求所需时才能进行。

1. 总体规划中的各种活动的种类

（1）政策/协调性规划　其内容包括：制定工作目标、工作目的；制订工作方案、日程和预算；制订评价和决定格式；制订协调和调节程序；制订数据管理和信息公布系统。

（2）经济规划　其内容包括：掌握航空市场特点，提出航空活动的预测；确定各机场建设比较方案中有代表性的权益和费用；制订各比较方案对地区经济影响的评估方案。

（3）物质规划　其内容包括：确定空域和空中交通管制措施，飞行区构形，旅客航站综合体，流通、公用设施和通信，辅助和服务设施，地面进出系统，全部土地使用图案。

（4）环境规划　其内容包括：制订机场“影响”地区有关的自然环境情况（植物、动物、气候、地形、自然资源等）的评价方案；提供影响区有关问题的文件证明和发展模式预测方案；确定社会的态度和看法。

（5）财务规划　其内容包括：确定机场的资金来源；制订各个机场建设比较方案的财务可行性研究；对最后统一的概念，制订初步的财务计划。

2. 规划步骤

1）制定总体规划工作。

2）把现有情况做出清单并做好记录。

3）预测未来的空中交通走向。

4）确定所需总的设施及其初步分期建设计划。

5）评价现存的及潜在的限制。

6）商定各组成部分的重要性或优先秩序：机场类型；政治方面及其他考虑。

7）比较分析，制订几个概念性总平面比较方案。

8）审查并筛选概念性比较方案，给每个与机场有关的单位以检验每个比较方案的机会。

9）选择最能接受和最适当的方案。必要时，针对审查的反映进行修改并做出最终方案。

3. 总平面规划的更新

总平面规划或特定的设施应最少复查并调整一次。总平面规划应每五年彻底评价及修改一次，或者更多的是在经济、运行、财务上的变化表明需要较早复查时进行。

机场规划是不断更新的文件。在一个高度发展的领域里，规划可能每年必须修改。规划必须有一个定期的调整来确保体现国家法律和政府政策的改变。同时，它还需要体现社会经济情况、国家空中运输政策、主要航空公司的兼并、土地使用政策、飞机管理和设计的改变。

4. 规划的深化

（1）机场平面设计 机场平面设计由一些相关因素决定。就如所有的设计工作那样，机场平面设计并无精确的规定，要通过不断地改变和平衡调整来达到较优的设计效果。主要考虑的因素有：跑道的数量和方位；出租车道的数量；停机坪的大小、样式和结构；可供使用的空地；地形和土壤状况；空中航行的障碍；航站楼、酒店和停车场的数量；未来发展的阶段；机场道路系统的范围和设计；公共交通连接的策略。

以上因素逻辑地组成了整个结构，然后是个体具体地点的选择，如空中交通控制塔、飞机维修领域、铁路和地铁、加油站。机场具体的设计需要平衡各种矛盾需求，如公共通道和安全、空中货运和客运、抵达的方式（乘坐公共交通方式或自驾车）。

在通常的机场规划中，总有一些供选择的项目要经历提案、评估、否决的过程。管理及财政中的约束使机场设计变得更为复杂。因为机场必须适应飞机的创新设计，而规划也应该适应发展的需要。不管是长期目标还是短期目标都必须体现在整个设计中。

（2）跑道设计 规划中的一个决定因素是跑道的设计及跑道和航站楼的联系。机场设计师往往在跑道的设计中需要考虑两个重要环节：跑道的长度和连接方式。跑道的长度取决于使用停机坪的飞机的类型，对于大型飞机，跑道的长一般为2~3km。跑道的长度随海拔、气候、风向及飞机的重量的变化而变化，所以即使是同一架飞机也会因地点的不同需要不同长度的跑道。跑道的长度主要取决于安全起飞的空间，而不是降落的空间。

跑道的容量通常很难计算。一般来说，大多数跑道在天气良好的情况下有每小时45~60次的运作，如果天气差的话，数量就会降低25%。很显然，跑道的容量和航站楼的容量有着密切的关系，因为两者都涉及相同数量乘客的运输。为了增加乘客的数量，机场的权威人士通常会扩建跑道或重建新的跑道。这些跑道通常平行于旧的跑道，或互成角度。后者的优势在于它可以灵活地应变多风向的天气。平行的跑道使航站楼处于两者当中，给通道带来显

而易见的便利并节省了空侧的空间。

出于安全的考虑，平行跑道通常需要500m的侧距，而有角度的跑道也需要此距离。有时候，通道也会交错，但一般情况下，分支跑道更受欢迎。随着现代空中交通和地面航班的控制，跑道在一个小时内可处理100次飞行，如果折算到乘客的人数，那就意味着航站楼每小时能容纳15000人的客流量。

两条或两条以上的跑道可适应同时的起飞和降落。密集度高的机场，在美国，有时候会起用三条平行的跑道，每个跑道连接特定的航站楼。但是在某些机场中，飞机只能绕过那些正准备起飞和降落的飞机，这往往造成了一个潜在的碰撞威胁。

跑道上飞机与航站楼外的出租车之间的连接距离增加了航空公司的成本。因此，航站楼和跑道的关系非常重要。不同的航站楼造型、出租车道和跑道都在一定程度上影响到了设计，出现了一些亟待解决的复杂的问题，如空侧和陆侧的连接、内部需要考虑的环境。当航站楼处于平行跑道间时，空侧和陆侧的界限就不是非常明显，因为乘客在建筑的另一面上飞机。同样的，把乘客从航站楼运送到跑道的摆渡车道和飞机维修库也应同时满足飞行的要求。

（3）规划的实质性要素　机场规划要求团队的努力，但是建筑师和工程师往往对具体的工作负责。这涉及三个主要因素：跑道和出租车道、飞机修理库和停机坪及航站楼。另外还有一些附带因素：道路和停车场、安全围栏、空中交通控制塔、机场铁路站和轻轨系统、酒店会议设施和仓库等。

设计并不仅是一个空间规划的问题，同样需要考虑到它的高度和疏散度。规划是一个空间的、逻辑的三维图表。建筑师和工程师的意图要靠机场的管理和使用它的航空公司来体现。一系列的地面规定为机场的管理提供了内容。

1）跑道区域。在停机坪分散各航空公司；设计有效和灵活的停机管理方式；缩减车道的长度；确定撞毁的地点并在靠近主跑道的地方实行抢救援助；鼓励联合的航空公司；使用空侧设备。

2）仓库。适应空中货运的需求；确保有效分辨乘客的行李和货物；协助货物的转机。

3）行政管理大楼。在靠近道路和铁路系统处设置机场的行政管理；集中直接通往陆侧和空侧的管理设备。

4）道路平面。保持地面道路系统的简单；在航站楼处提供公共交通方式；确定靠近航站楼的停车场。

5）航站楼。减少徒步距离；帮助同一航空公司转机的乘客；分散空中承载的作用；扩大市场和租赁的机会；鼓励联合的航空公司使用设备；航站楼直接连接公共交通；航站楼直接连接酒店和停车场。

5. 机场的布局

机场的规划布局由五个基本要素决定：

1）主导风向。

2）航站楼的数量和规模。

3）地面运输系统，特别是主要交通要道和铁路。

4）飞行器和航站楼之间的必要空间。

5）地形学和地理学。

小型机场往往会直接反映这些特征，但是当机场不断发展，附带的因素也会出现，如环保、周围地区的地理环境、当地道路系统的容量等。虽然国际机场主要依靠风向设计它的总平面，但也日益受到这些因素和地区干扰的制约。

6. 机场发展的预测

由于规划是在机场投产前不久进行的，预测一般是以年度制作的（预测较短的时间段更复杂，可行性也因资料所限而较差）。但由于机场设施的容量利用在每天和每小时的交通高峰时最为关键，所以为了评价所需的设施所必须确定的是高峰需求而不是年度需求。

为了不按极少碰到的情况而设置不必要的设施，典型的高峰时不能规定为全年的高峰时，而普遍采纳为第30个或第40个最忙的小时。同样，“典型的高峰日”是第30或40个最忙日。如能获得合适的基础资料，对一些主要项目除了建立它们的相互作用以外，同时又独立地预测它们也是值得的，因为可以相互核对其有效性和一致性。

预测内容包括：

1）年度的旅客、货物和邮件量（以国际和国内分；以定期和不定期分；以到达、出发、经停及转线或转运分）。

2）典型的高峰时飞机活动次数和旅客、货物及邮件量，最好以到达、离去区分及综合（各个项目及类别的典型高峰时可能不同）。

3）高峰月平均日的飞机活动次数和旅客、货物及邮件量，区分类同（用于设施规划）。

4）为该机场服务的航空公司数目和他们使用该机场的国内、国际航线结构。

5）使用该机场的飞机类型，包括每个主要类型飞机的数目和它们在忙时的比例。

6）各定期和不定期航空承运人，以及通用航空驻在该机场的飞机数。对这些和其他飞机（只需大致估计，以估计所需的服务区及道路）所需的基地和航线维护设施。

7）机场和所服务地区间的道路系统，因为这可能影响机场布局的空侧（如预期有支线服务）和陆侧。

8）分类的观光者和机场工人数（用于规划设施，可能包括所需的住房）。

8.2 机场工程建设

8.2.1 跑道

1. 机场的跑道组成、标准和参数

毫无疑问，跑道是一个机场的重要组成部分。它决定了机场的等级标准、跑道及其相关设施的修建、标识等，跑道的建设是有严格规定的。图8-6所示是上海浦东国际机场跑道。

2. 机场飞行区等级

跑道的性能及相应的设施决定了哪个等级的飞机可以使用这个机场，机场按这种能力分类，称为飞行区等级。

飞行区等级用两个部分组成的编码来表示，第一部分是数字，表示飞机性能所相应的跑道性能和障碍物的限制。第二部分是字母，表示飞机的尺寸所要求的跑道和滑行道的宽度。因而对于跑道来说，飞行区等级的第一个数字表示所需要的飞行场地长度，第二位的字母表示相应飞机的最大翼展和最大轮距宽度，它们相应数据见表8-1。

图 8-6 上海浦东国际机场跑道

表 8-1 飞行区等级

第一位 数字		第二位 字母		
飞行区代码	代表跑道长度/m	飞行区代号	翼展/m	主起落架外轮间距/m
1	小于 800	A	小于 15	小于 4.5
2	800 ~ 1200	B	15 ~ 24	4.5 ~ 6
3	1200 ~ 1800	C	24 ~ 36	6 ~ 9
4	1800 以上	D	36 ~ 52	9 ~ 14
		E	52 ~ 65	9 ~ 14
		F	65 ~ 80	14 ~ 16

目前我国大部分开放机场飞行等级均在 4D 以上，上海浦东、广州白云、成都双流、桂林两江、天津滨海、重庆江北、深圳宝安等机场拥有目前最高飞行区等级 4F。

3. 跑道的基本参数

常听新闻报道某机场几号跑道，可不要认为它有很多条跑道，也不要以为它是按顺序或随意编号的，实际上它是有规定的。

（1）方向和跑道号　主跑道的方向一般和当地的主风向一致，跑道号按照跑道中心线的磁方向以 10°为单位；四舍五入用两位数表示。以台北桃园中正机场为例，磁方向为 233°的跑道的跑道号为 23，跑道号以大号字标在跑道的进近端，而这条跑道的另一端的磁方向为 53°，跑道号为 05，因此，一条跑道的两个方向有两个编号，磁方向两者相差 180°，跑道号相差 18。另外，如果机场有两条平行跑道则用左和右区分。如台北桃园中正机场编号则分别为 5L、5R（5 号左、5 号右），有三条时，中间跑道编号加上字母 C；为了防止误会，如果机场有两条或更多条平行跑道时可取相邻编号。

（2）基本尺寸（指跑道的长度、宽度和坡度）　跑道的长度取决于所能允许使用的最大飞机的起降距离、海拔高度及温度。海拔高，空气稀薄，地面温度高，发动机功率下降，都需要加长跑道。例如在标准大气条件下，“运五”飞机使用跑道的长度只需 600m，而“波音 707”型客机则需 3200m 左右。跑道的宽度取决于飞机的翼展和主起落架的轮距，一般不超过60m。一般来说，跑道是没有纵向坡度的，但在有些情况下可以有3°以下的坡度，在使用有坡度的跑道时，要考虑对性能的影响，上坡有利于缩短着陆滑跑长度，下坡有利于缩短起飞滑跑长度。

（3）道面　跑道道面分为刚性和非刚性道面。刚性道面由混凝土筑成，能把飞机的载荷承担在较大面积上，承载能力强，一般中型以上空港都使用刚性道面，国内几乎所有民用机场跑道均属此类。

跑道道面要求有一定的摩擦力。为此，在混凝土道面一定距离要开出5cm左右的槽，并定期（6~8年）打磨，以保持飞机在跑道积水时不会打滑。当然，有一种方法就是在刚性道面上加盖高性能多孔摩擦系数高的沥青，既可减少飞机在落地时的振动，又能保证有一定的摩擦力。国内近期新建、扩建的少量机场如厦门、上海浦东机场为此类型跑道。

非刚性道面有草坪、碎石、沥青等各类道面，这类道面只能抗压不能抗弯，因而承载能力小，只能用于中小型飞机的起降。

（4）强度　对于起飞质量超过5700kg的飞机，为了准确地表示飞机轮胎对地面压强和跑道强度之间的关系，国际民航组织规定使用飞机等级序号（AirCraft Classfication Number，ACN）和道面等级序号（Pavement Classfication Number，PCN）来决定该型飞机是否可以在指定的跑道上起降。

PCN数是由道面的性质，道面基础的承载强度经技术评估而得出的，每条跑道都有一个PCN值。ACN数则是由飞机的实际质量、起落架轮胎的内压力、轮胎与地面接触的面积及主起落架机轮间距等参数由飞机制造厂计算得出的。ACN数和飞机的总质量只有间接的关系，如B747飞机由于主起落架有16个机轮承重，它的ACN数为55，B707的ACN数为49，而它的总质量只有B747的2/5，两者ACN却相差不大。

使用这个方法计算时，当ACN值小于PCN值，这类型的飞机可以无限制地使用这条跑道。在一些特殊情况下，ACN值可以在不超过PCN值1.1倍时使用这一跑道，但这会缩短跑道的使用寿命。

（5）跑道附属区域

1）跑道道肩。跑道道肩是在跑道纵向侧边和相接的土地之间有一段隔离的地段，这样可以在飞机因侧风偏离跑道中心线时，不致引起损害。此外大型飞机多采用翼吊布局的发动机，外侧的发动机在飞机运动时可能伸出跑道，这时发动机的喷气会吹起地面的泥土或砂石，使发动机受损，有了道肩会减少这类事故。有的机场在道肩之外还要放置水泥制的防灼块，防止发动机的喷气流冲击土壤。跑道道肩一般每侧宽度为1.5m，道肩的路面要有足够强度，以备在出现事故时，使飞机不致遭受结构性损坏。

2）跑道安全带。跑道安全带的作用是在跑道的四周划出一定的区域来保障飞机在意外情况下冲出跑道时的安全，分为侧安全带和道端安全带。侧安全地带是由跑道中心线向外延伸一定距离的区域，对于大型机场这个距离应不小于150m，在这个区域内要求地面平坦，不允许有任何障碍物。在紧急情况下，可允许起落架无法放下的飞机在此地带实施硬着陆。道端安全地带是由跑道端至少向外延伸60m的区域，建立道端安全地带的目的是为了减少飞机起飞和降落时冲出跑道的危险。在道端安全地带中，有的跑道还有安全停止道，简称安全道。安全道的宽度不小于跑道，一般和跑道等宽，它由跑道端延伸，其长度视机场的需要而定，其强度要足以支持飞机终止起飞时的重量。

3）净空道。净空道是指跑道端之外的地面和向上延伸的空域。它的宽度为150m，在跑道中心延长线两侧对称分布。在这个区域内，除了有跑道灯之外不能有任何障碍物，但对地面没有要求。净空道可以是地面，也可以是水面。

4）滑行道。滑行道的作用是连接飞行区各个部分的飞机运行通路，它从机坪开始连接跑道两端，在交通繁忙的跑道中段设有一个或几个跑道出口和滑行道相连，以便降落的飞机迅速离开跑道，这些称为联络道。滑行道的宽度由使用机场最大的飞机的轮距决定，要保证飞机在滑行道中心线上滑行时，它的主起落轮的外侧距滑行道边线不少于1.5m。在滑行道转弯处，它的宽度要根据飞机的性能适当加宽。滑行道的强度要和配套使用的跑道强度相等或更高，因为在滑行道上飞机运行密度通常要高于跑道，飞机的总重和低速运动时的压强也会比跑道所承受的略高。滑行道在和跑道端的接口附近有等待区，地面上有标志线标出，这个区域是为了飞机在进入跑道前等待许可指令。等待区与跑道端线保持一定的距离，以防止等待飞机的任何部分进入跑道，成为运行的障碍物或产生无线电干扰。

5）跑道标志。跑道上有各式的标志和记号。国际民航组织（ICAO）规定，跑道的标志必须是白色的，而对于浅颜色跑道可通过加黑边的方式来改善显示效果。这些标志通常包括跑道名称、跑道中心线、跑道入口、着陆点、接地区、跑道边界线等。

6）跑道灯光。比较有规模的机场会在跑道装设标准的灯光系统，让飞机在夜间起降。从降落的飞机看，跑道以一排绿色的跑道入口灯开始，在末端以一排红色跑道端灯结束。跑道两侧边缘设有白色的边界灯，蓝（或紫）色的滑行道灯。中线有中心线灯，通常也是白色，但也有在跑道的后段用黄、白灯间隔，在最后段全用黄灯，用以指示跑道尽头。部分跑道有着陆区照明，在距跑道入口3000ft（1ft = 0.3048m）的中线灯两旁装有白灯。

8.2.2 机坪

机坪规划包括三部分：客机坪、货机坪、航空公司停机坪（包括维修机坪）。

广州白云国际机场（见图8-7）作为广东省航空运输的枢纽在华南，特别是珠江三角洲地区的经济发展中发挥重要作用。

图8-7 广州新白云国际机场鸟瞰

1. 客机坪和停机坪

一期工程客机坪面积约90万m^2，可停放大中型客机59架，其中国际机位16个、国内机位43个。在59个机位中，设置49个近机位和10个远机位。远期规划将建可供160~170架飞机停放的客机坪。

停机坪一期工程中规划建设50个机位的过夜机坪，规划E类机位10个、D类30个、C类10个。基地主要进行飞机的C、D检。

2. 机库

维修飞机的大跨度单层建筑物，是飞机维修区的主要建筑。根据飞机维修量及维修项目要求的不同，机库的平面布置、建筑高度、结构形式也有差异，主要取决于下列因素：同时维修飞机的机型及数量、维修的项目和需要检修的程度；机库结构高度和平面布置的要求及限制；机库大门和机库内起重机、工作平台的设置要求；机库内外消防设施的配置要求；场地条件及发展趋势。

根据新机场内维修基地的发展规划，远期将建设三个机库，分三阶段建成。三个机库总面积64000m^2。一期机库先建一座3机位的机库，可同时停放3架波音777型客机和4架窄体客机，其中一个机位专供大修使用，其他机位供D检以下的检修用。一期维修机库建筑面积21400m^2，由机库大厅及辅助用房组成。机库大厅净跨度210m，进深92m，净高25m。

3. 航站楼

（1）航站楼的四项功能　航站楼的功能性设计必须与其建筑设计互相呼应。乘客航站楼具有以下主要功能：推进运输模式的变化（从火车到飞机、从汽车到飞机等）；接待乘客及处理相关手续（登机、海关申报及移民局）；提供乘客各项服务（购物、盥洗、餐饮、会面、商务和会议）。

（2）航站楼的设计特点　机场航站楼应该是出众、令人满意和过目难忘的建筑。作为一项功能性的建筑工程，航站楼是对建筑的组织性、逻辑性、资源性的挑战。作为极为复杂的建筑形式，航站楼在设计上应不带一丝模糊和混淆，使用功能说明清楚，各功能清晰易懂，各路线指示明确。为了减少压抑感（这是现代机场最大的问题），航站楼应提供安静的环境，公共区的自然景观，空间和组织上的正确性，各项功能的使用图示说明（采用结构形式和灯光的处理）。

由于机场航站楼服从于内部的变化和外部的发展，它们同时也应为整体操作灵活而设计；具有局部或整体的可延展性，尤其表现在多方向的设计使主要空间和活动能在不影响整体运行的情况下而被改变；航站楼层面变化的主要作用是提高旅客和行李运输的运行效率。在单层、两层和多层航站楼中选择需要考虑下面四个因素：旅客人数的多少；到达与中转旅客、国内航班与国际航班旅客是否容易混乱；步行距离和机场容量的关系；使用该航站楼的飞机类型和大小。

两层航站楼减少了步行距离，并且可以让旅客从上面那层直接进机舱。因为飞机的门通常有4m高，大部分机场地面与第一层间的高度也就是4m或稍微多一些（5m或6m）。

旅客和行李运输是否容易是决定航站楼各部分形象的主要因素。非旅客的空间与设施都应从属于旅客的空间与设施。旅客人流、航站楼空间及航站楼结构间互相影响也是一个重要因素。计划中或实际航站楼的结构制约着其他各项建设。建筑设计必须符合旅客关于如何通

过航站楼的观点。设计者也应该从航空公司工作人员的角度来设计航站楼的结构。通过建筑设计，一层或二层的旅客通道和在同一层或不同层的行李通道的功能应该得到增强，而不是削弱。

由于多层航站楼本身就比较复杂，所以设计的任务是建立高效的运输模式并给人以清楚的方向感。设计应鼓励人们利用建筑上提供的标志去寻找他们要去的方向。这就意味着利用日光和太阳光作导向帮助，利用结构要素提示主要路线和大厅的方向，利用内部容积大小表明人流的类型。一些重要关口，如主要入口（图8-8所示为美国旧金山国际机场入口）、检票处和海关在设计时应该用不同的标志标出。材料、颜色、纹理及外表形象的选择应显示出航站楼中重要关口。

图8-8 美国旧金山国际机场入口

（3）机场航站楼的灵活性和永久性 机场中唯一基本的、相对稳定的部分是跑道，其他都可能变化，如飞机本身、停机坪、登机桥。因此，当新的机场方案提出时，机场的每一部分除跑道外部必须相适应。虽然跑道可加长、拓宽或加固，但基本的直线和形态是不变的。航站楼则不然，必须能在各个方向上扩展。当引入新型飞机时，它们与飞机停机位的关系也必须调整，航站楼必须与之相适应，而不是跑道。新的大型飞机将使出发休息区、航空区走廊、伸缩性平台及登机桥变化。航站楼的设计应尽可能在运作上有灵活性，其内部变化频率为8个月间隔。在21世纪，航站楼的变化速度将更快，这意味着机场航站楼必须适应“无限的灵活性”的需要，并应设计成以模数为单位的集合体，由“长期设施管理系统”确定布置方案。

（4）机场航站楼的设计发展趋势

1）大流程量、舒适度导致航站楼建筑空间变化的趋势。航站楼功能的复杂化和建筑层的增多，使得内部交通更趋复杂。同时，现代大型航站楼除了要满足流程需要外，还增加了为提高机场运营效率而设的商业层，专门经营零售业和餐饮业，在旅游胜地为观光客设的观光层。与流程密切相关的，作为陆空联系纽带的航站主体，随着陆侧和空侧交通的多层化，也加重了航站楼内部交通的负担。另外，作为航站楼一部分的空侧单元随规模的变化，其本身的内部交通也有复杂化的趋势。此外，建筑技术的升华带来了玻璃与钢建筑，大规模的无柱空间、单元式结构和大跨度屋顶的航站楼的空间发展趋势。

如日本从传统的机场屋顶（见图8-9）到新型的屋顶（见图8-10）的转化可以看出建筑结构的转化。

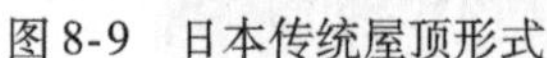
图8-9 日本传统屋顶形式

图8-10 日本关西机场屋顶处理

2）作为时代象征的航站楼，注重生态、新技术新材料应用的趋势。于1995年开始启用的日本大阪关西国际机场是注重生态、体现新技术新材料运用的典范。它的设计比例、复杂程度、工程规模和精湛技术都与众不同。关西机场是第一个完全建在人工岛上的机场。为了减小生态影响，它的外观呈开放型、曲线形。它也是第一个借助不同的灯光和结构形式的机场，使旅客经过航站楼时很容易找到前进的路线；是第一个把建筑涂上跟飞机一样颜色的机场；也是第一个发展成为一个多功能（不只是一个机场）的交通中心的机场。关西机场被公认为21世纪机场的代表，它的构思是适合21世纪的：强调机场的公共运输功能，为旅客提供了明确的方向，注重生态，体现新技术新材料的应用——所有这些都体现出机场建设的新趋势。凡到过关西机场的旅客，无不对它巧妙融合的建筑样式留下深刻的印象。醒目可见的巨大弧形屋梁和圆形支柱，并非毫无意义，它给人一种秩序井然的感觉。同时，柱、拱梁、梁架和闪烁的灯光指引着疲惫的旅客前进、转弯、最后又走到一起。该航站楼长1.6km，里面的不同灯光和结构给人不同的指示意义。在关西机场的航站楼，不同地方采用不同的结构和空间形式，以标识主要路线，真正体现出空间利用的层次。

3）作为城市、国家门户标志的建筑风格与造型的发展趋势。这是关于国际性和体现地方特色的讨论。其中有两种倾向，强调地方及民族特征的建筑设计，包含在整个建筑设计之中。

4）采用新方法，有效控制成本，增大商业等盈利面积，设计更趋经济、合理。

5）机场航站楼设计发展的综合趋势。航站楼成为技术、经济、文化的统一体。

通常而言，机场航站楼的设计希望未来的机场是：

1）灵活和可延伸的设计。

2）使乘客和使用者感到亲切和友善。

3）强调设计中的安全保护。

4）考虑建筑材料和大楼服务功能的环境因素。

思考题

1. 你认为怎样规划机场更加合理？机场需要增加什么功能？
2. 你觉得机场应该布置在城市的什么地方才能发挥更大的作用？
3. 你认为机场怎样设计和布置才能更好地防止恐怖分子的袭击？
4. 未来的机场设计应该向哪些方面发展？

9

第9章

港口工程

港口工程是兴建港口所需工程设施的总称，是供船舶安全进出和停泊的运输枢纽。港口工程原是土木工程的一个分支，随着港口科学技术的发展，现在已逐渐成为相对独立的学科，但仍和土木工程有密切的联系。

9.1 港口规划与布置

9.1.1 港口的组成

港口，按所处位置分河口港（位于河流入海口或受潮汐影响的河口段内，兼为海船和河船服务）、内河港（位于天然河流或人工运河上的，包括湖泊和水库上的）、海港（位于海岸或海湾内，也有在深水海面上的）；按用途分为商港、工业港、旅游港、军港、渔港和避风港。

港口的水工建筑物有：

（1）防波堤　位于港口水域外围，作用是抵御风浪，保证港内有平稳水面。防波堤一般有斜坡式防波堤（指堆石防波堤和堆石棱体上加混凝土护面块体的防波堤）、直立式防波堤（指重力式防波堤，由重力墙组成；以及桩式防波堤，由钢板桩或大型管桩构成连续墙身）、混合式防波堤（上述两种防波堤的综合体）等三种。

（2）码头　供船舶停靠、装卸货物和上下旅客用。目前广泛采用的是直立式码头，便于船舶停靠和装卸机械直接开到码头前沿，以提高装卸效率。码头的结构形式有重力式码头（靠码头墙体自重或码头结构内的填料重力保持稳定）、高桩码头（由打入土中的基桩和支承在桩顶的梁、板组成）、板桩码头（由板桩墙和锚碇设施组成）等三种。

（3）修船和造船水工建筑物　指修、造船舶的船坞和新建船舶的船台滑道。

9.1.2 港口规划

1. 货物吞吐量

货物吞吐量是指在一定时期内由水运进出港区范围，并经过装卸的货物数量，单位为t，它是衡量港口生产任务大小的主要指标，是进行港口规划建设的依据。其货类构成、数量和主要流向，反映该港在国内外物资交流中所起的作用。关于货物吞吐量的统计范围、计算方法，国家有统一规定。

2. 港口腹地

港口腹地是指港口吞吐货物和旅客集散所及的地区范围。腹地内的货物经由该港进（出）在运输上是比较经济合理的，其范围一般通过调查分析确定。港口腹地分为：直接腹地和中转腹地。通过各种运输工具可以直达的地区范围称为直接腹地；经过港口中转的货物和旅客所到达的地区范围称为中转腹地。

3. 港口作业区

一个港口，为了便于生产管理，一般根据货种、吞吐量、货物流向、船型和港口布局等因素，将港口划分为几个相对独立的装卸生产单位，称为港口作业区。划分作业区可使同一货种最大限度地集中到一个作业区内进行装卸，因而可以提高机械化、自动化程度和充分发挥机械设备的效率，提高管理水平，避免不同货物的相互影响，防止污染，保证货物的质量和安全，便于货物的存放和保管，充分利用仓库能力等。

4. 吞吐量不平衡系数

吞吐量不平衡系数是反映港口吞吐量不平衡的一种指数，有日不平衡系数和月不平衡系数等多种，主要根据实际需要进行统计，通常应用最多的是吞吐量月不平衡系数。港口吞吐量不平衡系数反映受工农业生产的季节性和货种、船型变化、船舶到港不均匀及自然条件等诸多因素的影响，引起港口装卸工作的不平衡性。吞吐量月（日）不平衡系数的计算公式为：

吞吐量月（日）不平衡系数 = 最大月（日）吞吐量/月（日）平均吞吐量

吞吐量月不平衡系数是测定港口建设规模和通过能力的一个重要参数。在设计码头时，通常根据货种及港口的具体情况（新建港口参照相近港口正常生产完成情况），一般采用不少于连续三年的统计资料确定。

5. 港口总体规划

（1）港址选择　港口的建设地点的选择是在港口布局的基础上进行，这是港口设计工作的先决条件。一个优良港址应满足下列基本要求：

1）有广阔的经济腹地。

2）与腹地有方便的交通运输联系。

3）与城市发展相协调。

4）有发展余地。

5）满足船舶航行与停泊要求。

6）有足够的岸线长度和陆域面积，用以布置前方作业地带、库场、铁路、道路及生产辅助设施。

7）应注意能满足船舰调动的迅速性，航道进出口与陆上设施的安全隐蔽性以及疏港设施及防波堤的易于修复性等。

8）对附近水域生态环境和水、陆域自然景观尽可能不产生不利影响。

9）尽量利用荒地劣地，少占或不占良田，避免大量拆迁。

（2）港口规划　根据国民经济发展的方针、国内外贸易增长的需要，对港口建设发展进行全面系统的技术经济调查研究，并提出建设方案，成为港口规划。港口发展建设的规划要适应形势发展，对其内容进行相应调整和改进。港口规划分港口布局规划、港口总体规划和港口总图规划三类。

1）港口布局规划是在海运规划（全国的或某区域的）或流域规划（或某江某河的规划）的基础上进行的。其内容主要是根据工农业生产发展，地区资源条件，结合工矿企业、城镇、铁路交通、水利等的布局，提出港站位置的合理安排，并相应地进行港址选择。

2）港口总体规划是一个港口建设发展的具体规划，根据远、近期客货吞吐量、货物种类及其流量流向，经过多方案的分析论证后，提出港口发展建设的分区、分期、分阶段的具体安排。

3）港口总图规划是根据港口客货规划吞吐量、货物种类、流量流向和进港船型，对一个港口的进港航道、港池、锚地、码头、仓库货场、铁路及装卸工艺等整套设施进行充分的分析研究，使其组成一个完整的系统，彼此之间既相互协调又灵活，并留有发展余地，达到装卸工艺合理、先进，装卸效率高、投资省、建设快等要求。吞吐量是港口规划的基本依据，直接影响规划的质量，规划前或规划中需反复进行调查研究、落实。

港口规划按时间分，有近期规划、远景规划，三年、五年规划和十年、十五年规划等多种。

（3）港区　港区是指港界范围以内由港务部门管理的区域（包括陆域和水域）。根据港口具体情况和吞吐量的大小，为充分发挥港口设备能力，便利装卸管理，可将港区划分为几个作业区。划分港区范围一般按以下原则考虑：

1）便利港口水陆联运和港区内外联系。

2）密切与城市规划配合，使港区作业区尽可能便于为工矿企业和城市服务。

3）远近结合，近期与现实结合，平战结合，既要充分发挥现有设备能力，又要考虑留有充分发展的余地，做到陆域合理使用，水域深水深用，浅水浅用。

（4）港界　港界是指港口水域、陆域的边界线。根据地理环境、航道情况、港口设备、港内企业、港内生产管理的需要并留有一定发展余地的原则进行规定。港界划定后由港务部门统一管理，以保证船舶在港内安全停泊和行驶，保证港口建设有计划、有步骤地合理进行。港界一般利用海岛、岬角、海岸凸出部分、岸上显著建筑物或设置篱墙、灯标、灯桩、浮筒等作为标志。

（5）港口货物装卸量　港口货物装卸量是指进出港区范围，并经过装卸的货物数量。它与吞吐量的区别是不限定由水运运进或运出港区范围，在一定程度上反映港口的装卸工作量。从车船内卸下的进港物资或装上的出港物资各计算一次装卸量。一般情况下，一吨货物经港口装卸要算两个装卸量，只在个别情况下才只有一个装卸量，如建港物资就只有一个装卸量。

（6）泊位能力　泊位能力是指一个泊位在一年中能够装卸货物的最大吞吐量，以t表示。它是确定港口通过能力的主要组成部分，其大小取决于码头装卸设备情况和效率、管理水平、船舶到港不平衡情况和泊位年工作天数等多种因素。确定了泊位能力，在港口规划建设中，根据港口吞吐任务，就可以计算需要的泊位数量和码头线的长度。

（7）库（场）通过能力　库（场）通过能力是指港区仓库或货场在一年中能够通过的最大货物数量，以t表示。仓库（场）能力是港口通过能力的重要组成部分之一。它与库（场）的有效面积、单位面积堆存量及货物平均堆存期等许多因素有关。

（8）疏（集）运能力　大量货物由船舶运进（或运出）港口，需由转运船舶、铁路、公路及其他运输工具将货物疏散出去（或集中起来）。这类将货物疏散（或集中）的各类运

输工具（方式）的能力，统称为疏（集）运能力。港口的疏（集）运能力与主要水运（一般指长途）能力需要保持平衡或稍有富余，才能使港口经常保持畅通而不致发生阻塞或导致水运能力的浪费。

（9）港口通过能力　港口通过能力是指在港口一定设备条件下，按合理的操作过程、先进的装卸工艺，在一定的时间（年、月、日）内装卸船舶所能完成的货物最大数量，以t表示。港口通过能力是港口所有泊位通过能力的总和，须在分货类计算的基础上进行。港口通过能力主要由泊位、库场、铁路装卸线、道路等部分所组成，其中泊位能力是主要的，港口通过能力经常受到薄弱环节能力的限制，其大小与劳动组织、管理水平、设备状况和数量、船型、车型、机型等有关，也受货物种类及其比重变化情况、生产的季节性、车船到港的均衡性等许多因素的影响。

（10）港口综合通过能力　港口综合通过能力是指结合货物种类、船舶类型、操作过程及其在装卸作业中所占的比重计算确定的港口通过能力的综合数值，以t表示。计算时，在时间范围、货物、船型的分类上，口径要一致。如计算库场通过能力，先分别计算通过库场各类货物的通过能力，再根据各类货物各占入库数量的比重进行计算。又如计算货种与操作过程已经固定的专业化码头泊位的通过能力，可先分别按该码头泊位作业的主要船型计算泊位装卸各类船舶的通过能力，再计算综合通过能力。

（11）码头专业化　码头专业化是建立在码头专业分工基础上的。专业化显著提高了装卸船舶的效率，降低了装卸与运输成本。由于结合了货种、流向及船型、车型，选择了完善的高效率装卸机械设备，装卸船舶效率必然会成倍提高。但专业化也是有条件的，这个条件就是必须要有一定数量的吞吐量，否则通过能力即使很大，也不能很好地发挥作用。码头专业化是基于装卸工艺的简单化（单一）和标准化之上的，装卸工艺简单化才有可能实现装卸工艺标准化，有了装卸工艺标准化，装卸质量才能得到确实的保证。因此，码头专业化总是按货物种类、流向及船型或航线来划分的。码头专业化与货物和船型的规格化、标准化相结合，会使港口通过能力显著提高。集装箱码头装卸集装箱船舶的通过能力高于普通杂货码头的通过能力的数倍，就是这方面最好的说明。

（12）港口工程建议书　在港口建设前期工作中，要求建设单位编制项目建议书。建设单位结合港口规划，可开展预可行性研究，即对项目进行意向性研究。这种研究比较粗糙，主要依靠笼统的估计而不是详细的分析，费用估计一般从可比较的现有项目中得出。在此基础上编制项目建议书，待项目建议书批准后，方可进行下一步的可行性研究。项目建议书包括的内容有：

1）项目建设的必要性和主要依据。

2）建设规模、建设地点的初步设想。

3）具体建设条件和外部协作要求。

4）资金估算和筹措设想及偿还能力的预测。

5）建设工作的初步安排。

9.1.3　港口的布置

1. 港口总体布置

港口的总体布置（见图9-1）包括码头的布置，水域、陆域面积的大小，库场与码头泊位的相对位置，作业区的划分及港内交通线路的布置等。港口的总体布置合理，不仅能充分利用港区的自然条件，避免大量的开挖和填方，减少外堤长度，保证最小的建筑工程量和最低的建筑费用，而且能使船舶方便安全地进出港区、靠离码头、进行作业。由于水陆运输线路在港内衔接良好，使港口与内陆和城市有便利的交通联系，内河船和海船、车辆与船舶能尽可能靠近，这就有可能提高船舶装卸效率，充分利用泊位生产能力。港区布置紊乱，不仅会造成船舶在港作业过程中的多次移泊，而且也可能造成多作业环节的相互干扰，进而影响到装卸效率，限制港口的通过能力。

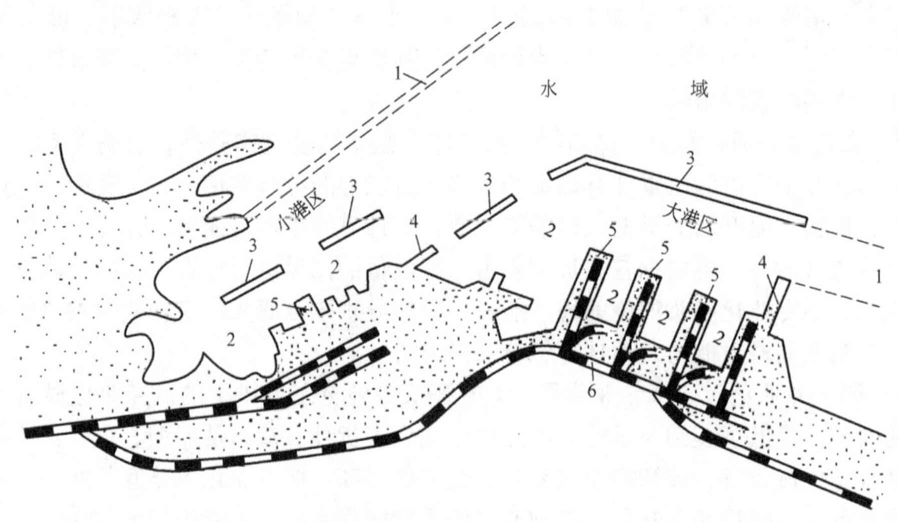

图9-1 一般港口总平面示意

1—进港航道 2—港池 3—岛堤 4—突堤 5—码头 6—铁路

2. 港口工程可行性研究

港口工程可行性研究是在项目建设前必须进行的各项投资前研究工作的最重要阶段，其主要内容是通过全面的调查研究和必要的钻探、测量等工作，进行技术、经济论证，分析、判断建设项目的技术可行性和经济合理性，为确定拟建工程方案是否值得投资提供科学依据。

可行性研究视工程的规模一般分为两阶段，即初步可行性研究和工程可行性研究。对小型不复杂的港口工程也可直接进行工程可行性研究。工程可行性研究审查批准后，可编报设计任务书。设计任务书批准后，可进行初步设计和现场施工前准备工作，即进入工程建设的第二阶段，设计和施工阶段。

初步可行性研究是项目建议书和工程可行性研究之间的中间阶段。在此阶段，有必要对不同可比方案作出可能的粗略的分析、比选，故在内容结构上应与工程可行性研究基本一致，仅在论证所依据的数据资料来源和精确程度不如后者。初步可行性研究更应着眼于投资的可能性。只有当项目在经济方面没有值得怀疑的地方时，才可以越过初步可行性研究阶段。

工程可行性研究的内容，一般包括：

1）工程项目的历史。

2）港口现状的评价。

3）预测运量发展。

4）建设的合理规模。

5）建设条件和港址。

6）工程项目方案。

7）协作条件。

8）施工条件及建设工期。

9）企业组织管理和人员编制。

10）项目对环境的影响。

11）投资估算及投资效益分析。

12）结论及建议。

9.2 港口建筑

9.2.1 码头

1. 码头断面形式

码头按断面形式分类可分为直立式、斜坡式、半直立式、半斜坡式和多级式等（见图9-2）。

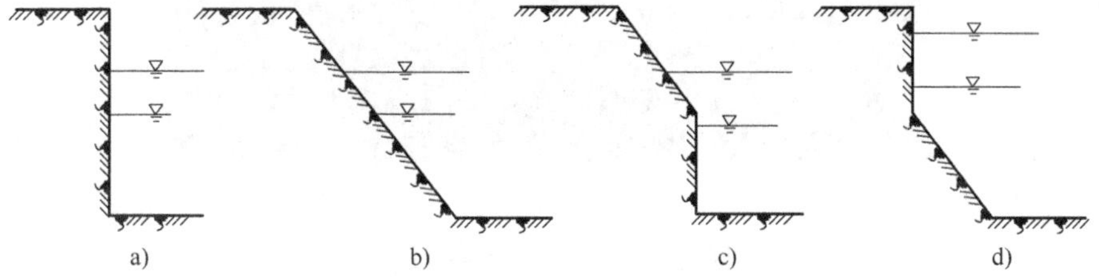

图9-2 码头的主要断面形式

a）直立式 b）斜坡式 c）半斜坡式 d）半直立式

采用最广泛的是直立式码头，多用于水位变化幅度不大的港口，方便船舶停靠和机械直接驶入码头，以提高装卸效率。在内河水位差大的地区可采用斜坡式码头（见图9-3a），其斜坡道前方设有趸船可作码头使用；但这种码头由于装卸环节多，机械难于靠近码头前沿，装卸效率低。在水位差较小的河流、湖泊中和受天然或人工掩护的海港港池内也可采用浮码头，如图9-3b所示。浮码头的趸船随水位变化而上下浮动；斜坡式码头的趸船随水位变化而垂直岸线方向移泊。浮码头借助活动引桥把趸船与岸连接起来，一般用作客运码头、轮渡码头及其他辅助码头。多级式码头用于水位差大、洪水期不长的上游河港。

2. 码头结构形式

码头按结构形式分类可分为重力式、高桩式、板桩式和混合式等。主要根据使用要求、自然条件和施工条件综合考虑确定。

（1）重力式码头 有整体砌筑式和预制装配式，主要靠建筑物自重和结构范围的填料

a)

b)

图 9-3　斜坡式码头和浮码头

a）辽宁长兴岛北港区斜坡式码头　b）青岛奥林匹克帆船中心浮码头

重量保持自身稳定。重力式码头结构整体性好，坚固耐用，损坏后易于修复，但自重大，地基应力大，适用于地质条件较好的地基，如珠海的高栏港码头。

（2）高桩式码头　由基桩和上部结构组成，桩的下部打入土中，上部高出水面，上部结构有梁板式、无梁大板式、框架式和承台式等。高桩码头属透空式结构，波浪和水流可在码头平面以下通过，对波浪不发生反射，不影响泄洪，并可减少淤积，适用于软土地基。近年来广泛采用长桩、大跨结构，并逐步用大型预应力混凝土管桩或钢管桩代替断面较小的桩，而成为管桩码头。

（3）板桩式码头　由板桩墙和锚碇设施组成，并借助板桩和锚碇设施承受地面使用荷载和墙后填土产生的侧压力。板桩码头结构简单，施工速度快，除特别坚硬或过于软弱的地基外，均可采用，但结构整体性和耐久性较差。

3. *码头的布置形式*

码头按布置形式分类可分为顺岸式、突堤式、挖入式、蹲式等（见图 9-4）。

顺岸式码头应用较普遍，多用于河港、河口港及部分中小型海港，其码头线与原岸线平行或基本平行，有陆域宽阔、输运交通布置方便、工程量小等优点。突堤式沿线与自然岸线成较大角度，它的交角一般不小于45°且不大于135°，主要用于海港，如用于管道输送的油码头等。蹲式码头为非连续结构，在开敞式码头的建设中应用较多，主要用来装卸石油散货，对于不设引桥的蹲式码头又称为岛式码头，是远离海岸的一种码头。在地形条件适宜或岸线不足时可采用挖入式码头，是在岸上开挖出来的港池，其优点是：可延长码头岸线，多建泊位，掩护条件较好。

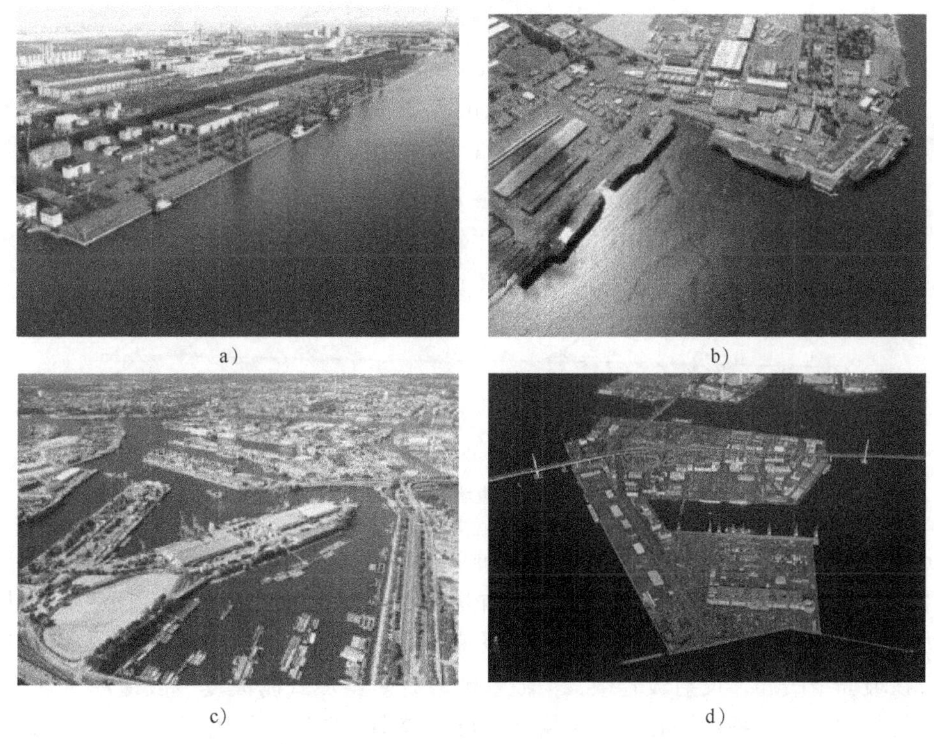

图9-4 码头布置形式图

a）顺岸式码头：中国曹妃甸港 b）突堤式码头：美国圣迭戈航母基地 c）挖入式码头：德国汉堡港 d）蹲式码头：日本横滨大黑码头

9.2.2 防波堤

1. 防波堤的作用

作为人工掩护沿海港口的重要组成部分，防波堤的主要作用是防御波浪对港口水域的侵袭，阻断波浪的冲击力，同时围护港池、维持港口水面平稳，以保护港口免受坏天气影响，便于船舶在港口的安全停泊和装卸作业。防波堤还可起到防止波浪冲蚀岸线、防止泥砂和浮冰侵入港内、保证港内水深的作用。有的防波堤内侧还可兼作码头，此时可称为防波堤—码头。

2. 防波堤的结构布置及分类

防波堤按平面形式可划分为突堤和岛式两类。突出水面伸向水域与岸相连的部分称为突堤，立于水中与岸不相连的部分称为岛堤。为使水流归顺，减少泥砂侵入港内，堤轴线常布置成环抱状。防波堤的堤线布置形式有单突堤式、双突堤式、岛堤式和混合式。

防波堤按照其断面形状及对波浪的影响可分为：斜坡式、直立式、混合式、透空式、浮式，以及配有喷气消波设备和喷水消波设备的等多种类型。一般多采用前三种类型（见图9-5）：

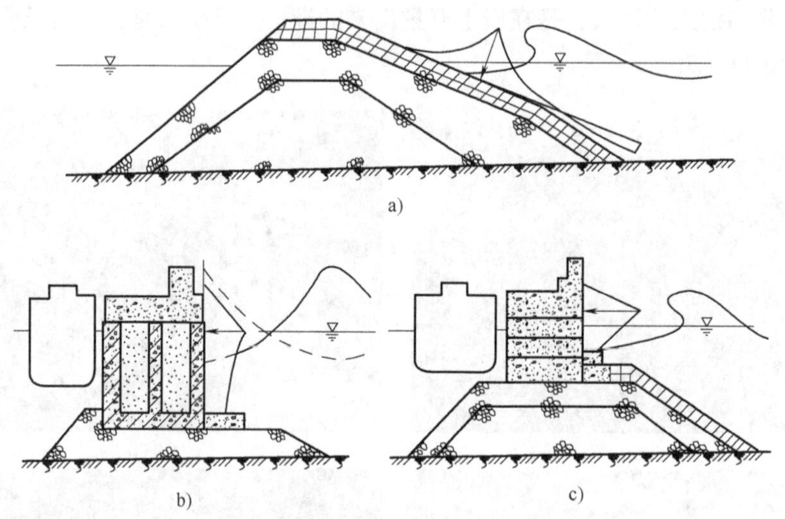

图9-5　防波堤的主要结构形式

a）斜坡式　b）直墙式　c）混合式

（1）斜坡式防波堤　斜坡式防波堤是一种简单的形式，在港口工程中得到了广泛的应用。常用的形式有堆石防波堤和堆石棱体上加混凝土护面块体的防波堤。斜坡式防波堤对地基承载力的要求较低，可就地取材；施工较为简易，不需要大型起重设备，损坏后易于修复；波浪在坡面上破碎，反射较轻微，消波性能较好。斜坡式防波堤一般适用于软土地基。其缺点是材料用量大，护面块石或人工块体因质量较小，在波浪作用下易滚落走失，须经常修补。世界上最大的斜坡堤工程位于葡萄牙首府里斯本以南100km锡尼斯的大型工业港，防波堤全长2km，最大水深达50m，抛石堤外侧采用两层42t重的扭工字块体作护面，1978年竣工，总投资达到25亿美元。

（2）直立式防波堤　具有直立或接近直立的墙面，可分为重力式和桩（包括板桩）式。重力式一般由墙身、基床和胸墙组成，墙身大多采用方块式沉箱结构，靠建筑物自重保持稳定，结构坚固耐用，材料用量少，其内侧可兼作码头，适用于波浪及水深均较大而地基较好的情况。其缺点是波浪在墙身前反射，消波效果较差。桩式一般由钢板桩或大型管桩构成连续的墙身，板桩墙之间或墙后填充块石，其强度和耐久性较差，适用于地基土质较差且波浪较小的情况。直立堤发生整体破坏的后果较严重，修复困难。

（3）混合式防波堤　采用较高的明基床，是直立式上部结构和斜坡式堤基的综合体，适用于水较深的情况。目前防波堤建设日益走向深水，大型深水防波堤大多采用沉箱结构。在斜坡式防波堤上和混合式防波堤的下部采用的人工块体的类型也日益增多，消波性能越来越好。

9.2.3　修船和造船水工建筑物

分为船台滑道和船坞两种。

（1）船台滑道（见图9-6）待修船舶通过船台滑道被拉曳到船台上，修好船体水下部分以后，沿相反方向下水，在修船码头进行船体水上部分的修理和安装或更换船机设备。新建船舶在船台滑道上组装并油漆船体水下部分后下水，在码头安装船机设备和油漆船体水上部分。

图9-6 船台滑道

（2）船坞 分为干船坞和浮船坞。

1）干船坞（见图9-7a）为一低于地面、三面封闭一面设有坞门的水工建筑物。待修船舶进坞后，关闭坞门，把水抽干，修好船体水下部分后灌水，使船起浮，打开坞门，使船出坞。新建船舶在坞内组装船体结构，油漆船体水下部分和安装部分船机设备后出坞，然后进行下一步工作。

2）浮船坞（见图9-7b）由侧墙和坞底组成。修船时先向坞舱灌水使坞下沉，拖入待修船舶后，排出坞舱水，使船舶坐落坞底进行修理。在浮船坞新建船舶的建造情况和干船坞相似。浮船坞可系泊在船厂附近水面上，也可用拖轮拖至他处使用。

a)

b)

图9-7 船坞

a）干船坞 b）浮船坞

船台滑道和船坞均要求有坚固的基础以承受船体传下的巨大压力。在软弱地基上修建时，一般采用桩基础。在透水性土上修建大型船坞时，一般采用减压排水式结构，用打板桩或采取人工排水设施降低地下水位，减少空坞时地下水对坞底板产生的巨大浮托力和坞墙的侧压力。

9.3 港口施工

港口工程施工有许多地方与其他土木工程相同之外，还有自己的独特的要求。港口工程往往在水深、浪大的海上或水位变幅大的河流上施工，水上工程量大，质量要求高，施工周期短。一些海港还受台风或其他风暴的袭击，所以要求尽可能采取装配化程度高、施工速度快的工程施工方案，尽量缩短水上作业时间。

港口工程常遇到软土地基，使在软土上建造的港口建筑物出现各种工程事故，造成巨大损失。应从软土地基加固、改善地基应力状态、建筑物的结构和基础类型等方面着手，保证工程建成后的正常使用。由于施工方法不当或对风暴的生成机理和破坏性认识不足，措施不力，造成施工期间建筑物的破坏事例时有发生，应引以为鉴。

思 考 题

1. 港口由哪些部分组成?
2. 港口工程可行性研究的内容包括哪些?
3. 简述码头的类型及各自特点。
4. 简述防波堤类型及各自的特点。

第10章

10

隧道工程及地下工程

随着社会的进步，科技的不断发展，人类正在不断地向宇宙、海洋、地下进行探索；并且也正在向宇宙、海洋、地下开发利用。向地下开发可以归结为地下能源的开发、地下资源的开发和地下空间的开发三个方面。我国城镇化的发展使得地下空间的开发利用变得尤为重要。现今地下空间的利用开发也正由“线”的开发利用向大断面、大距离的“空间”开发利用进展。

从1863年英国伦敦建成世界上第一条地铁开始，地下空间逐步被人类有序、经济、合理、高效地开发和利用。20世纪80年代，国际隧道协会（ITA）提出“大力开发地下空间，开展人类新穴居时代”的口号。很多国家也看到了开发地下空间的重要性，并且将地下开发作为一项国策。事实上，人类很早以前就知道利用自然洞穴作为住处。当社会发展到能制造挖掘工具时，就出现了人类挖掘的隧道。从某种意义上讲，地下空间的利用历史是与人类文明史相呼应的，大致可以分为四个时代。

第一时代，从人类出现至公元前3000年的远古时期，原始人类利用洞穴居住。

第二时代，从公元前3000年至5世纪的古代时期，埃及金字塔、古巴比伦引水隧道等均为此时代的经典建筑。我国东周及秦汉时期的陵墓和地下粮仓，已经初具规模。

第三时代，从5世纪到14世纪的中世纪的古代时期。约于公元7世纪，我国隋末唐初时的孙思邈在《丹经》一书中记载了黑火药的制法，公元1225年以后传入伊斯兰国家，13世纪后期传到欧洲，世界范围矿石开采技术出现，推动了地下工程的发展。

第四时代，从15世纪开始的近代与现代。近代隧道兴起于运河时期，从17世纪起，欧洲陆续修建了许多运河隧道。法国的兰葵达克运河隧道，建于1666~1681年，长157m，它可能是最早用火药开凿的隧道。1830年前后，铁路成为新的运输手段。1866年瑞典人诺贝尔发明了黄色炸药，为开凿坚硬岩石创造了条件。

我国成规模的地下空间利用始于陕北的窑洞，大规模有计划地建设则始于20世纪30年代抗日战争中。我国新一轮的城市地下空间开发始于地下铁路的建设。1965年北京建设地下铁道，一期工程自北京站至苹果园，全长24.17km，明挖法施工；二期工程为环线，于老城墙下修建，全长16.1km，浅埋明挖法施工；复兴门地铁车站及折返线，位于建筑物与地下管线密集的街区，采用了浅埋明挖法施工。20世纪60年代，上海修建了打浦路水底公路隧道。70年代，我国修建了大量地下人防工程，其中相当一部分目前已得到开发利用，改建为地下街、地下商场、地下工厂和储藏库。80年代上海建成延安东路水底公路隧道，全长2261m，采用直径11.3m的超大型网格水力机械盾构掘进机施工。1985—1987年，上海建成黄浦江上游引水隧道一期工程，日引水量达230万t；建成的人民广场地下车库，平面尺寸为176m×146m，深11m。90年代以来，我国城市地下交通与市政设施加快了修建速度。目前，北京、上海、广州、深圳已经建立了比较完善的地铁交通体系，随着我国城市经济的发展，我国的地下工程进入了蓬勃发展的时期。

现代地下工程的发展非常迅速，世界各典型的地下工程数不胜数。太行山隧道（见图10-1），是目前我国最长的山岭隧道，为双孔单线，穿过海拔为1311m的太行山山脉主峰越宵山，最大埋深445m，两线间距35m，下行线全长27839m，上行线全长17848m；青藏铁路风火山隧道，全长1338m，轨道面海拔4905m，是世界上海拔最高的隧道，也是世界上海拔最高的高原冻土隧道，被誉为“世界第一高隧道”；秦岭终南山特长公路隧道，是亚洲及中国最长的公路隧道，也是世界最长的双孔高速公路隧道，长18.4km，2006年完工后已超过圣哥达隧道成为世界第二长的公路隧道。英法海底隧道，是世界第二长的铁路隧道，长度50.5km，海底长度37.9km，也是世界海底长度最长的海底隧道，跨越英吉利海峡连接英国和法国。中国台湾的雪山隧道，是东南亚最长的公路隧道，也是全世界规模最大的双孔公路隧道群，全长12.9km，跨越雪山山脉支脉连接台北台北县和宜兰县。日本青函隧道，跨越津轻海峡连接日本的北海道和本州，是目前世界最长的铁路隧道，全长53.85km，海底长度23.3km，挪威的洛达尔隧道，是目前世界最长的公路隧道，长度24.5km；美国的德拉瓦隧道，是目前世界最长的输水隧道，全长169km。各类地下电站迅速增长，其中地下水力发电的数目，全世界已超过400座，其发电量达45亿W以上。地下电站的建设是个十分庞大的地下工程。罗戈水电站土石方量510万m^3，混凝土用量160万m^3，开凿隧道、硐室294个，总长度达62km。世界各国修建了大量的地下储藏室，其建造技术得到不断革新。目前城市地下空间（见图10-2）的开发利用，已经成为城市建设的一项重要内容。一些工业发达国家，逐渐将地下商业街、地下停车场、地下铁道及地下管线等结为一体，成为多功能的地下综合体。

图10-1 太行山隧道洞口施工图

图10-2 隧道出口施工

我国大陆第一条海底隧道为厦门翔安隧道（见图10-3a），全长8.695km，其中海底隧道长6.05km，跨越海域宽约4200m，最深在海平面下约70m。2005年9月开工，2009年11月5日，全线贯通，2010年4月26日建成通车。两个主洞分别宽17.2m，双六车道，是世界上断面最大的钻爆法海底隧道，配有服务隧道和先进的消防系统。我国自行建造的第二条海底隧道，胶州湾海底隧道（见图10-3b）是我国目前最长的海底隧道，设计服役100年，也于2011年6月30日正式通车。

a)

b)

图 10-3

a）厦门翔安海底隧道施工 b）青岛胶州湾隧道口

10.1 隧道

世界上最古老的隧道是古代巴比伦城连接皇宫与神庙间的人行隧道，建在公元前2160—公元前2180年。该隧道长约1km，断面为3.6m×4.5m，施工期间将幼发拉底河水流改道，用明挖法建造。该隧道是一种砖砌建筑物。1895—1906年修建的穿越阿尔卑斯山铁道隧道长19.23km。浅埋隧道一般用明挖法施工，埋置较深的隧道则多采用暗挖法施工。

我国最早的交通隧道是位于今陕西汉中县的“石门”隧道，建于公元66年。目前我国公路隧道的建造已取得了迅猛发展，尤其是改革开放以来随着高等级公路的修建，隧道也越来越长。近十年来，每年几乎都有十座以上的隧道建成。我国已建成1000余座公路隧道，长度已超过300km，隧道长1000m以上的有40多座。

10.1.1 公路隧道

1. 公路隧道线形和净空

根据公路设计规范要求，公路隧道平面尽可能采用直线。在必须采用曲线时，应尽可能采用大半径曲线。同时要考虑到洞门位置，以及引线、辅助导坑、通风竖井等辅助设施的位置等。隧道并设或交叉，或接近其他建筑物时，相互间应有足够的距离。洞门是隧道两端的出入口，洞门位置的确定将影响到隧道的长度、线形和施工的难易。纵断面的纵坡，一般在考虑使用要求、施工及排水等条件下尽可能取较平缓的坡度，通常不小于0.3%，且不大于

3%。纵坡坡度的确定，将影响车辆行驶时排出有害气体的数量，施工出渣和运送材料的效率，以及涌水排出的流速等。

隧道净空（Clearance of Tunnel）是指隧道内轮廓线所包围的空间，包括公路隧道建筑限界、通风及其他功能所需的断面积。断面形状和大小应根据结构设计力要求得到最经济值。建筑限界是指隧道衬砌等任何建筑物不得侵入的一种界线。公路隧道的建筑限界包括车道、路肩、路缘带、人行道等的宽度，以及车道、人行道的净高。净空所包括的其他断面中，有通风机或通风管道、照明灯具及其他设备、监控设备和运行管理设备、电缆沟或电缆桥架、防灾设备等断面，以及富余量和施工允许误差等。

2. 公路隧道通风

隧道净空断面的形状是指衬砌的内轮廓形状。隧道净空断面的形状应使衬砌受力合理、围岩稳定。衬砌的形状可采用圆拱直墙。圆形断面利于承压和盾构施工。浅埋、深埋公路隧道采用矩形或近椭圆形断面。公路隧道断面图如图 10-4 所示。

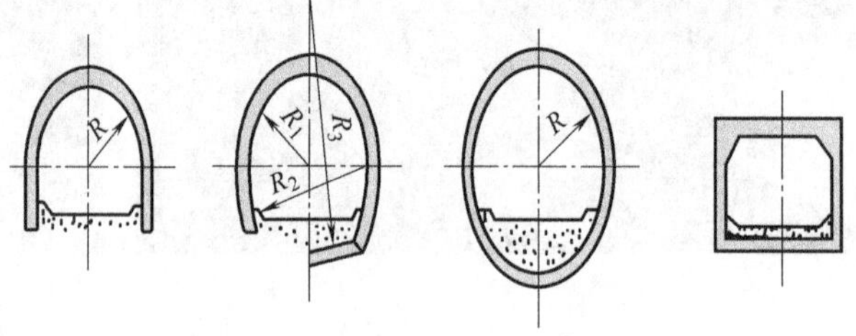

图 10-4 公路隧道主要断面形状

公路隧道的通风是保证公路隧道正常安全使用的重要条件。因为汽车排出的尾气含有多种有害气体，如一氧化碳、氮氧化合物、碳氢化合物、亚硫酸气体和烟雾粉尘等。如果公路隧道通风不畅，隧道内有害气体含量过高，会使人体产生中毒症状，危及生命安全。烟雾含量过高会影响隧道内的视野，降低安全行车视距。造成公路隧道空气污染的主要气体是一氧化碳，采用通风的方式从隧道外引入新鲜的空气降低隧道内有害气体（主要是一氧化碳）的含量，即可保证隧道的安全正常使用。

隧道通风方式的种类很多（见表 10-1），按送风形态、空气流动状态、送风原理等划分如下：

表 10-1 隧道通风分类形式

一、自然通风	
二、机械通风	
	1. 纵向式
	（1）射流式
	（2）风道式和喷嘴式
	（3）竖井式
	2. 半横向式
	3. 横向式
	4. 混合式

（1）自然通风　这种通风方式不设置专门的通风设备，仅仅是利用存在于洞口间的自然压力差或汽车行驶时的活塞作用产生的交通风力可达到通风目的。(见图 10-5)。

图 10-5　自然通风隧道

（2）机械通风　机械通风包括以下几种：

1）射流式纵向通风。纵向式通风是从一个洞口直接引进新鲜空气，由另一洞口排出污染空气的方式。射流式纵向通风（见图 10-6a）是将射流式风机设置于车道的吊顶部，吸入隧道内的部分空气，并以 30m/s 左右的速度喷射吹出，用以升压，使空气加速，达到通风的目的。射流式通风经济，设备费用少，但噪声较大。

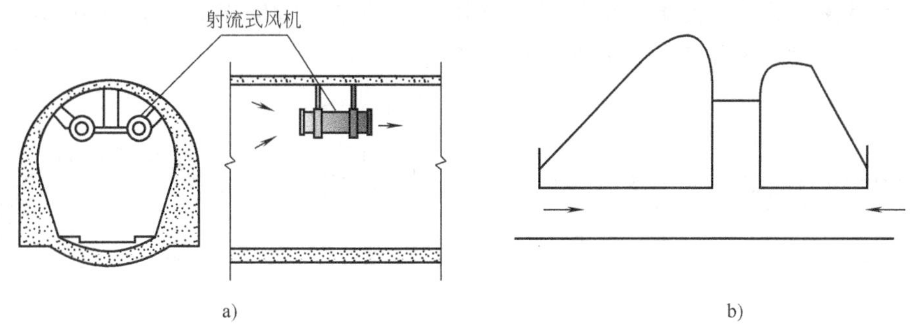

图 10-6　纵向通风
a）射流式　b）竖井

机械通风所需动力与隧道长度的三次方成正比，因此在长隧道中，常常设置竖井（见图 10-6b)，进行分段通风。竖井用于排气，有烟囱作用，效果良好。对双向交通的隧道，因新风是从两侧洞口进入，竖井宜设于中间。对单向交通隧道，由于新风主要自入口一侧进入，竖井应靠近出口侧设置。

2）半横向式通风。半横向式通风的特点是新鲜空气经送风道直接吹向汽车的排气孔高度附近，直接稀释排气，污染空气在隧道上部扩散，从两端洞门排出洞外。半横向式通风因仅设置排风道，所以较为经济。

3）混合式通风。由于不同的隧道具有不同的隧道形式和特殊性，所以对于某些特殊的情况，单一的通风形式可能无法满足正常通风，根据隧道的具体条件和特殊需要，由竖井与上述各种通风方式组合成为最合理的通风系统。

（3）隧道照明　隧道照明是为了防止驾驶员因视觉信息不足引发交通事故。其显著特点是昼夜间均需要照明，隧道照明的设计应保证驾驶人由明亮宽阔的外界进入隧道后仍能认清行车方向，正常驾驶。隧道照明主要由入口照明、基本照明、出口照明与接续道路照明构成。

1）入口照明是指隧道入口处隧道内一段距离的照明。其主要作用是使驾驶人从适应野外的高照度到适应隧道内明亮度所必须保证的视觉照明。它由临界部、变动部和缓和部的三个部分的照明组成。临界部是为消除驾驶人在接近隧道时产生的黑洞效应所采取的照明措施。所谓“黑洞效应”是指驾驶人在驶近隧道，从洞外看隧道内时，因周围明亮而隧道像一个黑洞，以致发生辨认困难，难以发现障碍物。变动部是照亮度逐渐下降的区间。缓和部为驾驶人进入隧道到习惯基本照明的亮度，适应亮度逐渐下降的区间。

2）基本部照明是指入口与出口之间的基本隧道段照明，其主要目的是满足行车视距要求，保证车辆的正常行驶和安全。

3）出口照明是避免汽车从较暗的隧道驶出至明亮的隧道外时，因视觉降低而设的照明。应消除“白洞效应”，即防止汽车在白天穿过较长隧道后，由于外部亮度极高、引起驾驶人因眩光作用而感到不适。

10.1.2 铁路隧道

1. 地铁隧道结构

（1）浅埋区间隧道　浅埋区间隧道多采用明挖施工，常用钢筋混凝土矩形框架结构。图10-7所示为浅埋明挖施工的区间隧道结构形式。

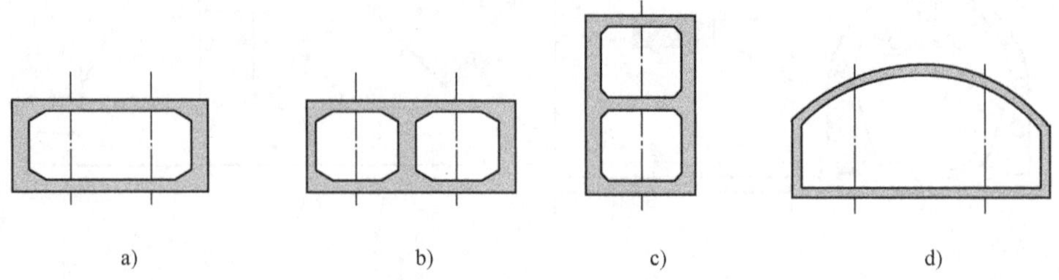

图10-7　隧道结构形式

a）单跨矩形　b）双跨矩形　c）单跨双层　d）单拱形

（2）深埋区间隧道　深埋隧道多采用暗挖施工，常用圆形盾构开挖和钢筋混凝土管片支护。为保证上覆土体的稳定性，结构上覆土的深度应不小于盾构直径。从技术和经济观点分析，暗挖施工时，建造两个单线隧道比建造将双线放在一个大断面的隧道里的做法合理，因为单线隧道断面利用率高，且便于施工。

莫斯科早期地下铁道为适应备战要求采用深埋形式，有的路段深达40~50m。伦敦地铁有的建在30m深左右的黏土层中，利用其不渗水的特点方便施工。

地铁站台是地铁车站的最主要部分，是分散上下车人流、供乘客乘降的场地。根据断面形式的不同把地铁站台布置形式分为单层三跨岛式、单拱岛式、双岛式三种，如图10-8所示。

2. 铁路隧道施工

铁路隧道是修建在地下或水下并铺设铁路供机车车辆通行的建筑物。根据其所在位置可分为山岭隧道、水下隧道和城市隧道三大类。为缩短距离和避免大坡道而从山岭或丘陵下穿越的称为山岭隧道；为穿越河流或海峡而从河下或海底通过的称为水下隧道；为适应铁路通过大城市的需要而在城市地下穿越的称为城市隧道。这三类隧道中修建最多的是山岭隧道，但随着我国城市化进程的加快，城市地铁的建设的要求变得越来越紧迫。

地下铁路的修建方法概括起来主要有两大施工方式：明挖法和暗挖法。

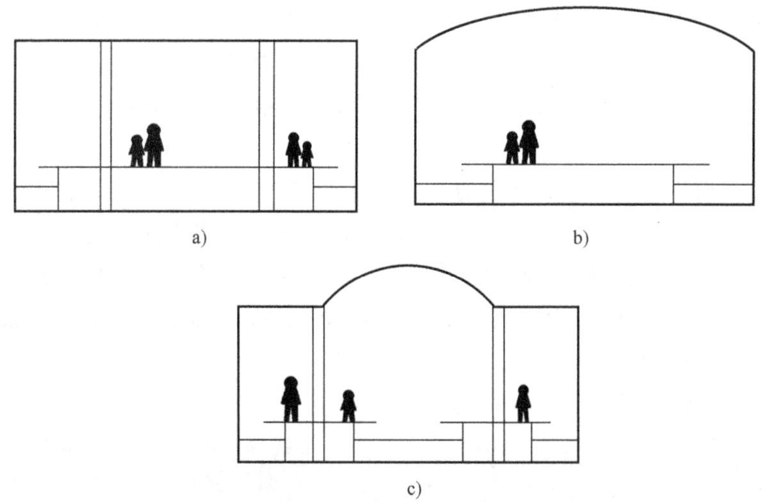

a)　　b)

c)

图 10-8　地铁站台布置形式

a）单层三跨岛式　b）单拱岛式　c）双岛式

（1）明挖法　明挖法是浅埋地下通道最常用的方法，也称作基坑法。它是一种用垂直开挖方式修建隧道的方法（对应于水平方向掘进隧道而言）。基坑法施工是指从地面向下开挖，并在欲建地下铁道结构的位置进行结构的修建，然后在结构上部回填土及恢复路面的施工方法；或者从地面向下开挖，用大号型钢架于两侧钢桩或连续墙上，以维持原来路面的交通运行。后一种基坑法也称为路面覆盖式基坑法或称开壕被覆法（Cut and Cover），我国称为盖板法。

常用的明挖法有三种：

1）敞口放坡明挖。敞口开槽的槽底宽度应根据区间隧道或车站结构宽度的需要，并考虑施工操作空间确定。为了保持边坡稳定，常常需要沿基坑两侧设井点降水。此种方式虽然工程造价较低，但占地宽、拆迁量大。

2）板桩法。一般用工字钢桩，按设计位置打入土层内，形成连续板桩墙或间隔立桩，并架设横板等支撑。基坑在支护的保护下进行开挖。如不设路面覆盖板，则施工范围交通中断，此法称为无路面覆盖式基坑法，多用于公园、广场、居民区等处所。

3）地下连续墙施工法。混凝土连续墙作为挡土墙起支护基坑作用，有的连续墙的顶上（或钢板桩的顶上）加盖钢结构或钢筋混凝土顶板，以供城市交通行驶车辆。

（2）暗挖法　暗挖法有时也称为矿山法，是指不挖开地面，采用在地下挖洞的方式施工。暗挖法通常用于深埋地下明挖法施工受限制的工程，尤其是在坚硬的岩石层中进行矿山巷道掘进。地铁施工多在浅部的松软土层中进行，此暗挖法主要指：

1）盾构法。通常利用地铁车站或通风口等位置开凿竖井，盾构在井内进行拼装，盾构由此沿着地铁路线推进施工，以形成地铁区间隧道。它比明挖法土方量小，地下各种管线和地面建筑物的迁移量小，对城市的交通影响也小。

2）注浆法。在施工范围布置注浆孔，灌入水泥砂浆或其他化学浆液，以使土层固结，故此法也称为灌浆固结法。这样，甚至可以不加支撑开挖竖井或隧道。

3）沉管法。当地下铁道处于航道或河流中时，可采用沉管法（见图10-9）。这是水底隧道建设的一种主要方法。该法施工是在船台上或船坞中分段预制隧道结构，然后经水中浮运或拖运将节段结构运到设计位置，再以水或砂土将其进行压载下沉。当各节段沉至水底预先开挖的沟槽后，进行节段间接缝处理。待全部节段连接完毕，进行沟槽回填，遂建成整体贯通的隧道。

4）顶管法。当浅埋地铁隧道穿越地面铁路、城市交通干线、交叉路口或地面建筑物密集、地下管线纵横地区，为保证交通不至中断和行车安全，可采用顶管法施工。顶管法施工是在做好的工作坑内预制钢筋混凝土隧道结构，待其达到强度后用千斤顶将结构推顶至设计位置。这种施工技术不仅可用于浅埋地铁，还可用于城市供排水管道工程、城市道路与地面铁路交叉点及铁路桥涵等工程。

隧道内路面的施工如图10-10所示。

图10-9 沉管海上沉放

图10-10 隧道内路面施工

10.1.3 水底隧道

1. 水底隧道的埋置深度

水底隧道的埋置深度是指隧道在河床下的岩土覆盖层厚度。埋深的大小关系到隧道长度、工程造价和工期。尤其重要的是，覆盖层厚度关系到水下施工的安全问题。设计水底隧道的埋置深度需考虑以下几个主要因素：

（1）地质及水文地质条件 隧道穿越河床的地质特征、河床的冲刷和疏浚状况。

（2）施工方法要求 不同的隧道施工方法，对其顶部的覆盖层厚度有不同的要求：

1）矿山法施工，埋深的经验数据依围岩的强弱程度取毛洞跨径的1.5~3倍。

2）沉管法施工，只要满足船舶的抛锚要求即可，约1.5m。

3）盾构法施工，经国内外专家多年研究，认为最小覆盖层厚度应为盾构直径的1倍。但不少成功的施工实例并未满足该数值要求。

（3）抗浮稳定的需要 埋在流砂、淤泥中的隧道受到地下水的浮力作用。此浮力由隧道自重和隧道上部覆盖土体的重力加以平衡。工程中为安全起见，该平衡力应是浮力的1.10~1.15倍。在检验抗浮稳定性时，为偏于安全，不计摩擦力的作用。

(4) 防护要求 水底隧道应具有一定的抵御外界影响的能力，如具有可抵御常规武器和核武器的破坏能力。为了达到防护常规武器攻击中非直接命中、减少损失和早期核辐射的防护要求，覆盖层应具有一定的厚度。

(5) 断面形式 断面形式主要有拱形和矩形两种。采用矿山法施工时，一般用拱形断面。采用该断面形式，受力与断面利用率均好。圣比得堡卡诺尼尔水下隧道为双车道公路隧道，有旁侧的人行道和通风道，采用沉管法施工。我国广东港珠澳大桥（见图10-11）中的海底隧道为矩形断面，也是采用沉管法施工而成，长6.7km，是世界最长公路沉管隧道。

图 10-11 广东港珠澳大桥

2. 隧道防水

水底隧道的主要部分长年处于河、海床下的岩土层中，即长期处于地下水位以下，承受上部水头的压力。因此水底隧道自施工到运营均一直面临着防水问题。水底隧道防水的主要措施有：

(1) 采用防水混凝土 防水混凝土主要靠调整级配、增加水泥量和提高砂率，在粗集料周围形成一定厚度的包裹层，切断毛细渗水沿粗集料表面的通道，达到防水抗水的效果。

(2) 壁后回填 壁后回填是对隧道与围岩之间的空隙进行充填灌浆，以使衬砌与围岩紧密结合，减少围岩变形，使衬砌均匀受压，提高衬砌的防水能力。

(3) 围岩注浆 为使水底隧道围岩提高承载力，减少透水性，可以在围岩中预注浆。特别是采用钻眼爆破作业的隧道，通过注浆可以固结隧道周边的块状岩石，以形成一定厚度的止水带，并且填塞块状岩石的裂缝和裂隙，进而消除和减少水压力对衬砌的作用。

(4) 双层衬砌 水下隧道采用双层衬砌可以达到两个目的：①防护上的需要，在爆炸荷载作用下，围岩可能开裂破坏，只要衬砌防水层完好，隧道内就不致大量涌水、影响交通；②防范高水压力，有时虽采用了防水混凝土回填注浆，在高水压下仍难免发生衬砌渗水，在此情况下，双层衬砌可作为水底隧道过河段的防水措施。

3. 海底隧道

海底隧道是为了解决横跨海峡、海湾之间的交通，而又不妨碍船舶航运的条件下，建造在海底之下供人员及车辆通行的海底下的海洋建筑物。

青函海底隧道（见图 10-12a）是一条铁路隧道。它穿越津轻海峡，将日本的本州和北海道连接起来，全长为53.85km，其中海底部分23.3km，其余为陆地部分。在海峡间修建隧道从1939年开始规划，1946年进入调查阶段。1964年青函海底隧道开始施工，1972年进入海底段施工，历经19年，于1983年1月完成贯通。1985年建成隧道，1988年3月正式通车运营。

英国和法国于1986年11月签订协议建设英吉利海峡隧道（见图 10-12b）。该隧道连接英国多维尔市与法国加来市。该铁路隧道建成后可使伦敦到巴黎的时间缩短3h，使铁路可与航空竞争。海峡在此的宽度为36.8km，隧道长度约为51km。

a)

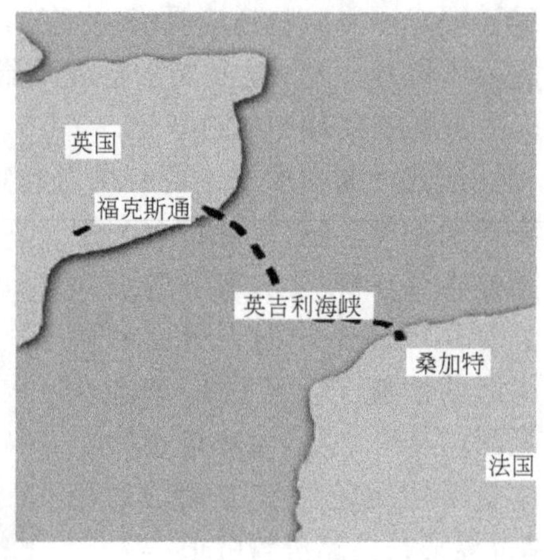

b)

图 10-12 海底隧道

a）日本青函海底隧道 b）英吉利海峡隧道

10.2 地下工程

在地面以下土层或岩体中修建各种类型的地下建筑物或结构的工程，称为地下工程。它包括交通运输方面的地下铁道、公路隧道、地下停车场、过街或穿越障碍的各种地下通道等，军事方面的野战工事、地下指挥所、通信枢纽、掩蔽所、军火库等，工业与民用方面的各种地下车间、电站、各种储存库房、商店、人防与市政地下工程，以及文化、体育、娱乐与生活等方面的联合建筑体等。

在前面隧道工程中也有把地下空间的利用纳入隧道概念的提法，本节所介绍的地下工程，是指除了作为地下通路的隧道和矿井等地下构筑物外的地下工程。

地下水力、核能、火力发电站和压缩空气站，均属于动力类地下厂房。无论在平时或战时，它们都是国民经济的核心部门。

10.2.1 地下电站

1. 地下水电站

地下水电站可以划分为两种主要类型，即利用江河水源的地下水力发电站和循环使用地下水的抽水蓄能水电站。地下水电站可以充分利用地形、地势，尤其在山谷狭窄地带，在地下建站，布置发电机组，十分经济有效。电站建于地下，可获得更大水头压力，并且在枯水季节，水位较低时也能发电。一般水电站的压力隧道，选建于坚硬、完整的岩石中，可简化衬砌结构。地下水电站在我国的东北和西南地区建设较多。

地下水电站包括地上和地下一系列建筑物和构筑物，可概括为水坝和电站两大部分。水坝属于大型水工建筑，电站主要包括主厂房、副厂房、变配电间和开关站等。图 10-13 所示为一个典型的地下水电站布置图。

2. 地下抽水蓄能水电站

地下抽水蓄能水电站，有时也称地下扬水水电站。这种水电站通常设于千米左右的地下深处，具有地上、地下两个水库。供电时，水由地上水库、经水轮发电机发电后流入地下水库；供电低峰时，用多余的电力反过来将地下水库的水抽回原地面水库，以便循环使用。

深部电站和地下蓄水水库的建设，施工比较困难，而且造价高。但是由于蓄能电站在电力负荷高峰时供电，低峰时抽水，对解决电网负荷不均问题十分有利。同时其耗水量少，且又不受水库容量变化的影响，生产平稳，成本低，不占土地，不污染环境，因此在水力资源丰富、工业发达的国家得到应用和发展。

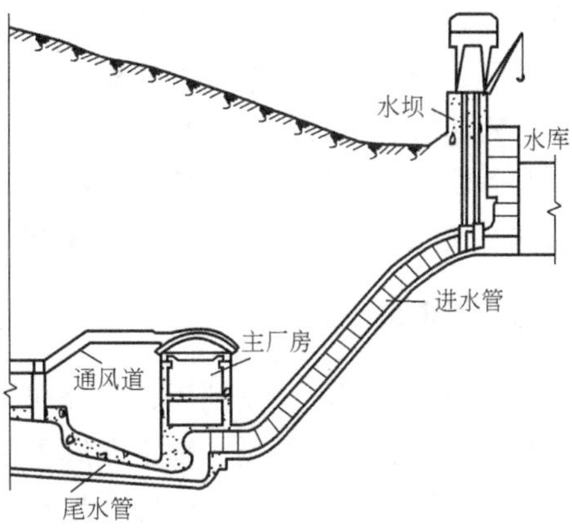

图 10-13 地下水电站布置图

3. 核电站

地下核电站有半地下式和完全地下式两类。

半地下式核电站，关键设备进入地下。地下核电站的优点表现在：不需要宽阔的平坦地，在海岸和山区均可修建，选址容易；岩体对地下放射物质有良好的遮蔽效果；耐震，并具有良好的防护性。

通常，地下核电站，除了需开凿发电大厅以装备发电机和原子炉之外，尚须开发一系列隧道，以供人员通行、物质运输等用。

由于核电站安全要求的特殊性，对地震、海啸等灾害及其他突发事件的防护水平要求高，一旦出现问题，容易造成严重的影响。如 2011 年 3 月 12 日，地震导致日本福岛第一和第二核电站发生核泄漏，造成各类放射性物质大量泄漏，引起了国际的广泛关注。

10.2.2 地下仓库

由于地下环境对于许多物质的储存有突出的优越性，地下环境的热稳定性、密闭性和地下建筑良好的防护性能，为在地下建造各种储库提供了十分有利的条件。由于人口的增长、集中和都市化，世界各国都面临能源、粮食、水的供应和放射性及其他废弃物的处理问题。目前各种类型的地下储藏设施，在地下工程的建造总量中已占据很大的比重。在地下空间开发利用的储能、节能方面，北欧、斯堪的纳维亚地区、美国、英国、法国和日本成效显著。一些能源短缺国家的专家提出了建造地下燃料储库为主的战略储备主张。日本清水公司连续建造了 6 座用连续墙施工的液化天然气库，其中有一直径 64m、高 40.5m，储存量可供东京使用半个月的储藏库。美国有 2000 多口井处理酸碱废料，还将钠加工废料捣成浆状，注入深部底层以防污染。随着我国的经济发展也要求建造大量的地下液体燃料储藏库。

地下燃料储藏库可分为以下几种类型：

1）开凿硐室储藏库。如岩石中金属罐油库、衬砌密封防水油库、地下水封石洞油库、软土水封油库等。

2）岩盐溶淋洞室油库。

3）废旧矿坑油库。

4）其他油库，包括冻土库、海底油库、爆炸成形油库等。

诸多油库中，目前仍以开挖法形成地下空间进行储藏者为多。可用钢、混凝土、合成树脂等作衬砌，也有不衬砌、利用地下水防止储藏物漏泄的水封油库。采用变动水位法的地下水封油库，洞罐内的油面位置固定，充满洞罐顶部，底部水垫层的厚度则随储油量的多少而变化。储油时，边打油边排水；发油时，边抽油边进水。罐内无油时，洞罐整个被水充满。这样既可以利用水位的高低调节洞罐内的压力，又可避免油面较低时，洞罐上部空间加大，油品挥发使充满油气的空间存在的爆炸危险。

10.2.3 城市地下综合体

城市地下空间的开发利用，已经成为现代城市规划和建设的重要内容之一。一些大城市从建造地下街、地下商场、地下车库等建筑开始，逐渐发展为将地下商业街、地下停车场和地下铁道、管线设施等结为一体，形成与城市建设有机结合的多功能的地下综合体。因此，地下综合体可以考虑定义为建设沿三维空间发展的，地面地下连通的，结合交通、商业储存、娱乐、市政等多用途的大型公共地下建筑。地下综合体具有多重功能、空间重叠、设施综合的特点，与城市的发展应统筹规划、联合开发和同步建设。

1. 地下街

地下街是城市的一种地下通道，不论是联系各个建筑物的，或是独立修建的均可称之。其存在形式可以是独立实体或附属于某些建筑物。

地下街在国土小、人口多的日本最为发达。东京八重州地下街（见图10-14），是日本最大的地下街之一。其长度约6km，面积6.8万m^2，设有商店141个与51座大楼连通，每天活动人数超过300万人。图10-14所示是东京车站八重州地下街交通图。地下街在我国的城市建设中起着多方面的积极作用，其具体表现为：

1）有效利用地下空间，改善城市交通。近年来我国地下街均建于大城市的十字交叉口的人流车流繁忙地段，修建地下街实现了人车分流，改善了交通。

2）地下街与商业开发相结合，活跃市场，繁荣了城市经济。

3）改善城市环境，丰富了人民物质与文化生活。

图10-14 东京八重州地下街交通图

2. 地下商场

商业是现代城市的重要功能之一。我国的地下空间的开发和利用，在经历了一段以民防地下工程建设为主体的历程后，目前正逐步走向与城市的改造、更新相结合的道路。一大批中国式的大中型地下综合体、地下商场（见图 10-15）在一些城市建成，并发挥了重要的社会作用，取得良好的经济效益。

图 10-15　地下商场

3. 地下停车场

近年来我国若干大城市的停车问题已日益尖锐，大量道路路面被用于停车，加重了动态交通的混乱，对有组织的公共停车的需求已十分迫切。近几年在长沙、上海、沈阳等城市建造了几座地面多层停车场，但由于规划不当和体制、管理等方面的原因，效果都不理想，综合效益较差。因此，鉴于我国城市用地十分紧张的情况，跨越过地面上大量建设多层停车场的发展阶段（国外在 20 世纪 60 年代曾经历过这一阶段），结合城市再开发和地下空间综合利用的规划设计，直接进入以发展地下公共停车设施为主的阶段，是合理和可行的。目前上海、北京、沈阳等大城市结合地下综合体的建设，正在建造和准备建造地下公共停车场（见彩图 27），容量从几十辆到几百辆不等，这种发展方向目前已渐为人们所接受。

思　考　题

1. 隧道为什么要设置通风设备？隧道通风方式按送风形态、空气流动状态和送风原理分为哪几种？
2. 隧道的施工方法大体分为哪几种？各有何特点？
3. 简述设计水底隧道的埋置深度时应考虑的因素。
4. 简述各种地下工程及其功能和特点。

第 11 章 建设项目管理

建设项目管理是项目管理的一个重要分支，它是指通过一定的组织形式，用系统工程的观点、理论和方法，对建设项目生命周期内的所有工作，包括项目建议书、可行性研究、项目决策、设计、设备询价、施工、签证、验收等系统运动过程，进行计划、组织、指挥、协调和控制，以达到保证工程质量、缩短工期、提高投资效益的目的。由此可见，建设项目管理是以建设项目目标控制（质量控制、进度控制和投资控制）为核心的管理活动。

11.1 建设法规

11.1.1 建设法规的基本概念

建设法规是国家法律体系的重要组成部分，由国家权力机关或其授权的行政机关制定，旨在调整国家及其有关机构、企业、事业单位、社会团体、公民之间在工程建设活动中或工程建设行政管理活动中发生的各种社会关系的法律、法规的统称。

1. 工程建设活动

在《中华人民共和国建筑法》（以下简称《建筑法》）第一章总则中第 2 条明确指出：“本法所称建筑活动，是指各类房屋建筑及其附属设施的建造和与其配套的线路、管道、设备的安装活动。”建筑活动横向包括各类房屋建筑及其附属设施以及与其配套的管线工程，纵向包括从勘察、设计到施工的建筑安装过程。

工程建设活动是指土木工程、建筑工程，线路管道和设备安装工程的新建、扩建、改建活动及建筑装修装饰活动。广义的建设活动横向包括“三建三业”，即城市建设、村镇建设、工程建设和建筑业、房地产业、市政公用事业，纵向除勘察、设计、施工外，向前延伸包括建设项目的立项、计划、资金筹措，向后延伸包括建设项目的投产使用和保修以及固定资产投资后评价等的建设全过程。

《建筑法》以建筑活动作为其调整对象，建设法规则以工程建设活动作为其调整对象。

2. 建设法规调整对象

我国建设法规的调整对象，即工程建设关系，是指由建设法规所规范的，在工程建设活动中发生的各种社会关系，包括工程建设活动中发生的行政管理关系、协作关系和民事关系。

（1）工程建设活动中的行政管理关系　工程建设活动是社会经济发展的重大活动，人

们的生命财产安全、社会的文明进步息息相关，国家对此必须进行全面的严格管理，包括对建设工程的立项、计划、资金筹集、设计、施工、监理、验收等各个环节都会实行严格的监督管理。当国家及其建设行政主管部门在对建设活动进行管理时，就会与从事建设活动的单位之间产生管理与被管理关系，进而形成建设活动中的行政管理关系。

工程建设活动中的行政管理关系，指国家及其建设行政主管部门与建设单位、设计单位、施工单位及有关单位（如中介服务机构）之间发生的相应的管理与被管理关系，包括两个相互关联的方面：一是规划、指导、协调与服务；二是检查、监督、调节与控制。对于建设行政管理部门相互间及内部各方面的责权利关系以及建设行政管理部门同各类建设活动主体及中介服务机构之间的行政管理关系，都必须纳入法律调整范围，由相关建设法规来承担。

（2）工程建设活动中的经济协作关系　工程建设活动是技术非常复杂的活动。任何一项工程建设都需要许多行业、单位和人员共同协作才能完成。在各项建设活动中，各种经济主体为了自身生产和生活需要，或为了实现一定的经济利益和目的，必然要寻求协作伙伴，进而就产生相互间的建设经济协作关系。如建设单位同勘察设计、建筑施工安装等单位之间发生的相应勘察设计和施工关系。

工程建设活动中的经济协作关系是一种平等自愿、互利互助的横向协作关系。一般以建设合同的形式确定。建设合同与一般合同不同的是，建设合同关系大多具有较强的计划性。这是由建设活动和建设关系自身特点所决定的。对在经济协作过程中产生的建设权利、建设义务关系，也应当由建设法规来加以规范、调整。

（3）工程建设活动中的民事关系　工程建设活动中的民事关系是指国家、单位法人、公民之间因从事建设活动而产生的民事权利和义务关系。主要包括建设财产关系和建设人身关系。如建设领域从业人员的人身和经济权利保护关系；土地征用、房屋拆迁导致的拆迁安置关系；在建设活动中发生的有关自然人的损害、侵权、赔偿关系；房地产交易中买卖、租赁、产权关系等，都属于建设活动中的民事关系。工程建设活动中的民事关系既涉及国家社会利益，又关系着个人的权益。因此，必须要纳入法律调整的范围，由民法和工程建设法规中的民事法律规范予以调整。

建设法规的三种具体调整对象，彼此既互相关联，又各具自身属性。它们的共同点在于，都是因从事建设活动而形成的社会关系，都必须用建设法规来加以规范和调整。同时这三种调整对象又不尽相同，一是它们各自的形成条件不同；二是对这三种社会关系的调整所采取的原则和使用手段不同；三是它们适用法律规范的范围、适用法律规范的法律后果也不相同。

11.1.2　工程建设法律关系

工程建设法律关系是指由建设法规所确认和调整的，在建设管理和建设协作过程中所产生的权利、义务关系。工程建设法律关系是由建设法律关系主体、建设法律关系客体和建设法律关系内容构成的。

（1）工程建设法律关系主体　工程建设法律关系主体是指参加建设活动，受工程建设法规规范调整，在法律上享有一定权利，承担一定义务的当事人。我国工程建设法律关系主体主要包括国家机关、社会组织及自然人。

1）国家机关包括国家权力机关、行政机关、审判机关及监察机关。作为国家机关组成部分的审判机关和检察机关不能以管理者身份成为工程建设法律关系的主体，而是建设法律关系监督与保护的重要机关。

2）社会组织。作为工程建设法律关系主体的社会组织一般应为法人。法人是指具有权力能力和行为能力依法享有权利和承担义务的组织。依据《民法通则》第21条的规定："法人必须依法成立；有必要的财产或者经费；有自己的名称、组织机构和场所；能够独立承担民事责任。"社会组织包括建设单位、金融单位、勘察设计单位、建筑业企业、房地产开发企业、建设中介机构等。

3）自然人。自然人在建设业活动中也可以成为建设法律关系的主体。如建筑施工企业的从业人员同建筑施工企业签订了劳动用工合同后，即成为工程建设法律关系的主体。

（2）工程建设法律关系客体　工程建设法律关系客体是指建设法律关系的主体享有权利和承担义务所共同指向的对象，分为财、物、行为和非物质财富四类。

11.1.3　建设法规的体系

建设法规的渊源，体现在法律法规的存在和表现形式，即建设法规的表现形式，按照法的溯及效力，主要包括宪法、法律、行政法规、部门规章、地方性法规、地方政府规章、技术法规、国际条约和国际惯例等。

建设法规的体系如下：

（1）工程建设行政法规　建设行政法律是指国家制定或认可，体现国家意志，由国家强制力保证实施的并由国家建设管理机关从宏观上、全局上管理建设业的法律规范。它包括计划法，税法，城乡规划法，建筑法，工程设计法，市政公用事业法，村镇建设法，城市房地产管理法，风景名胜区法，限制垄断、制止不正当竞争法，各行各业监督管理法。它在建设法规中居主要地位。

（2）工程建设民事法规　工程建设民事法律是国家制定或认可的，体现国家意志的，为国家强制力保证其实施的调整平等主体的公民之间、法人之间、公民与法人之间的建设关系的行为准则，包括民法通则总则、物权法、建设合同法、建设企业法、住宅法。

（3）工程建设技术法规　工程建设技术法规是国家制定或认可的，由国家强制力保证其实施的工程建设勘察、规划、建设、施工、安装、检测、验收等技术规程、规则、规范、条例、办法、定额、指标等规范性文件。贯彻执行建设技术法规，对于统一建设技术经济要求，组织现代化工程建设，提高建设业科学水平，保证工程质量，加快工程建设速度，已经起到和正在起到不可估量的作用。

11.1.4　建设法规的作用

1. 规范指导工程建设行为

从事各种建设活动所应遵循的行为规范，就是建设法律规范，其对行为人所实施建设行为的规范性主要表现为：

1）必须为一定的建设行为。如《建筑法》第36条中规定："建筑工程安全生产管理必须坚持安全第一、预防为主的方针，建立健全安全生产的责任制度和群防群治制度"，即为义务性的建设行为之规定。

2）禁止所为的建设行为。如《建筑法》第 28 条中规定：“禁止承包单位将其承包的全部建筑工程转包给他人，禁止承包单位将其承包的全部建筑工程肢解以后以分包的名义分别转包给他人。”

3）可以为一定的建设行为。如《建筑法》第 24 条中规定：“建筑工程的发包单位可以将建筑工程的勘察、设计、施工、设备采购一并发包给一个工程总承包单位，也可以将建筑工程勘察、设计、施工、设备采购的一项或者多项发包给一个工程总承包单位。”

正是由于有了这些具体的行为规范，才使得建设行为主体能够明确自己可以为、不得为和必须为一定建设行为的法律界限，并以此规范制约自己的行为。从而体现出建设法规对建设行为的规范和指导作用。

2. 维护合法建设行为

建设法规的作用不仅在于对建设行为主体所实施建设行为加以规范和指导，而且还对一切符合法律法规的建设行为给予确认和保护。这种确认和保护一般要通过建设法规的一些原则性规定来体现。例如，《城市燃气安全管理规定》中规定：“对于维护城市燃气安全做出显著成绩的单位和个人，城市人民政府城建行政主管部门或城市燃气生产、储存、输配、经营单位应当予以表彰和奖励。”这就体现了建设法规对合法建设行为的确认和保护。

3. 处罚违法建设行为

建设法规要实现对建设行为主体所实施建设行为的规范和指导作用，除了对合法的建设行为给予一定的保护以外，还必须对违法的建设行为给予必要的惩处。否则，工程建设法规由于得不到实施过程中强制制裁手段的保障，就很难得到有效的执行。因此，在工程建设法规中一般都有对违反建设法规行为的相应处罚规定。如《建筑法》第 65 条规定：“以欺骗手段取得资质证书的，吊销资质证书，处以罚款；构成犯罪的，依法追究刑事责任。”

11.2　工程项目的招投标与承包

11.2.1　工程项目招投标

招标投标的标的可以是不同的商品，但以建筑产品最为常见。从招标和投标双方共同的角度来看，招标投标就是建筑产品的交换方式。建筑工程采用招标投标方式决定承建者是市场经济、自由竞争发展的必然结果。这种方式已成为国际建筑市场中广泛采用的主要交易方式。

招标投标法是国家用来规范招标投标活动，调整在招标投标过程中产生的各种关系的法律规范的总称。招标投标法是规范招标投标活动的重要法律之一，是招标投标法律体系中的基本法律。1985 年 6 月 14 日，国家发展计划委员会、建设部颁布《工程设计招标投标暂行办法》；1992 年 12 月 30 日，建设部颁布《工程建设施工招标投标管理办法》，1999 年 8 月 30 日，第九届全国人民代表大会常务委员会第十一次会议通过了《中华人民共和国招标投标法》，并于 2000 年 1 月 1 日施行。《招标投标法》共六章，六十八条。1999 年 4 月 17 日，财政部颁布《政府采购管理暂行办法》；2000 年 5 月 1 日，国家发展计划委员会颁布《工程建设项目招标范围和规模标准规定》；2000 年 7 月 1 日，国家发展计划委员会颁发《工程建设项目自行招标试行办法》；2000 年 6 月 30 日，建设部颁布《工程建设项目招标代理机构资格认定办法》。

我国土木工程招标投标制，是在国家宏观指导和调控下，自觉运用价值规律和市场竞争规律，从而提高土木工程产品供求双方的社会效益的一种手段。其竞争目的是满足社会不断增长的需求，其竞争手段必须为国家法规与社会主义精神文明和职业道德规范所允许。

标，是指发标单位标明项目的内容、条件、工程量、质量、工期、标准等的要求，以及不公开的工程价格（标底）。

招标，是指项目建设单位（业主）将建设项目的内容和要求以文件形式标明招引项目承包单位（承包商）来报价（投标），经比较选择理想承包单位并达成协议的活动。对于业主来说招标就是择优。由于工程的性质和业主的评价标准不同，择优可能有不同的侧重面，但一般包含如下四个主要方面：较低的价格、先进的技术、优良的质量和较短的工期。业主通过招标从众多的投标者中进行评选，既要从其突出的侧重面进行衡量，又要综合考虑上述四个方面的因素最后确定中标者。

投标，是指承包商向招标单位提出承包该工程项目的价格和条件供招标单位选择以获得承包权的活动。对于承包商来说参加投标就如同参加一场比赛。因为它关系到企业的兴衰存亡。这场比赛不仅比报价的高低，而且比技术、经验、实力和信誉。特别是当前国际承包市场上工程越来越多的是技术密集型项目，势必给承包商带来两方面的挑战：一方面，技术上的挑战要求承包商具有先进的科学技术能够完成高、新、尖工程；另一方面，要求承包商具有现代先进的组织管理水平，能够以较低价中标，依靠管理获利。

标底是建设项目造价的表现形式之一。其由招标单位自行编制或委托经建设行政主管部门批准具有编制标底资格和能力的中介机构代理编制，并经当地工程造价管理部门（招投标办公室）核准审定最终形成发包价格，是招标者对招标工程所需费用的自我测算和预期，也是判断投标报价合理性的依据。

建设项目投标报价是指施工单位、设计单位或监理单位根据招标文件及有关计算工程造价的资料按一定的计算程序计算工程造价或服务费用，在此基础上考虑投标策略及各种影响工程造价的因素，然后提出投标报价。

招投标的适用范围包括工程项目的前期阶段（可行性研究、项目评估等）及建设阶段的勘测设计、工程施工、技术培训、试生产等各阶段的工作。由于这两个阶段的工作性质有很大差异，实际工作中往往分别进行招投标，也有实行全过程招投标的。

项目招标方式主要有：

（1）公开招标　公开招标是通过登载报刊、广播、电视等方式发布招标公告，凡符合规定条件的施工企业都可自愿参加投标。公开招标使招标单位（业主）在众多的投标单位中选择报价合理，工期短、质量好、信誉高的施工企业承包，达到招标的目的。

（2）邀请投标　邀请投标是由招标单位根据自己了解的或他人介绍的承包企业，发给邀请信，请他们参加某项工程投标。被邀请的单位数目一般为3~7家。采用邀请投标，招标单位对被邀请的承包企业一般较为了解，因此被邀请的单位数目不宜过多，以免浪费投标单位的人力和物力。

（3）议标　议标是工程招标的一种形式。由建设单位挑选一个或多个施工企业，或对不宜公开招标的特殊工程，采用协商的方法确定施工承包单位，为议标。

11.2.2　土木工程市场的承发包

承发包是承包方和发包方之间的一种商业行为。发包是订货，即订购商品；承包则是接受订货生产并按规定供货。承发包的特点是先承接订购、后生产交货，是一种期货交易。订购商品或委托任务并负责支付报酬的一方称为发包方；接受订货或委托并负责完成任务从而取得报酬的一方称承包方。发包方与承包方之间经济上的权利与义务关系应通过经济合同予以明确。

工程项目承发包关系是业主委托设计单位或施工单位完成拟建土木工程产品相应任务而形成的相互关系，它反映了土木工程产品所有者与生产者之间的经济关系。业主作为土木工程产品的所有者向设计单位或施工单位发包，设计单位或施工单位则作为土木工程产品的生产者向业主承包并在经济上直接对业主负责。招标投标是实现工程承发包关系的主要途径，即业主通过招标进行发包，同时设计单位或施工单位通过投标进行承包。这样所形成的承发包关系才能真正符合市场经济发展的客观规律。在我国经常把招标投标与承发包合称为招标承包制。

在国内建筑市场上常见的承发包方式为：

1. 施工总承包

这是目前国内应用最广的一种建筑工程承包模式。大多数施工单位甚至业主单位都已经熟悉，设计和施工由不同的单位完成。一般是业主委托一个设计单位，建筑师和工程师对项目进行设计。设计完成或接近完成时，业主找一个承建商，按照设计单位完成的设计进行施工。承建商一般将项目分包给不同的专业分包商。施工过程中，业主在设计单位协助下或者另请监理单位对工程进行监督，确保承建商按图样和技术条款施工。设计单位设计上要满足业主的预算和功能要求，也希望施工单位要严格按图样和技术条款施工。但是，施工单位却不必对有疏漏和错误的图样负责。而承包商主要考虑是尽快完工，而且不要超支。设计和施工两方面目标显然不同。在业主和承包商之间，业主要对技术条款的完整性和施工现场地质条件负责。设计图样若有问题，施工单位照图施工，结果业主受损。

2. 设计—施工总承包

这种承包模式在《建筑法》第24条已有所体现“提倡对建筑工程实行总承包，禁止将建筑工程肢解发包”。建筑工程的发包单位可以将建筑工程的勘察、设计、施工、设备采购一并发包一个工程总承包单位，也可以将其中的一项或多项发包给一个工程总承包单位。但是，不得将应当由一个承包单位完成的建筑工程肢解成若干部分发包给几个承包单位。但是国内的总承包的具体含义是因时因地而异的。有时指业主签订施工承包合同，然后将工程某些部分分包出去的承包商，有时指同业主签订设计和施工都承包的合同的承包商。所以它与这里所说的设计—施工总承包还是有所不同的。

3. PM（Project Management）

PM是20世纪50年代末、60年代初开始逐步在美国、法国等国家广泛应用的国际通用的项目管理模式。该模式是指项目业主聘请一家公司（一般为具备相当实力的工程公司或咨询公司）代表业主进行整个项目过程的管理，这家公司在项目中被称为“项目管理承包商”（Project Management Contractor），简称为PMC。选用该种模式管理项目时，业主方面仅需保留很小部分的基建管理力量，对一些关键问题进行决策，而绝大部分的项目管理工作都由项目管理承包商来承担。PMC 作为业主的代表或业主的延伸，帮助业主在项目前期策划、可行性研究、项目定义、计划、融资方案，以及设计、采购、施工、试运行等整个实施过程中有效的控制工程质量、进度和费用，保证项目的成功实施，达到项目寿命期技术和经济指标最优化。

这种模式的特点是：

1）PMC 为业主提供咨询，在工作中代表业主的利益。它与业主是合同关系，与分包商和设计单位只有指令关系，没有合同关系。

2）PM 是项目全过程的管理，因此 PM 应从项目一开始就介入，实现三大目标控制—投资控制、进度控制和质量控制。比如 PMC 在设计阶段可以根据自己的经验向设计单位提出建议，以缩短工期和避免在施工中可能出现的问题和控制成本。

3）PMC 单位可以在设计阶段和施工阶段实施三大控制，但不实际参与设计活动和施工活动，所以 PM 工作一般都由咨询公司承担。

4）CM（Construction Management）模式：CM 模式是由业主委托 CM 单位，以一个承包商的身份，采取有条件的“边设计，边施工”，即 Fast-Track 的生产组织方式来进行施工管理，直接指挥施工活动，在一定程度上影响设计活动，而它与业主的合同通常采用“成本加利润”的方式。这种承包模式的施工管理合同有两种不同的形式：①CM/Agency（代理型 CM），CM 单位纯粹是业主的代理人，不负责具体施工，这与 PM 有一些相似，但最大的区别是它仅对施工进行管理；②CM/Non-Agency（非代理型 CM），即 CM 对工程包干承包，雇用分包商完成工程。

11.3 工程项目管理

11.3.1 工程项目管理的基本概念与任务

工程项目管理是以工程项目为管理对象，在既定的约束条件下，为最优地实现项目目标，根据工程项目的内在规律，对工程项目寿命周期全过程进行有效地计划、组织、指挥、控制和协调的系统管理活动。

根据管理主体、管理对象、管理范围的不同，工程项目管理可分为建设项目管理、设计项目管理、施工项目管理、咨询项目管理、监理项目管理等。

（1）建设项目管理　建设项目管理是指由全权代表建设单位（业主）的工程项目经理或以工程项目经理为核心的项目经理部，为实现工程项目目标，对工程项目建设全过程进行的管理。对于国有单位经营性基本建设大中型项目，国家计委规定“在建设阶段必须组建项目法人”。项目法人可按《公司法》的规定设立有限责任公司（包括国有独资公司）和股份有限公司形式，实行项目法人责任制，由项目法人对项目的策划、资金筹措、建设实施、生产经营、债务偿还和资产的保值、增值实行全过程负责。

（2）设计项目管理　设计项目管理是指由设计单位，对所参与的工程项目的设计工作进行的管理。

（3）施工项目管理　施工项目管理是指以施工项目经理为核心的项目经理部，对施工项目全过程进行的管理。

（4）咨询项目管理 咨询项目管理是指由专职从事工程咨询的中介单位或组织，对接受建设单位委托参与的工程建设咨询服务工作进行的管理。

施工项目管理的任务集中在实现质量、进度、成本和安全等具体目标上。这几个目标的特点不一样，必须有针对性地采用相应的管理方法。质量目标控制的主要方法是“全面质量管理”，进度目标控制的主要方法是“网络计划管理”，成本目标控制的主要方法是“可控责任成本”，安全目标控制的主要方法是“安全生产责任制”。

（1）全面质量管理是质量控制的主要方法 在我国20世纪80年代兴起了推广全面质量管理方法（TQC）的热潮，几十年来，TQC对推动我国各种产品质量水平的提高发挥了重大作用。全面质量管理作为一种现代项目管理理论，在施工项目质量控制方面的地位是不可替代的。它具有丰富的内涵，尤其包含了企业长期的经营管理战略。其核心思想是，企业的一切活动都围绕着质量来进行，它要求从企业最高决策者到一般员工均应参加到质量管理过程中。因此，全面质量管理是一种全员参加、全过程、全面运用一切有效方法，全面控制质量因素，力求全面提高经济效益的管理模式。ISO9000国际质量认证标准为实现全面质量管理提供了十分有效的手段，它的目的是最终导致质量管理和质量保证的国际化。

（2）网络计划是进度控制的主要方法 1957年美国杜邦（Dupout）化学公司创立了网络技术中的第一种方法——关键线路法（Critical Path Method，CMP），用于施工计划设计。1958年美国海军特种计划局又创立了“计划评审系统”（PERT），提高了计划工作的效率。CMP和PERT是网络技术中最基本的方法。网络图是网络技术的核心，利用网络图可对项目进行分析计算、控制和优化，使其达到项目的目标。40多年来，网络计划方法被成功地用于无数重大而复杂项目的进度控制。自20世纪60年代中期网络计划方法传入我国以来，在我国受到了广泛的重视，用于大量施工项目的进度控制并取得了较好的效益。网络计划被认为是进度控制的最有效的方法。随着网络计划应用全过程计算机化的普及，它将在项目管理的进度控制方面发挥越来越大的作用。

（3）可控责任成本是成本控制的主要方法 成本是施工项目各种消耗的综合价值体现，是消耗指标的全面代表。成本的控制与各种消耗有关，在市场经济条件下，资源供应、资源使用与管理都是消耗的环节，都要把关才能控制工程成本。施工项目成本控制，就是在其施工过程中，运用必要的技术与管理手段对物化劳动进行严格组织和监督的一个系统过程。不管是管理者还是操作者，他们都是控制的主体，都有控制成本的责任。企业应以成本控制为中心，将成本责任分解落实到各个岗位、落实到专人，对成本进行全过程、全员和动态管理，形成一个分工明确、责任到人的成本管理责任体系。可控责任成本方法就是通过明确每个职工的可控责任成本目标而达到对每项生产要素进行成本控制，以最终使项目总成本得以控制的方法。可控责任成本方法本质上是成本控制的责任制，也是“目标管理方法”责任目标落实的方法。

（4）安全生产责任制是安全控制的方法 安全管理是一项综合性管理，是施工项目管理的重要组成部分之一，它是唯一涉及生产人员人身安全的目标管理，应给予高度重视。安全生产责任制是以制度的形式明确企业各级领导、各职能部门、各类人员在施工生产活动中应负的安全职责，是最基本的一项安全管理制度。近年来，建筑企业安全管理的生产实践表明：严格执行安全生产责任制，使各级领导、各职能部门负起责任，建立健全安全专职机构，加强安全部门的领导，严格执行安全检查制度，这是搞好安全生产有力的组织保证体系。通过制定安全生产责任制，做到安全生产“事事有其主，人人有其责”。每个施工项目应根据项目的性质、规模和特点，成立以项目经理为主的安全生产委员会或领导小组，同时配备规定数量的专职和兼职安全管理员，保证施工项目管理顺利进行，实现高效管理。

工程项目管理的核心内容可概括为“三控制、二管理、一协调”，即进度控制、质量控制、费用控制、合同管理、信息管理和组织协调。在有限的资源条件下运用系统工程的观点、理论和方法对项目的全过程进行管理。

11.3.2 工程项目管理的发展

近代项目管理学科源于20世纪50年代，从60年代起，国际上许多人对于项目管理产生了浓厚的兴趣。目前有两大项目管理的研究体系，即以欧洲为首的体系——国际项目管理协会（IPMA）和以美国为首的体系——美国项目管理协会（PMI）。在过去的30多年中，他们都做了卓有成效的工作，为推动国际项目管理现代化发挥了积极的作用。而我国对项目管理系统研究和行业实践起步较晚，真正称得上项目管理的开始应该是利用世行贷款的项目——鲁布革水电站。20世纪60年代华罗庚教授引进和推广了当时最为有效和方便的项目管理技术——网络计划技术，即后来的“统筹法”。此时的项目管理主要强调在进度、费用与质量三个目标上。1984年在国内首先采用国际招标，实行项目管理，缩短了工期，降低了造价，取得了明显的经济效益。此后，我国的许多大中型工程相继实行项目管理体制，包括项目资本金制度、法人负责制、合同承包制、建设监理制等。其他领域，包括高科技领域在内也在不断探索推行项目管理的路子。2000年1月1日开始，我国正式实施《招标投标法》。这个法律涉及项目管理的诸多方面，为我国项目管理的健康发展提供了法律保障。应该说，近年来我国的项目管理取得的成绩是显著的。但目前质量事故、工期拖延、费用超支等问题仍然不少，特别是近两年来出现的多起重大工程质量事故，不仅给国家和人民的生命财产造成了巨大的损失，同时也造成了不良的社会影响。这些事故无一例外的都是与项目管理有关，都是由于项目管理不善、管理不规范所造成的。这表明，在项目管理这个领域，我国与西方发达国家相比还有相当大的差距。

随着铁路提速的加快以及CHR列车的不断改进，高速列车上的网络信号质量越来越差，针对高铁用户的网络优化工作的需求越来越强烈。整个高铁专网优化项目管理过程包括项目的启动、项目的规划、项目的实施与控制。项目实施过程中，依靠项目团队，有效地控制项目成本、进度和质量，确保高铁专网优化项目的顺利完工。

现代化的项目管理具有如下特点：

（1）项目管理理论、方法、手段的科学化

1）现代管理方法的应用。如预测技术、决策技术、数学分析方法、数理统计方法、模糊数学、线性规划、网络技术、图论、排队论等。

2）管理手段的信息化。伴随着Internet走进千家万户，以及知识经济时代的到来，项目管理的信息化已成必然趋势。作为当今更新最快的计算机技术和网络技术在企业经营管理中普及应用的速度令人吃惊，而且呈加速发展的态势。这给项目管理带来很多新的特点，在信息高速膨胀的今天，项目管理越来越依赖于计算机手段，其竞争从某种意义上讲已成为信息战。21世纪的主导经济——知识经济时代已经来临，与之相应的项目管理也将成为一个热门前沿领域。美国著名杂志《财富》预测项目经理将成为21世纪年轻人首选的职业。这

一动向提醒我们，项目管理正成为社会管理和企业管理现代化的重要内容。甚至可以说，项目管理将是知识经济的旅伴。知识经济时代的项目管理是通过知识共享、运用集体智慧提高应变能力和创新能力。知识经济可以理解为把知识转化为效益的经济。知识经济利用较少的自然资源和人力资源，而更重视利用智力资源。知识产生新的创意，形成新的成果，带来新的财富。这个过程单靠工业、农业那样的重复、批量的生产是无法实现的，这时先进管理手段——计算机又发挥了不可替代的作用。目前西方发达国家的一些项目管理公司已经在项目管理中运用了计算机网络技术，开始实现了项目管理网络化、虚拟化。另外，许多项目管理公司也开始大量使用项目管理软件进行项目管理，同时还从事项目管理软件的开发研究工作。种种迹象表明，21 世纪的项目管理将更加依靠计算机技术和网络技术，新世纪的项目管理必将成为信息化管理。

3）现代管理理论的应用。如系统论、信息论、控制论、行为科学等在项目管理中的应用。

（2）项目管理的社会化、专业化　以往人们进行工程建设要组织起管理班子，一旦工程结束这套班子便解散或赋闲。因此管理人员的经验得不到积累，只有一次教训没有二次经验，在现代社会中需要专业化的项目管理公司。项目管理今天不仅是科学，而且成为一门职业，专门承接项目管理业务，提供全套的专业化咨询和管理服务。这是世界性的潮流，现在不仅发达国家，而且发展中国家建设大型的工程项目都聘请或委托项目管理（咨询）公司进行项目管理，这样能达到投资省、进度快、质量好的目标。

（3）项目管理的标准化和规范化　项目管理是一项技术性非常强的十分复杂的工作。要符合社会化大生产的需要，项目管理必须标准化、规范化，这样项目管理工作才有通用性，才能专业化、社会化，才能提高管理水平和经济效益。这使得项目管理成为人们通用的管理技术，逐渐摆脱经验型管理及管理工作“软”的特征，而逐渐“硬”化。

（4）项目管理国际化　随着我国改革开放的进一步加快，中国经济日益深刻地融入全球市场，在我国的跨国公司和跨国项目越来越多。许多项目要通过国际招标、咨询或 BOT 方式运作。企业走出国门在海外投资和经营的项目也在增加。与此同时，项目管理的国际化正形成趋势和潮流。2000 年 9 月在西安举行的项目管理国际研讨会的主题为 21 世纪的项目管理——全球化发展，这表明项目管理的国际化已引起国内外项目管理专家、学者的普遍重视，其国际化趋势日益明显。特别是我国加入 WTO 后，我国的行业壁垒下降，国内市场国际化，国内外市场全面融合，外国企业利用其在资本、技术、管理、人才、服务等方面的优势，挤占我国国内市场，尤其是工程总承包市场。面对日益激烈的市场竞争，我国的企业必须以市场为导向，转换经营模式，增强应变能力，自强不息，勇于进取，在竞争中学会生存，在拼搏中寻求发展。入世后根据最惠国待遇和国民待遇，我们将获得更多的机会，并能更加容易地进入国际市场。同时，加入 WTO 后，在国际市场上，作为一名成员国，我国的企业可以与其他成员方企业拥有同等的权利，并享有同等的关税减免，在“贸易自由化”原则指导下，减少对外工程承包的审批程序，将有更多的公司从事国际工程承包，并逐步过渡到自由经营。项目管理国际化趋势的另一方面表现在：国际项目管理协会发挥更大作用，国际间的学术交流日益频繁。成立于 1969 年的美国项目管理学会（PMI）有几十个分会，4 万多名会员，包括国外分会和会员。1999 年 PMI 网站被访次数超过百万，PMI 资质论证机构也通过了 ISO9001 质量论证。成立于 1965 年的国际项目管理协会（IPMA）则是以欧洲国家为主体组成的，我国项目管理委员会也已加入，成为其成员单位。这些组织每年都进行很多行业性和学术性的活动，发行通信和刊物，协助项目管理专业人员的招聘和就业。由于项目管理的普遍规律和许多项目的跨国性质，各国专家都在探讨项目管理学科的国际通用体系，包括通用术语。

11.4 建设监理

建设监理行业是专门为委托方（其中主要是工程业主）提供工程项目建设的决策咨询和工程项目建设管理与监督服务的行业，即工程咨询业，属第三产业。我国目前建设监理制度的建立和建设监理行业的形成，是我国工程建设领域生产力发展及社会主义市场经济在土木工程行业运行的必然产物。

建设监理制度是我国工程建设管理体制的一项重要改革。自1988年我国开始试行建设监理制度以来，建设监理的工作已经走过了试点阶段，从1996年起建设监理开始进入全面推行阶段。目前，我国建设监理在制度化、规范化和科学化方面已经上了一个新的台阶，并向国际监理水准稳步迈进。

11.4.1 我国的建设监理

国外的建设监理是指咨询顾问为建设项目业主所提供的项目管理服务。我国的工程建设监理是参照国际惯例并结合我国国情而建立起来的，建设监理的概念与国外基本一致，但也有其特殊的地方。

按照原建设部、原国家计划发展委员会制定的《工程建设监理规定》，我国工程建设监理是指监理单位受项目法人的委托，依据国家批准的工程项目建设文件、有关工程建设的法律、法规和工程建设监理合同及其他工程建设合同，对工程建设实施的监督管理。这一表述包含着丰富的内容：

1）工程建设监理是针对工程项目建设所实施的监督管理活动。这有两层意思：第一，工程项目是监理活动的一个前提条件。工程建设监理是围绕着工程项目建设来开展的。离开了工程项目，就谈不上监理活动。而作为一个工程项目，也应具有一定的条件，其中主要的是建设目标明确，建设资金要落实，工期、质量目标要明确。目前，我国建筑市场存在“三拍项目”“二资项目”和“两压项目”，都不是真正的项目。第二，工程建设监理是一种微观管理活动，因为它是针对具体的工程项目而实施的。这一点与由政府进行的行政性监督管理活动有着明显的区别，由于考虑到社会和公众的利益，政府也要对工程建设进行监督管理，但政府的监督管理活动是宏观上的，它的主要功能是通过强制性的立法、执法来规范建筑市场。实行建设监理制，对具体工程项目的管理由市场主体承担，建设监理是一种微观管理活动。

2）工程建设监理的行为主体是监理单位。监理单位是建筑市场的建设项目管理服务主体，具有独立性、社会化和专业化的特点。只有监理单位才能按照独立、自立的原则，以公正的第三方的身份开展监理工作。非监理单位开展的对工程建设的监督管理都不是工程建设监理。前面讨论过的业主的建设项目管理和承包商的施工（设计）项目管理，都不属于建设监理的范畴。

3）工程建设监理的实施需要业主委托。监理单位提供的是高智能的建设项目管理服务，至于需不需要这种服务，取决于业主。对于业主而言，可以自己进行建设项目管理，但如果自己没有能力来进行，自然就会想到委托社会化、专业化的监理单位进行管理。国内的建设监理制度就是在这需求的基础上产生的。我国《建筑法》第31条规定：实行监理的建筑工程，由建设单位委托具有相应资质条件的工程监理单位监督。业主委托这种方式，表明工程建设监理与政府对工程项目的行政监督管理是不同的，前者是自愿的，后者是强制的（我国规定某些工程实行强制监理，这是由我国国情所决定的，也是我国建设监理的一大特色）。

4）工程建设监理是有明确依据的工程建设管理行为。

我国的工程建设监理，有时称为工程监理，如在《建筑法》中称为建筑工程监理，又有结合各行业称为公路工程监理、水电工程监理的。其内涵和外延都是一样的，都有上面所叙述的几个要点。

另外，我国的工程建设监理概念，应该说与国外的咨询顾问向业主提供的服务相一致，其范围应当包括工程建设从立项实施到后评估的全过程。

目前，我国的工程建设监理主要发生在工程建设的实施阶段，尤其以施工阶段为主，常称为施工监理。

11.4.2 工程建设监理的范围、依据和内容

1. 工程建设监理的范围

根据《工程建设监理规定》的有关规定，建筑工程实施强制监理的范围包括：

1）大、中型工程项目。

2）市政、公用工程项目。

3）政府投资兴建和开发建设的办公楼、社会发展事业项目和住宅工程项目。

4）外资、中外合资、国外贷款、赠款、捐款建设的工程项目。

2. 工程建设监理的依据

根据《建筑法》和建设监理的有关规定，建设监理的依据有以下几点：

1）国家法律、行政法规。

2）国家现行的技术规范、技术标准。

3）建设文件、设计文件和设计图样。

4）依法签订的各类工程合同文件等。

3. 工程建设监理的内容

根据《工程建设监理规定》的有关规定，工程建设监理的主要内容是控制工程建设的投资、建设工期和工程质量；进行工程建设合同管理，协调有关单位间的工作关系。

工程建设监理的中心任务是工程质量控制、工程投资控制和建设工期控制，围绕这个任务应对工程建设的全过程实施监理。

1）在设计前期应着重参与投资决策咨询、项目评估项目可行性研究和设计任务书的编制。

2）在设计阶段应重点审查设计方案和工程概算，并协助建设单位选择勘察设计单位和签订勘察设计合同。

3）在施工准备阶段和施工阶段应协助业主编制招标文件和组织招投标，审查施工图设计与预算，监督施工合同的签订与实施，调解合同双方的争议，检查工程的质量和进度，参与工程竣工验收和审查结算。

4）在保修阶段要负责检查工程质量状况，鉴定质量责任，督促施工单位履行保修责任。

思 考 题

1. 我国的建设法规体系是什么？
2. 工程建设监理的内容是什么？
3. 工程项目管理的基本概念与任务分别是什么？

第 12 章 给水排水工程

12

给水排水工程以水的社会循环为研究内容。水危机是我国社会经济发展的主要制约因素。我国的水危机是以水资源短缺和水环境污染为标志的。给水排水工程担负着解决我国水危机的重担，覆盖以下专业领域：水资源可持续利用和保护、水的社会循环、水的生态功能、节水工作、水质及其相关的高新技术等。

给水排水工程是一门应用很广泛的学科，它是以城市水的输送、净化及水资源保护与利用有关的理论与技术为主要研究内容，与城市、城镇建设事业、工业生产、环保和人民生活密切相关的重要学科。给水排水工程是各工业生产部门必不可少的组成部分，也是保障人民生活和身体健康的重要工程设施之一。目前，给水排水的完善程度和技术状况已经成为社会生产和物质生活水平的一项标志。为了保障日益增长的人民的生活和工业的生产的需要，城市必须具有完善的给水和排水系统。

给水排水工程可以分为建筑给水排水工程、大中型工业企业生产的给水排水及水处理工程、城市公用事业和市政工程的给水排水工程（见图 12-1）。各类给水排水工程在设计、施工、维护及服务规模等方面均有不同的特点。

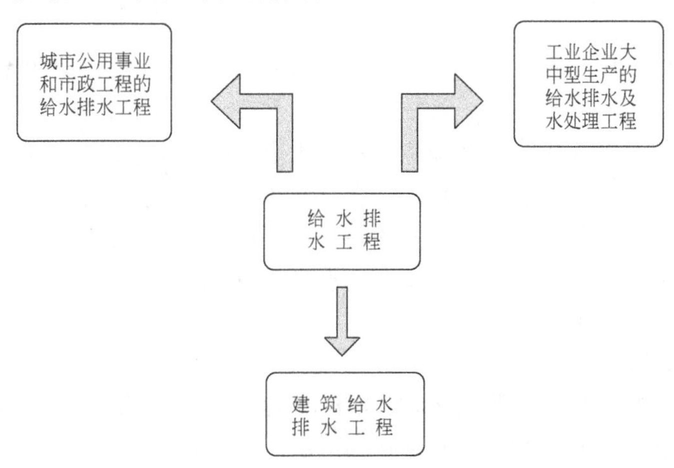

图 12-1　给水排水工程分类

建筑给水排水工程的服务对象是工业与民用建筑物内部及居住小区（含厂区、校区等）范围内的生产设备和生活设施的给水排水工程，是建筑设备工程的重要内容之一。建筑给水排水工程是给水排水工程的一个分支，也是建筑安装工程的一个分支。主要研究建筑内部的给水及排水问题，是保证建筑的功能及安全的一门学科。其工程整体由建筑内部给水（含热水供应)、建筑内部排水（含雨水)、建筑消防给水（含气体消防)、居住小区给水排水、建筑水处理及特种用途给水排水等部分组成。其功能的实现则依靠各种材料和规格的管道、卫生器具与各类设备和构筑物的合理选用，管道系统的合理布置设计，精心的施工与认真的维护管理等。

由于国内经济建设的持续稳定发展，各种建筑小区，各种高中档次的高层、多层民用住宅，各种形式别墅的建设，各种多功能、大体量的公共建筑，如大剧院、会展中心、博物馆、体育场馆、航站楼、超市等的问世，国外先进设计理念的引入及各种建筑给水排水设计、施工及验收的相关标准、规范的制定均促进了建筑给水排水技术的发展。

12.1　给水工程

给水工程包括城市给水工程和建筑给水工程两部分。前者主要解决城市区域供水问题；后者解决一栋具体的建筑物的供水问题。

12.1.1　城市给水

1. 城市给水系统的分类

给水系统是保证城市、工矿企业等用水的各项构筑物和输配水管网组成的系统。根据其性质，可分类如下：

1）按水源种类，分为地表水（江河湖泊、蓄水库、海洋等）和地下水（浅层地下水、深层地下水、泉水等给水系统)。

2）按供水方式，分为自流系统（重力供水)、水泵供水系统（压力供水）和混合供水系统。

3）按使用目的，分为生活用水、生产给水和消防给水系统。

4）按服务对象，分为城市生活给水和工业供水系统；在工业给水中，又分为循环系统和复用系统。

5）按照城市的历史、现状、发展规划、地形等因素，分为统一给水系统、分质给水系统、分压给水系统、循环和循序给水系统、区域给水系统和中水系统。

水在人们生活和生产中占有重要地位。在现代化工业企业中，为了生产上的需要，为了改善劳动条件，水更是必不可少的。缺水将会直接影响工业产值和国民经济发展的速度。

因此，给水工程成为城市和工矿企业的一个重要基础设施，必须保证以足够的水量、合格的水质、充裕的水压供应生活用水、生产用水和其他用水，不但要能满足近期的需要，而且要兼顾到未来的发展。

2. 城市给水系统的组成和布置

给水系统由相互联系的一系列构筑物和输配水管网组成。它的任务是从水源取水，按照用户对水质的要求进行处理，然后将水输送到用水区，并向用户配水。

为了完成上述任务，给水系统常由下列工程设施组成：

1）取水构筑物，用以从选定的水源（包括地表水和地下水）取水。

2）水处理构筑物，将来自取水构筑物来的水进行处理，以期符合用户对水质的要求。这些构筑物常集中在水厂范围内。

3）泵站，用以将所需水量增加到一定压力，可分为抽取源水的一级泵站、输送清水的二级泵站和设于管网中的增压泵站等。

4）输水管渠和管网，输水管渠是将原水送到水厂的管渠，管网则是将处理后的水送到各个给水区的全部管道。

5）调节构筑物，它包括各种类型的储水构筑物，如高地水池、水塔、清水池等，用于水储存和调节水量。高地水池和水塔兼有保证水压的作用。大城市通常不用水塔。中小城市为了储备水量和保证水压，常设置水塔。根据城市地形特点，水塔可设在管网起始端、中间或末端，分别构成网前水塔、网中水塔和对置水塔的给水系统。

泵站、输水管渠网和调节构筑物等总称为输配水系统，从给水系统整体来说，它是投资最大的子系统。

图12-2表示以地表水为水源的给水系统。一般情况下，从取水构筑物到二级泵站都属于水厂的范围。当水源远离城市时，须由输水管渠将水源引到水厂。

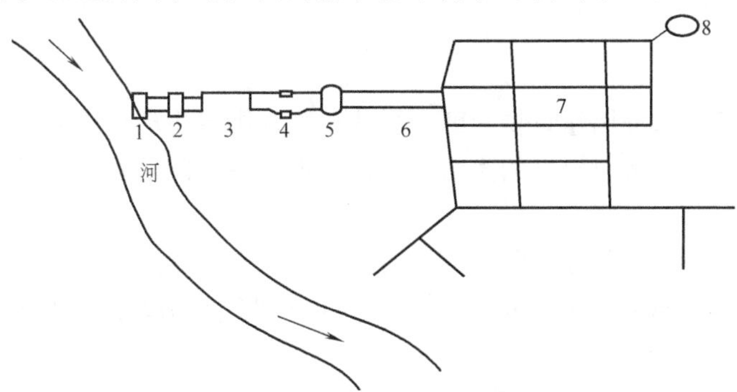

图12-2　城镇给水系统示意图

1—取水构筑物　2——一级泵站　3—水处理构筑物　4—清水池
5—二级泵站　6—输水管　7—管网　8—调节构筑物

给水管网遍布整个给水区内，根据管道的功能，可划分为干管和分配管。前者主要用于输水，管径较大；后者用于配水到用户，管径较小。给水管网设计和计算往往只限于干管，但是干管和分配管的管径并无明确的界限，需视管网规模而定。大管网中的分配管，在小型管网中有可能是干管。大城市可略去分配管，在小城市可能不允许略去。

以地下水为水源的给水系统，常凿井取水。因地下水水质良好，一般可省去水处理构筑物而只加氯消毒，使给水系统得到简化（见图12-3）。图中水塔并非必需配备的构筑物，视城市规模大小而定。

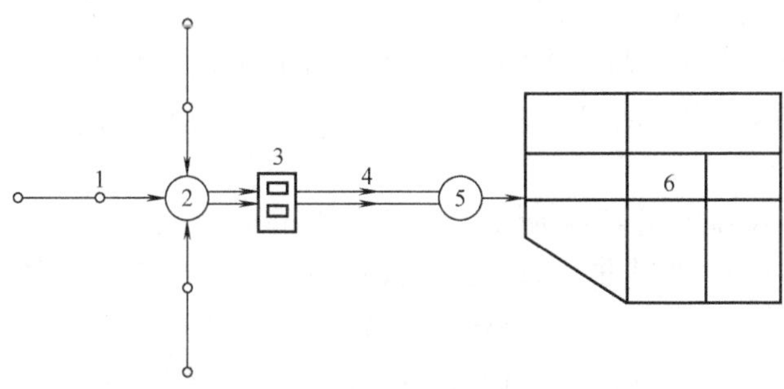

图12-3　地下水源的给水系统示意图

1—管井群　2—集水池　3—泵站　4—输水管　5—水塔　6—管网

图12-2和图12-3所示的系统称为统一给水系统，即用同一系统供应生活、生产和消防等各种用水，绝大多数城市采用这一系统。在城市给水中，工业用水量往往占较大的比例，可是工业用水的水质和水压要求却有其特殊性。在工业用水的水质和水压要求与生活用水不同的情况下，有时可根据具体条件，除考虑统一给水系统外，还可考虑分质、分压等给水系统。当然，在小城市因工业用水量在总供水量中所占比例一般较小，仍可按一种水质和一种水压统一给水。

对城市中个别用水量大的用户，水质要求分系统（分质）给水。分系统给水，可以是同一水源，经过不同的水处理过程和管网，将不同水质的水供给各类用户；也可以是不同水源，也可以是由压力不同而分系统（分压）给水。

采用统一给水系统或是分系统给水，要根据地形条件、水源情况、城市规划、水量、水质、水压的要求，并考虑原有给水工程设施条件，从全局出发，通过技术经济比较决定。

12.1.2 建筑给水

建筑给水是为工业与民用建筑物内部和居住小区范围内生活设施和生产设备提供符合水质标准以及水量、水压和水温要求的生活、生产和消防用水的总称。包括对水的输送、净化等给水设施。

建筑给水系统的任务，是根据各类用户对水质、水量和水压的要求，将水由室外给水管网（或自备水源）输送到室内的各种配水龙头、生产机组和消防设备等各闸水点。

1. 建筑给水系统的分类

（1）生活给水系统　供民用、公共建筑和工业企业建筑的饮用、烹调、盥洗、洗涤、淋浴等用水的给水系统，称为生活给水系统。要求其水质必须严格符合国家规定的生活饮用水水质标准。

（2）生产给水系统　提供人们在生产中需要的设备冷却水、原料和产品的洗涤水、锅炉用水及某些工业原料（如酿酒）用水的给水系统，称为生产给水系统。生产给水系统必须满足生产工艺对水质、水量、水压及安全方面的要求。

（3）消防给水系统　提供层数较多的民用建筑、大型公共建筑及某些生产车间的消防设备用水的给水系统，称为消防给水系统。消防用水对水质要求不高，但必须按建筑防火规范保证有足够的水量和水压。

（4）组合给水系统　上述三种给水系统在实际中不一定需要单独设置，通常根据建筑物内设备对水质、水量、水压、水温的要求及室外给水系统的情况，考虑技术、经济和安全等条件，组合成不同的共用系统。主要有：生活和生产共用的给水系统；生产和消防共用的给水系统；生活和消防共用的给水系统；生活、生产和消防共用的给水系统。

2. 建筑给水系统的组成

建筑内部的给水系统如图12-4所示，由下列各部分组成：

1）引入管，对一幢单独建筑物而言，引入管是室外给水管网与室内管网之间的联络管段，也称进户管。对于一个工厂、一个建筑群体、一个学校区，引入管系指总进水管。引入管段上一般设有水表、阀门等附件，有时根据要求还应设管道倒流防止器。

2）水表节点，水表节点是指引入管上装设的水表及其前后设置的闸门、泄水装置等总称。闸门用以关闭管网，以便修理和拆换水表；泄水装置为检修时放空管网、检测水表精度

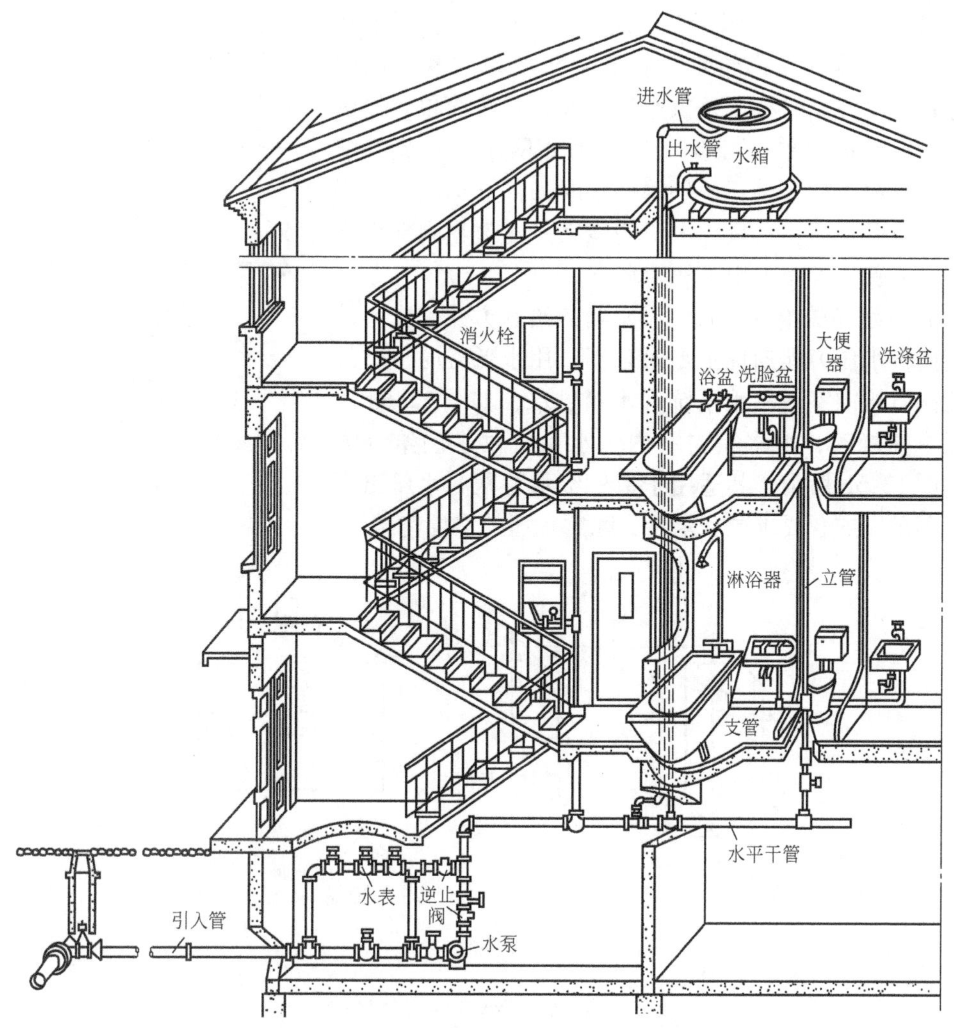

图12-4　建筑内部的给水系统

及测定进户点压力值。水表节点形式多样，选择时应按用户用水要求及所选择的水表型号等因素决定。

3）给水管道，包括干管、立管和支管，用于输送和分配用水。

4）配水装置和用水设备，如各类卫生器具、用水设备的配水龙头、生产和消防等用水设备。

5）给水附件，指管路上的闸阀等各式阀类及各式配水龙头、仪表等。

6）增压和储水设备，在室外给水管网压力不足或建筑内部对安全供水、水压稳定有要求时，需设置各种附属设备，如水箱、水泵、气压装置、水池等增压和储水设备。

3. *建筑给水方式*

建筑给水方式是指建筑内部给水系统的供水方案。给水方式的基本类型（不包括高层建筑）有以下几种：

（1）直接给水方式　直接给水方式是室内给水管网直接与外部给水管网连接，利用外网水压供水。如图12-5所示。适用于外网水压、水量能经常满足用水要求，室内给水无特殊要求的单层和多层建筑。这种给水方式的特点是供水较可靠，系统简单，投资省，安装、维护简单，可以充分利用外网水压，节省能量。但是内部无贮水设备，外网停水时内部立即断水。当室外给水管网水质、水量、水压均能满足建筑物内部用水要求时，应首先考虑采用这种给水方式。

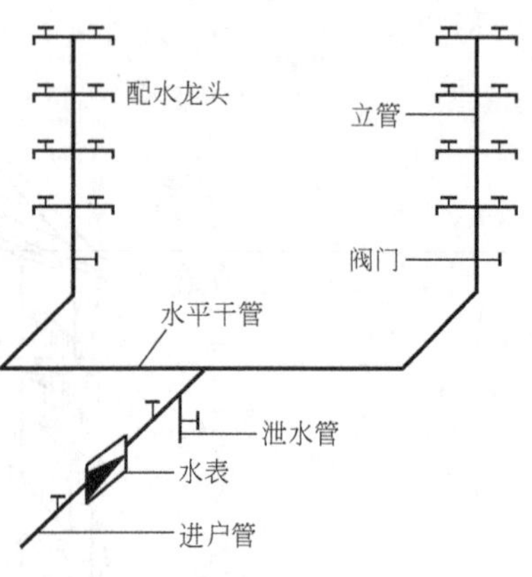

图12-5 直接给水方式

(2) 设水箱的给水方式 设水箱的给水方式宜在室外给水管网供水压力周期性不足时采用。用水低谷时，室外给水管网直接向室内给水系统和水箱供水，如图12-6a所示；用水高峰时，由水箱向室内给水系统供水的给水方式，如图12-6b所示，其适用于室外给水管网的水压出现周期性不足，或者要求贮存水量、稳定水压的多层建筑。

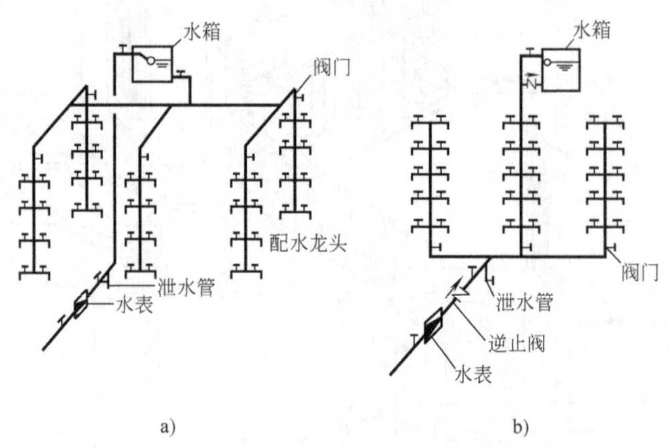

图12-6 设水箱的给水方式
a) 低峰用水的给水 b) 高峰用水的给水

(3) 设水泵的给水方式 单设水泵的给水方式指水泵直接从室外管网吸水，供室内给水系统的方式。当一天内室外给水管网的水压大部分时间满足不了建筑内部给水管网所需的水压，而且建筑物内部用水量较大又较均匀时，可采用单设水泵的供水方式。当水泵与室外管网直接连接时，应设旁通管，如图12-7a所示。当室外管网压力足够大时，可自动开启旁通管的逆止阀直接向建筑内供水。这种方式因水泵直接从室外管网抽水，有可能使外网压力降低，影响外网上其他用户用水。使用时需征求当地供水部门的同意。一般应在系统中增设储水池，采用水泵与室外管网间接连接的方式，如图12-7b所示，该给水方式是室外管网供水至储水池，由水泵将储水池中水抽升至室内管网各用水点。

(4) 设水泵—水箱联合的给水方式 设水泵—水箱联合的给水方式是水泵自储水池抽水加压，利用高位水箱调节流量，在外网水压高时也可以直接供水。如图12-8所示，该给水方式适用于外网水压经常或间断不足，允许设置高位水箱的建筑。设置的水箱贮备一定水量，停水停电时可以延时供水，供水可靠，可以充分利用外网水压，节省能量。

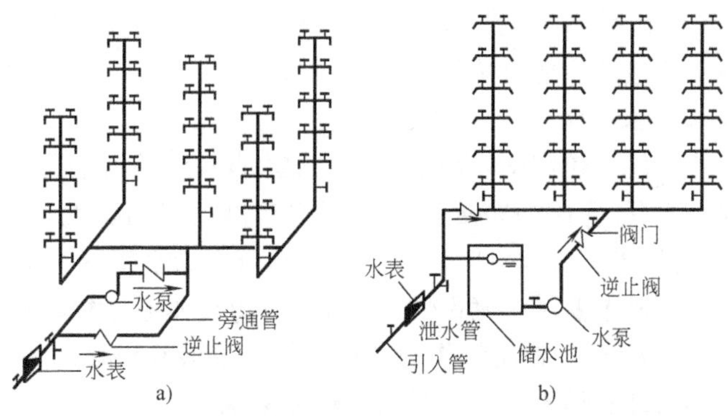

图 12-7　设水泵的给水方式
a）水泵与室外管直接相通　b）水泵与室外管间接相通

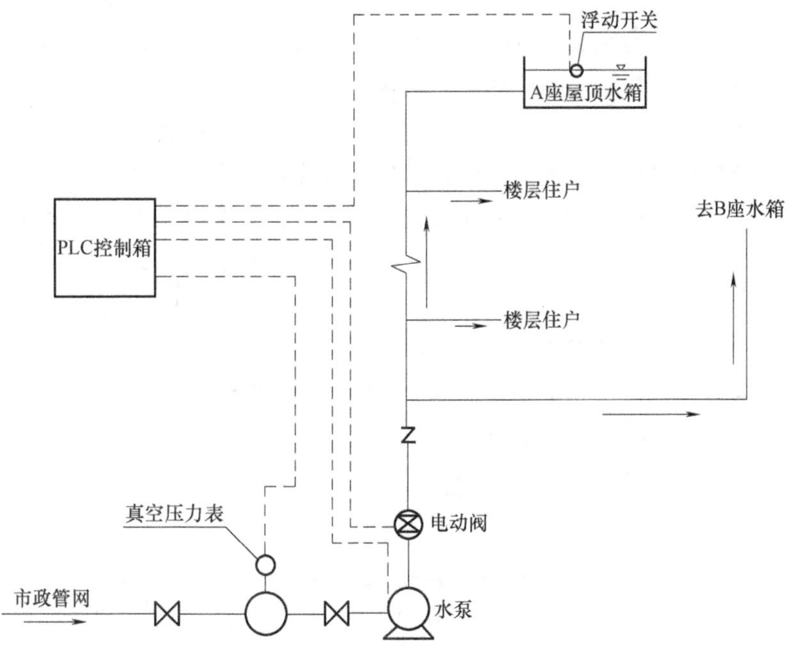

图 12-8　水泵—水箱联合的给水方式

4. 建筑给水所需的水压水量计算

建筑内部给水所需的水压、水量是选择给水系统中增压、水量调节、储存设备的基本依据。室外给水管网的水压应满足室内给水系统所需压力的要求。给水系统的水压应保证配水最不利点（通常位于系统的最高、最远处）具有足够的流出水头，其计算公式如下

$$p = p_1 + p_2 + p_3 + p_4$$

式中　p——建筑内给水系统所需的水压（kPa）；

p_1——引入管起点至配水最不利点位置高度所要求的静水压（kPa）；

p_2——引入管起点至配水最不利点的给水管路即计算管路的沿程与局部水压损失之和（kPa）；

p_3——水流通过水表时的水压损失（kPa）；

p_4——配水最不利点所需的流出水压（kPa），根据不同给水配件，一般为0.02～0.04kPa（或按产品要求选择）。

5. 给水管道的布置与敷设

给水管道的布置应考虑建筑结构、用水要求、配水点和室外给水管道的位置及其他设备工程管线位置等因素。给水管道的布置按供水可靠程度要求可分为环状和枝状两种形式（见图12-9），前者双向供水；后者单向供水。一般建筑内给水管网宜采用枝状布置，进行管道布置时，应满足以下基本要求：确保供水安全和良好的水利条件，力求经济合理，保护管道不受损坏，不影响生产安全和建筑物的使用，便于安装和维修。给水管道的敷设有明装、暗装两种形式。明装即管道外露，其优点是安装维修方便，造价低，但外露的管道，一般用于对卫生、美观没有特殊要求的建筑。暗装即管道隐蔽，适用于对卫生、美观要求较高的建筑，如宾馆、实验室等。

6. 增压、储水设备

（1）水泵　水泵是给水系统中的主要增压设备。在建筑内部的给水系统中，一般采用离心式水泵，它是一种利用水的离心运动的机械，由泵壳、叶轮、泵轴、泵架等组成。它具有结构简单、体积小、效率高等优点。水泵的流量、扬程应根据给水系统所需的流量、压力来确定。水泵应选择低噪声、节能型水泵，水泵管道连接应力求管线短、弯头少。在水泵房面积较小的条件下，可采用结构紧凑、安装管理方便的立式离心式水泵或管道泵。

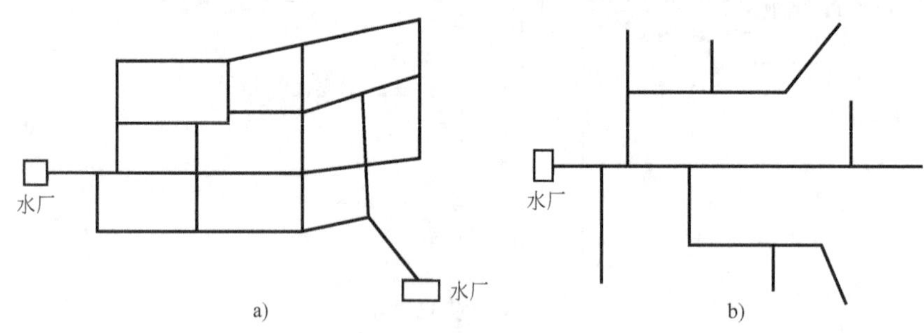

图12-9　给水管网布置示意图
a）环状布置　b）枝环状布置

（2）储水池　储水池是储存和调节水量的构筑物，其有效容积应根据生活（生产）调节水量、消防储备水量和生产事故备用水量来确定。储水池应设进、出水管，溢流管，泄水管和水位信号装置。储水池的设置高度应利于水泵自吸抽水，且宜设深度≥1m的集水坑，以保证其有效容积和水泵的正常运行。储水池一般分成容积基本相等的两格。

（3）水箱　水箱形状通常为圆形或矩形，特殊情况下也可设计成任意形状。水箱具有稳定水压、调节水量、储存水的位能及减压的功能。根据制作材料的不同，水箱分为钢板水箱、钢筋混凝土水箱、组合玻璃钢水箱及不锈钢组合水箱。根据水箱的用途不同，分为高位水箱、减压水箱、冲洗水箱、断流水箱等类别。

（4）气压给水设备　气压给水设备是根据玻意耳-马略特定律，即在一定温度条件下，一定质量气体的绝对压力和它所占的体积成反比的原理制造的。利用密闭罐中压缩空气的压力变化，调节水压和送水量，在给水系统中主要起增压和水量调节的作用。

12.2 排水工程

人们生产和生活中产生的大量污水，如不加控制，直接排入水体或土壤，将会使水体和土壤受到污染，破坏原有的生态环境，而引起各种环境问题。为了保护环境，现代城镇需要建设一整套工程设施来收集、输送、处理和处置污水，这种工程设施成为排水工程。

排水工程的基本任务是保护环境免受污染，以促进农业生产的发展和保障人民健康与正常的生活。其主要任务为：收集各种污水并及时输送到适当地点；将污水妥善处理后排放。

12.2.1 城市排水

水在使用过程中受到不同程度的污染，原有的化学成分和物理性质发生了改变，这些水称为污水或者废水。这些水构成了排水系统所排水的一部分，同时雨水和冰雪融化水也将排入城市排水系统。能否顺利排出污水、废水，是城市用水的一个非常重要的环节。

1. 排水系统的分类

按来源的不同，污水可分为生活污水、工业废水和降水三类。

（1）生活污水　生活污水是指人们日常生活中用过的水，包括从厕所、浴室、盥洗室、厨房、食堂和洗衣房等处排出的水。它来自住宅、公用场所、机关、学校、医院、商店及工厂中的生活间部分。生活污水含有较多的有机物，如蛋白质、动植物脂肪、碳水化合物等，还含有肥皂和合成洗涤剂等，以及常在粪便中出现的病原微生物。这类污水需经过处理后才能排入水体，灌溉农田或再利用。

（2）工业废水　工业废水是指在工业生产中所排出的废水，一般来自车间或矿场。由于各种工厂的生产类别、工艺过程、使用的原材料及用水成分的不同，水质变化很大。工业废水按照污染程度的不同，可分为：生产废水和生产污水两类。

1）生产废水是指在使用过程中受到轻度污染或水温稍有增高的水。如机器冷却水便属于这一类，通常经某些处理后即可在生产中重复使用或直接排放水体。

2）生产污水是指在使用过程中受到较严重污染的水。这类水多半具有危害性。所以，需经适当处理后才能排放或在生产中使用。污水中的有害或有毒物质往往是宝贵的工业原料，对这种污水应尽量回收利用，为国家创造财富，同时也减轻了污水的污染。

一种工业可以排出不同性质的废水，而同一种废水又会有不同的污染物和不同的污染效应。即便是一套生产装置排出的废水，也可能同时含有几种污染物。在不同的工业企业，虽然产品、原料和加工过程截然不同，也可能排出性质类似的废水。

（3）降水　降水（即大气降水）包括液体降水（如雨露）和固态降水（如雪、冰雹、霜等）。前者通常主要是指降雨。雨水一般比较清洁，但其形成的流量大，若不及时排泄，则能使居住区、工厂、仓库等遭受淹没，交通受阻，积水为害，尤其山区的山洪水危害更甚。通常暴雨危害最严重，是排水的主要对象之一。冲洗街道和消防用水等，由于其性质和雨水相似，也并入雨水。一般雨水不需处理，可直接就近排水。

雨水虽然一般比较清洁，但初降雨时所形成的雨水径流会挟带着大气、地面和屋面上的多种污染物质，使其受到污染，所以形成初雨径流的雨水，是雨水污染最严重的部分，应予以控制。

在城市和工业企业中，应当有组织地、及时地排除上述废水和雨水，否则可能污染和破坏环境，甚至形成公害，影响生活和生产，以及威胁人民健康。排水的收集、输送、处理和排放等设施以一定方式组合成的总体，称为排水系统。

污水的最终处置或者是返回到自然水体、土壤、大气；或者是经过人工处理，使其再生成为一种资源回到生产过程；或者采取隔离措施。其中关于返回到自然界的处理，因自然环境具有容纳污染物质的能力，但具有一定界限，不能超过这种界限，否则就会造成污染。环境的这种容纳界限称环境容量。若所排出的污水不超过河流的环境容量时，可不经处理直接排放，否则应处理后再排放。处理后的水也可以再利用。

2. 排水系统体制

(1) 分流体制排水系统　将生活污水、工业废水和雨水分别采取两套或两套以上各自独立的排水系统进行排除的方式称为分流制排水系统。通常分为污水排水系统，即排除生活污水及工业废水的系统和雨水排除系统。图12-10所示为某工业区分流制排水系统示意图。

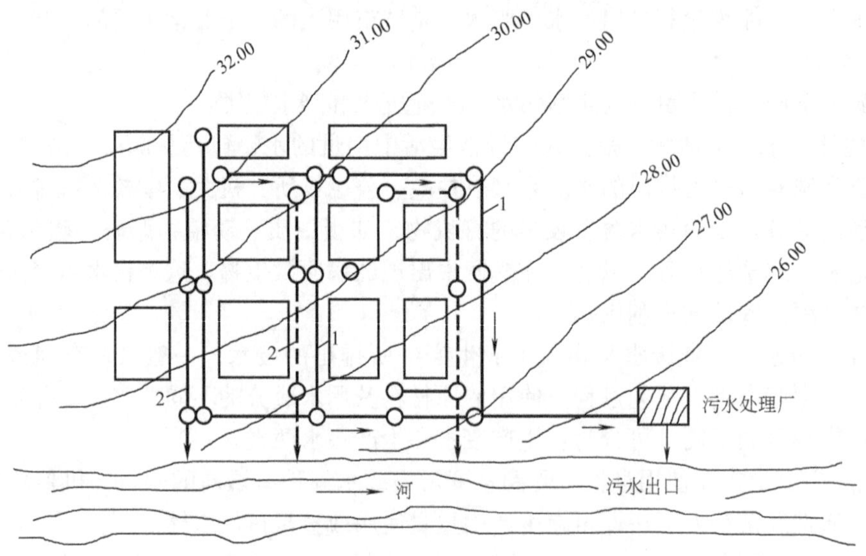

图12-10　某工业区分流制排水系统示意图

根据分流的程度不同分为以下两类：

1）完全分流制系统：这种系统具有污水排水系统和雨水排水系统。

2）不完全分流制系统：这种系统只具有污水排水系统，未建雨水排水系统，雨水沿天然地面、街道、水沟、水渠等原有渠道系统排泄，或者为了补充原有渠道系统输水能力的不足而修建部分雨水道，待城市进一步发展再修建雨水排水系统。

工业企业中一般采用分流制，而且由于不同车间废水性质不同，彼此之间不宜混合，以免造成水和污泥处理的复杂化，在多数情况下采用分质分流、清污分流几种管道系统分别排除。冷冻厂大都是有机污水，可与生活污水合并排放，流入处理设施。生产废水可直接排入雨水道或循环使用重复利用。

(2) 合流制排水系统　合流制排水系统包括以下两种：

1）简单合流系统。是将排除的混合污水不经处理直接就进排入水体，使水体受到严重

的污染，这是古老的自然形成的排水方式。他们起简单的排水作用，目的是避免积水危害。此系统主要运用于以下几种情况，地面有一定的坡度倾向水体，当水体处于高水位时，岸边不受淹没。排水区域内有一处或多处水源充沛的水体，其流量和流速都足够大，一定量的混合污水排入水体后对水体造成的危害程度在允许的范围内。在考虑采用该系统时应充分考虑水体的环境容量限制。

2）截流式合流系统。这种系统是在临河岸边建造一条截流干管，同时在合流干管与截流干管相交前或相交处设置溢流井，并在截流干管下游设置污水处理厂。截流干管一般沿水体岸边平行布置，其高程应使连接支管的混合污水顺利流入。晴天和初期降雨时所用污水都送至污水处理厂，经处理后排入水体，随着降雨量的增加，雨水径流也增加，当混合污水的流量超过截流干管的输水能力后，就有部分混合污水经溢流井溢出，直接排入水体。

3. 城市污水排水系统

城市污水包括排入城镇污水管道的生活污水和工业废水。将工业废水排入城市生活污水排水系统，就组成城市污水排水系统。

城市生活污水排水系统由以下几个部分组成：

（1）室内排水管道系统及设备　它包括各种卫生设备、生产设备受水器、排水管道、通气管及与室外居住小区管道相邻的出水管。

（2）室外排水管道系统　此系统布置在地下，依靠重力流输送污水至泵站、水厂或水体。它可分为庭院排水系统和街道排水系统。

1）庭院排水系统：又称为小区排水系统，是连接建筑物出户管的污水传道系统。它分为接户管、小区支管和小区干管。

2）街道排水系统：系统敷设在街道下，用以排除居民小区管道流来的污水。在一个市区内，它由城市支管、干管、主干管等组成。

3）污水泵站及压力管道：污水一般以重力流排除，但如果管线长，后面埋深过大以及受地质条件限制而发生困难时，需设置污水泵站来提升污水。压送从泵站出来的污水至高地自流管道或至污水厂的承压管段称为压力管道。

4）污水处理厂：供处理和利用污水、污泥的一系列构筑物及其附属构筑物的综合体称污水处理厂。城市污水处理厂一般设在河流下游地段，并与居民点保持一定卫生防护距离。如果工业企业所排废水水质较好，允许直接排入城市下水道与城市污水合并处理，则厂区内可不单独设处理站。对不作污水处理地区的房屋，污水经化粪池作简单处理。

5）出水口及事故排出口：出水口是排水系统最终点，包括雨水排放口和污水排放口。事故排出口是在排水系统易于发生故障的组成部分前面，设置辅助性出水管道，一旦发生故障，污水可直接由此排放。

12.2.2　建筑排水

建筑排水是工业与民用建筑物内部和居住小区范围内生活设施和生产设备排出的生活污水和工业废水以及雨水的总称。建筑排水系统的任务是将自卫生器具和生产设备排除的污水及降落在屋面上的雨、雪水，用最经济合理的管道迅速地排到室外排水管道中去；同时应考虑防止室外排水管道中的有害气体、臭气及有害虫类进入室内，并为室外污水的处理和综合利用提供便利条件。

1. 排水系统的分类和排水方式

按所排除污（废）水的性质，建筑排水系统也可分为三类：

1）生活污水排水系统，排除人们日常生活中的盥洗、洗涤的生活废水和粪便污水。

2）工业废水排水系统，是合流制排水系统，排除工矿企业生产过程中所排除的生产污水和生产废水。由于工业生产门类繁多，所排除的污（废）水性质也极为复杂，生产废水仅受轻度污染，生产污水则污染严重，通常需要厂内处理后才能排放。

3）雨水排水系统，排除屋面的雨水和融化的雪水。

上述三大类污（废）水，如分别设置管道排出建筑物外，称分流制排水系统；若将其中两类或三类污（废）水合流排出，则称合流制排水系统。确定建筑排水系统的分流或合流体制，是一项较为复杂而且必须综合考虑其经济技术情况的工作，主要考虑因素有：建筑物污（废）水性质、室外排水体制、市政污水处理设备完善程度及综合利用情况，以及建筑物内排水点和排水位置等。

建筑物内污（废）水的排放必须符合国家有关法令、标准和条例等的规定。

2. 排水体制选择

（1）排水体制　建筑内部排水体制分为分流制和合流制两种，分别称为建筑内部分流排水和建筑内部合流排水。建筑内部分流排水是指居住建筑和公共建筑中的粪便污水和生活废水、工业建筑中的生产污水和生产废水各自由单独的排水管道系统排除。建筑内部合流排水是指建筑中两种或两种以上的污、废水合用一套排水管道系统排除。建筑物宜设置独立的屋面雨水排水系统，迅速、及时地将雨水排至室外雨水管渠或地面。在缺水或严重缺水地区宜设置雨水储存池。

（2）排水体制选择　建筑内部排水体制确定时，应根据污水性质、污染程度、结合建筑外部排水系统体制、有利于综合利用、污水的处理和中水开发等方面的因素考虑。

在下列情况，宜采用分流排水体制：

1）两种污水合流后会产生有毒有害气体或其他有害物质。

2）污染物质同类，但污染物含量差异大。

3）医院污水中含有大量致病菌或含有的放射性元素超过标准。

4）不经处理或略作处理可重复使用的水量较大。

5）建筑中水系统需要收集原水。

6）公共饮食业厨房含有大量油脂的洗涤废水。

7）工业废水中有贵重工业原料需回收利用，及夹有大量矿物质或有毒、有害物质需要单独处理。

8）锅炉、水加热器等加热设备排水温度超过 40℃等。

在下列情况，宜采用合流排水体制：

1）城市有污水处理厂，生活废水不需回用。

2）生产污水与生活污水性质相似。

3. 排水系统的组成

建筑内部排水系统的任务，是要能迅速通畅地将污水排到室外，并能保持系统气压稳定，同时将管道系统内有害有毒气体排到一定空间而保证室内环境卫生（见图 12-11）。完整的排水系统可由以下部分组成：

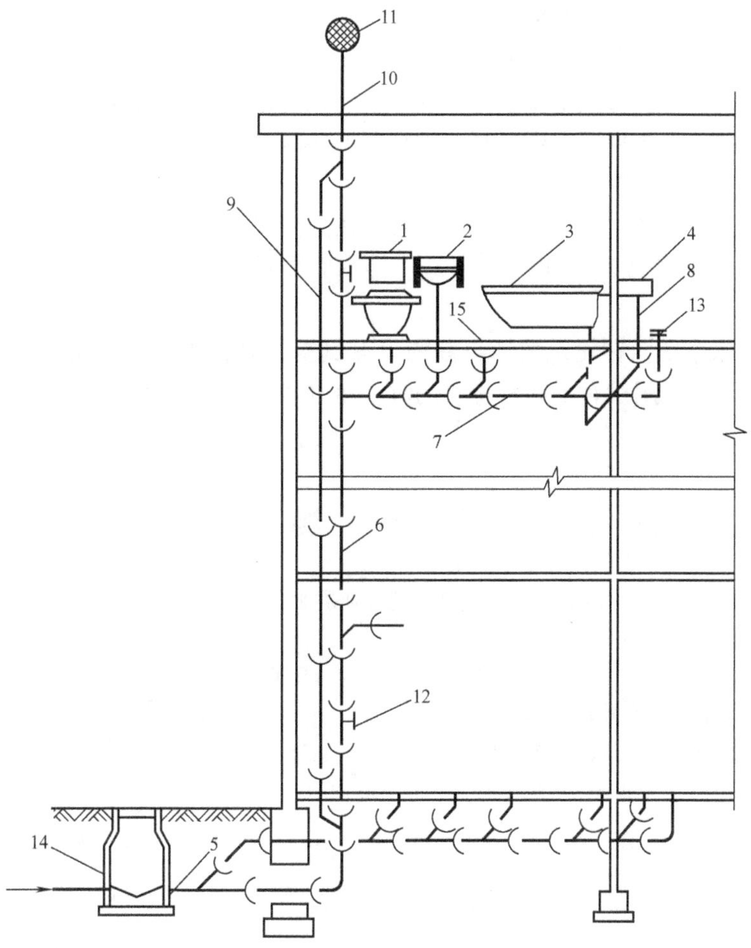

图 12-11 建筑内部排水系统的组成

1—大便器 2—洗脸盆 3—浴盆 4—洗涤盆 5—排出管 6—立管 7—横支管
8—支管 9—通气立管 10—伸顶通气管 11—网罩 12—检查口
13—清扫口 14—检查井

(1) 卫生器具和生产设备受水器 卫生器具是建筑内部排水系统的起点，用以满足人们日常生活或生产过程中各种卫生要求，并收集和排出污（废）水的设备。

(2) 排水管道 排水管道包括器具排水管（指连接卫生器具和横支管的一段短管，除坐式大便器外，其间含有一个存水弯管）、横支管、立管、埋地干管和排出管。

(3) 通气管道 建筑内部排水系统是水气两相流动的，当卫生器具排水时，需向排水管道内补给空气，以减小气压变化，防止卫生器具水封破坏，同时也需将排水管道内的有毒有害气体排放到一定空间的大气中去，以补充新鲜空气，减缓金属管道的腐蚀。

(4) 清通设备 为疏通建筑内部排水管道，保障排水通畅，常需设检查口、清扫口、带清扫门的90°弯头或三通、室内埋地横干管上的检查井等。

(5) 提升设备 工业与民用建筑的地下室、人防建筑物、高层建筑地下技术层、地下铁道、立交桥等地下建筑物的污（废）水不能自流排至室外时，常须设提升设备。

(6) 污水局部处理构筑物 当建筑内部污水未经处理不能排入其他管道或市政排水管

网和水体时，须设污水局部处理构筑物。

目前，建筑内部排水系统绝大部分都属于重力非满流排水，它是利用重力作用，水由高处向低处流动，不消耗动力，节能且管理简单。但重力非满流排水系统管径大，占地面积大，横管要有坡度，管道容易淤积堵塞。为克服这些缺点，近几年国内外出现了一些新型排水系统。

（1）压力流排水系统　压力流排水系统是在卫生器具排水口下装设微型污水泵，卫生器具排水时微型污水泵启动加压排水，使排水管内的水流状态由重力非满流变为压力满流。

（2）真空排水系统　在建筑物地下室内设有真空泵站，真空泵站由真空泵、真空收集器和污水泵组成。并采用设有手动真空阀的真空坐便器，其他卫生器具下面设液位传感器，来自动控制真空阀的启闭。

思　考　题

1. 给水系统工程设施由哪几个部分组成？其用途分别是什么？
2. 建筑给水系统由哪几部分组成？其用途分别是什么？
3. 按所排除污（废）水的性质，建筑排水系统可分为哪几类？
4. 建筑给水所需的水压水量如何计算？
5. 新型排水系统有哪些？简述各自特点。

第 13 章

13

土木工程施工

土木工程施工范围广泛，内容极为丰富，如土石方工程（Cubic Metre of Earth and Stone)、基础工程、砌筑工程、钢筋混凝土工程、预应力混凝土工程、房屋和构筑物主体结构施工、模板与脚手架（Scaffold）工程、安装（Erect）工程、防水工程及装饰（Decorate）工程等。施工时需要一定的技术，并且必须做好施工组织设计，同时注意安全生产。

土木工程施工一般包括施工技术与施工组织两大部分：

1）施工技术是以各工种工程（土方工程、桩基础工程、混凝土结构工程、结构安装工程、装饰工程等）施工工艺、技术和方法为研究对象，以施工方案为核心，并结合具体施工对象的特点，选择最合理的施工方案，确定最有效的施工技术措施。

2）施工组织是以工程的施工组织设计为研究对象，科学地编制出指导施工的施工组织设计，合理地安排各工种工程施工中的关键工序，有组织、有计划地进行施工，从而达到工期短、质量好、成本低的目的。

概括起来，土木工程施工主要研究其工艺过程、施工方法、施工技术、施工机械的选用、工程材料的加工、劳动力的组织、施工现场管理、场地平面布置，以及施工各阶段的相互关系、相互配合等问题；其目的是以最少的资源消耗取得最大的投资效益，以最优的施工组织达到最优的工程质量和工程进度，并达到安全施工的要求。

13.1 基础工程施工

13.1.1 基坑（槽）的开挖

1. 土方边坡

在开挖基坑、沟槽或填筑路堤时，为了防止塌方，保证施工安全及边坡稳定，其边沿应考虑放坡或进行支护。土方边坡的坡度以其高度 h 与底宽 b 之比表示（见图13-1)，即

$$土方边坡坡度 = \frac{h}{b} = \frac{1}{\frac{b}{h}} = 1:m$$

式中 m——坡度系数，$m=b/h$。

边坡的坡度应根据不同的填挖高度、土的物理力学性质和工程的重要性、边坡附近地面堆载情况由设计确定。在满足土体边坡稳定的条件下，可做成直线形或折线形边坡（见

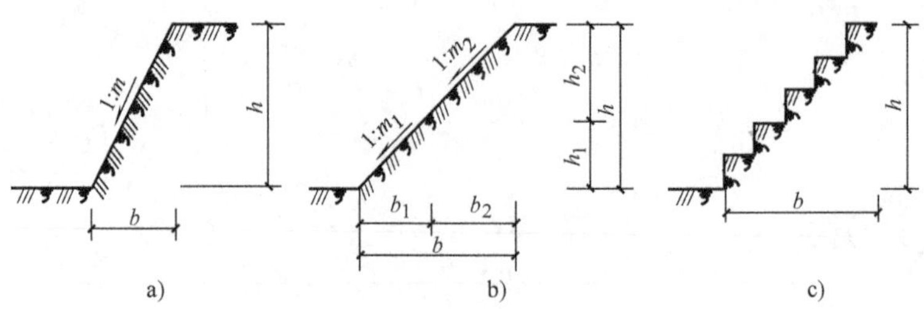

图13-1 边坡形式

a）直线形边坡 b）折线形边坡 c）阶梯形边坡

图13-1)，以减少土方施工量。

GB 50201—2012《土方及爆破工程施工及验收规范》规定，土方开挖的坡度应符合下列规定：

1）永久性挖方边坡坡度应符合设计要求。当工程地质与设计资料不符，需修改边坡坡度或采取加固措施时，应由设计单位确定。

2）临时性挖方边坡坡度应根据工程地质和开挖边坡高度要求，结合当地同类土体的稳定坡度确定。

3）在坡体整体稳定的情况下，如地质条件良好、土（岩）质较均匀，高度在3m以内的临时性挖方边坡坡度宜符合表13-1的规定。

表13-1 临时性挖方边坡坡度值

土的类别		边坡坡度
砂土	不包括细砂、粉砂	1:1.25～1:1.50
一般黏性土	坚硬	1:0.75～1:1.00
	硬塑	1:1.00～1:1.25
碎石类土	密实、中密	1:0.50～1:1.00
	稍密	1:1.00～1:1.50

2. 土石方量计算

在土石方工程施工之前，必须计算土石方的工程量。土石方工程的外形通常很复杂而且不规则，一般情况下，都将其假设或划分成为一定的几何形状，采用具有一定精度而又和实际情况近似的方法进行计算。

基坑土方量可按立体几何中棱柱体（由两个平行的平面为底的一种多面体）体积公式计算（见图13-2）

$$V=(A_1+4A_0+A_2)H/6$$

式中 H——基坑深度；

A_1、A_2——基坑上、下底面积；

A_0——基坑中截面面积。

基槽和路堤的土方量可以沿长度方向分段后，再用同样的方法计算（见图13-3）

$$V_1=\frac{L_1}{6}(A_1+4A_0+A_2)$$

式中　V_1——第一段的土方量；

　　L_1——第一段的长度。

将各段土方量相加可得总土方量，即

$$V = V_1 + V_2 + \cdots + V_n$$

开挖基坑（槽）时，如地质条件及周围条件允许，可放坡开挖；但在建筑密集地区施工，有时不允许按要求放坡开挖，或者有防止地下水渗入基坑要求时，就需要用支护结构支撑土壁，以保证施工的顺利和安全，并减少对相邻已有建筑物的不利影响。

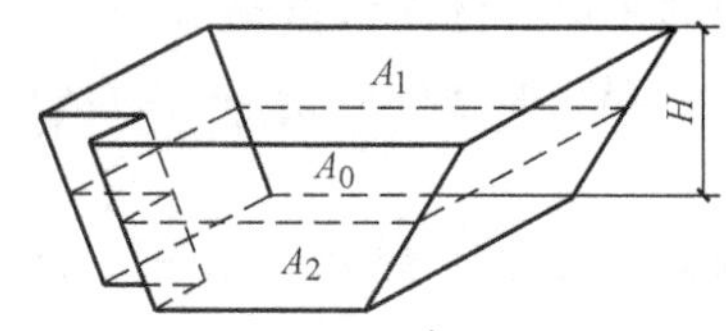

图13-2　基坑土方量计算

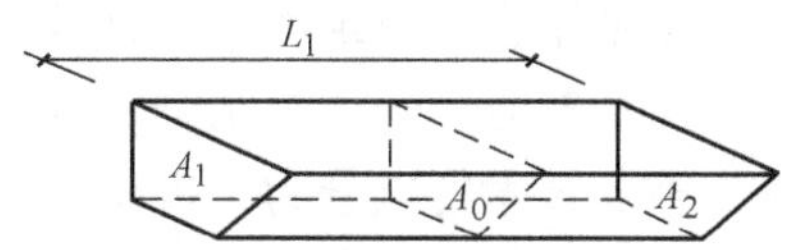

图13-3　基坑土方量计算

3. 土壁支撑

根据基坑（槽）及其深度和平面宽度大小，土壁支撑可采用不同的形式。在开挖较窄的沟槽时，多用木挡板横撑式土壁支撑。横撑式土壁支撑根据挡土板设置的不同，分为水平挡土板式（见图13-4a）和垂直挡土板式（见图13-4b）。前者又可分为断续式和连续式。断续式水平挡土板支撑在湿度小的黏性土及挖土深度小于3m时采用；连续式水平挡土板支撑用于较潮湿的或散粒的土，挖土深度可达5m。垂直挡土板支撑用于松散的和湿度很高的土，挖土深度不限。

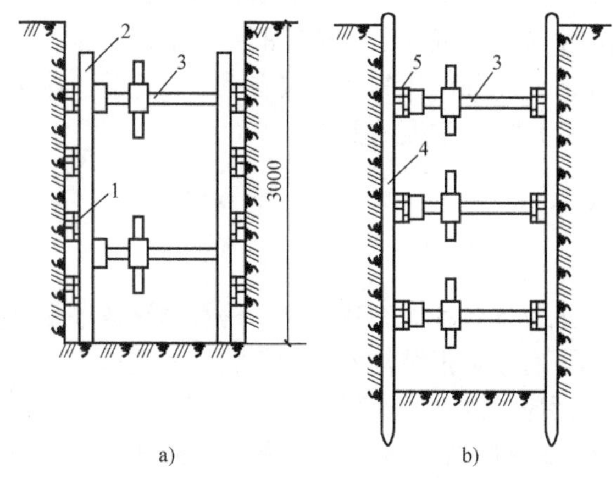

图13-4　横撑式支撑

a）断续式水平挡土板支撑　b）垂直挡土板支撑

1—水平挡土板　2—竖楞　3—横撑　4—垂直挡土板　5—横楞

4. 基坑排水与降水

在地下水位以下开挖基坑（槽）时，要排除地下水和基坑中的积水，保证挖方在较干状态下进行。在一般工程的基础施工中，多采用明沟集水井抽水、井点降水或两者相结合的方法排除地下水。井点降水是在基坑开挖前，先在基坑四周埋设一定数量的井点管和滤水管，挖方前和挖方过程中利用抽水设备，通过井点管抽出地下水，使地下水位降至坑底以下，避免产生坑内涌水、塌方事故，保证土方开挖正常进行。

13.1.2 路基工程

公路、铁路是一种线形工程构造物。它主要承受和满足汽车荷载的重复作用和经受各种自然因素的长期影响。由于地形、地质和经济条件的限制，路中线在平面上有弯曲，在竖直方向上有起伏。因此，它是一条空间线，其形状称为公路的线形。

路基是公路线形的主体，贯穿公路全线，与沿线的桥梁、涵洞和隧道等相连接。

路堤是指全部用岩土填筑而成的路基，路堑是指全部在原地面开挖而成的路基，当需一侧开挖而另一侧填筑时，为填挖结合路基。

路基施工按其技术特点分为：机械化施工法和爆破施工法。前者适用于一般土方工程，后者是岩质路基开挖的基本方法。

填方路段应将路基范围内的树根全部挖除并将坑穴填平夯实。当坡脚附近地面横坡比较平缓时，可在坡脚处做土质护堤或干砌片石垛护堤。护堤最好用渗水性土填筑，但用与路堤相同的土填筑也可。一般的土和石都可以用作路堤的填料，用卵石、碎石、砾石、粗砂等透水性良好的填料，只要分层填筑，分层压实，可不控制含水量；用黏性土等透水性不良的填料，应在接近最佳含水量情况下分层填筑与压实。

土质路堑开挖，根据挖方数量大小及施工方法的不同，按掘进方向可分为纵向全宽掘进和横向通道掘进两种，同时又可在高度上分单层、双层和纵横混合掘进等。路基施工破坏了土体的天然状态，致使结构松散颗粒重新组合，土团之间留下了许多孔隙，在荷载作用下，可能出现不均匀和过大的沉陷或坍落甚至失稳滑动，所以路基填土必须进行压实。土基压实时，在机具类型、土层厚度及行程遍数已经选定的条件下，压实操作时宜先轻后重、先慢后快、先边缘后中间。压实时，相邻两次的轨迹应有一部分重叠。压实全过程中，经常检查含水量和密实度，以达到符合规定压实度的要求。

13.1.3 深基础工程施工

1. 桩基础

在土木工程建设中，近年来各种大型建筑物、构筑物日益增多，规模越来越大，对基础工程的要求越来越高。为了有效地把结构的上部荷载传递到周围土层的土壤深处承载能力较大的土层上，桩基础被广泛应用到土木工程中。

桩基础是一种常用的深基础，它由桩和桩顶的承台组成。

按桩的受力情况，桩分为摩擦桩和端承桩两类。摩擦桩的桩顶荷载由桩侧摩擦力和桩端承担；端承桩的桩顶荷载主要由桩端阻力承受，桩侧阻力相对桩端阻力而言较小，或可忽略不计。

按桩的施工方法，桩分为预制桩和灌注桩两类。预制桩是在工厂或施工现场预先制好桩，而后用沉桩设备将桩打入、压入、旋入或振入（有时还兼用高压水冲）土中。灌注桩是在施工现场的桩位上用机械或人工成孔，然后在孔内灌注混凝土或钢筋混凝土而成。根据成孔方法的不同，可分为钻、挖、冲孔灌注桩，套管灌注桩和爆扩桩等。桩基础的使用可以在施工中省去大量土方支撑和排水降水设施，施工方便，且一般均能获得良好的技术经济

效果。

桥梁、港口、码头、水闸、电站大坝及其他水工构筑物或建筑物常把钻孔桩作为水域地基加固和基础的结构形式之一。与陆地施工相比较，水域钻孔桩施工地基地质条件比较复杂，水面作业具有明显的季节要求。在重要的航运水道上施工，必须兼顾航运和施工两者安全，所以施工难度大，技术要求高。水域施工必须准备施工场地，用以安装钻孔机械、混凝土灌注设备及其他设备，这既是水域钻孔桩施工的最重要环节，也是水域施工的关键技术和主要难点之一。水域施工场地，依据其建造方法的不同分为两种类型：一类是用围堰筑岛法修筑的水域岛、半岛或长堤，统称为围堰筑岛施工场地；另一类是用船或支架拼装建造的水域施工平台，统称为水域工作平台（见图13-5）。

图13-5　水域工作平台

2. 其他深基础施工

深基础的开挖施工包括：挡土结构的设置和土方施工条件的准备、开挖两部分。挡土结构的选择，要视基坑的深度、场地土质、地下水情况和附近建筑物的距离而定。同时还要考虑为土方开挖机械化施工创造条件。目前常用的挡土结构有以下四种：

（1）土层锚杆拉结的护坡桩法　以护坡桩作为挡土结构是一种传统的方法。近年来由于采用了土层锚杆拉结，使它又获得了新生。用这种方法施工，北京市已在深达23.76m，面积4802m^2的京城大厦和上海市深达11.65m、面积达6000m^2、地层为饱和淤泥质黏土的太平洋饭店主楼施工中获得成功。这种挡土结构是一种简便易行的方法。

（2）桩墙一体法　在外墙部位先打混凝土灌注桩，既能在施工时挡土，将来又能作为建筑物的承重结构。在土质较好的条件下，此法比地下连续墙可省去泥浆处理的麻烦，所以是一种颇佳的选择。北京市许多有地下室的高层建筑用此法施工，效果非常显著。

（3）地下连续墙施工法　地下连续墙是利用泥浆护壁、分段挖土、分段浇筑壁段混凝土，最后成为一个完整的地下构筑物。这种方法对任何土质都能适用，对软土地基尤为显著。由于此法施工时振动小，对附近建筑物影响少，具有噪声低、墙体刚度好、埋置深度大等优点，因此应用范围很广。如宝山钢铁总厂的铁皮坑工程采用地下连续墙施工时，曾做到深达50m。我国已能生产多种成槽机械，如冲击钻、抓斗式成槽机、多头钻式成槽机等，但施工时要因地制宜加以选用。采用多头钻成槽机施工的质量较好，但泥浆处理和弃土脱水比较麻烦。因此，除在深度较大、质量要求较高的工程中采用多头钻成槽机外，一般选用抓斗式成槽机比较方便。

（4）沉井施工法　在软土地区土质极差，深度又较大的情况下，当需要在施工时获得刚性与稳定性都比较高的挡土结构时，沉井施工（见图13-6）是一种不可缺少的方法。此法虽然是一种传统的老方法，但近年来也在不断的改进，如采用泥浆护壁、空气幕下沉，使下沉阻力大大减小；采用水力机械化、空气吸泥、钻吸不排水下沉作业，使下沉速度大大加快，施工安全得到更大的保证。因此，采用沉井施工的面积和深度都不断加大。如上海基础公司施工的沉井，面积最大的达到2115m^2，深度最大的达40m。

图13-6　沉井施工法

13.2　结构工程施工

13.2.1　砌筑工程

砖石砌体在我国有着悠久的历史。它取材方便、技术简单、造价低廉，在工业与民用建筑和构筑物工程中得到了广泛采用。但是砖石砌体工程生产效率低、劳动强度高，难以适应现代建筑工业化的需要，所以必须改善砌体工程的施工工艺，合理组织砌体施工，推广砌块的使用。

砌筑工程是指用砂浆和普通黏土实心砖、空心砖、硅酸盐类砖、石材和各类砌块组成砌体的工程，砌体结构是建筑物的主要结构形式之一。砌体工程是混合结构房屋的主导工种工程。它包括砂浆制备、材料运输、搭设脚手架及砌体砌筑等施工过程。砌筑工程所用材料主要是砖、石或砌块以及砌筑砂浆。

常温下砌砖，普通黏土砖、空心砖的含水率宜为10%~15%，一般应提前0.5~1d浇水润湿，避免砖吸收砂浆中过多的水分而影响黏结力，并可除去砖面上的粉末。但浇水过多会产生砌体走样或滑动。气候干燥时，石料也应先洒水润湿。但灰砂砖、粉煤灰砖不宜浇水过多，其含水率控制在5%~8%为宜。

砌筑砂浆有水泥砂浆、石灰砂浆和混合砂浆。砂浆种类选择及其等级应根据设计要求确定。水泥砂浆和混合砂浆可用于砌筑潮湿环境和强度要求较高的砌体，但对于基础一般只用水泥砂浆。石灰砂浆宜用于砌筑干燥环境中及强度要求不高的砌体，不宜用于潮湿环境的砌体及基础。因为石灰属气硬性胶凝材料，在潮湿环境中，石灰膏不但难以结硬，而且会出现溶解流散现象。制备混合砂浆和石灰砂浆用的石灰膏，应经筛网过滤并在化灰池中熟化时间不少于7d。严禁使用脱水硬化的石灰膏。

砂浆稠度的选择主要根据墙体材料、砌筑部位及气候条件而定。一般实心砖墙和柱，砂浆的流动性宜为70~100mm；砌筑平拱过梁、毛石及砌块宜为50~70mm；砌筑空心砖墙、柱宜为60~80mm。

砌筑用脚手架是砌筑过程中堆放材料和工人进行操作的临时设施。脚手架的种类很多，按其搭设位置分为外脚手架、里脚手架；按其结构形式分为多立杆式、门式、悬吊式、挑梁式、碗扣式脚手架；按常用材料分为木脚手架、竹脚手架和金属脚手架。

脚手架的搭设应满足下列要求：

1）其宽度应满足工人操作、材料堆放和运输要求。其宽度一般为1.5~2m，每步架高1.2~1.4m。

2）有足够的强度、刚度和稳定性。

3）装拆方便，能多次周转使用。

目前，常用的垂直运输工具主要有井架、龙门起重机等。

(1) 井架 井架（见图13-7）的特点是取材方便、稳定性好、运输量大，可同时带有起重臂和吊盘，也可以不带起重臂。

(2) 龙门起重机 龙门起重机（见图13-8）由两根支架及横梁组成，在横梁上设置滑轮、导轨、吊盘，进行材料的垂直运输。龙门起重机构造简单、制作方便，常用于多层建筑施工；起吊高度为14~30m，起重量为6~52kN。

当预计连续10d的连续气温低于5℃时，砌筑工程的施工应按冬期施工的要求进行砌筑。冬期施工所用的材料应符合如下规定：

1）砖和石材在砌筑前，应清除冰霜。

2）砂浆宜采用普通硅酸盐水泥拌制。

3）石灰膏、黏土膏和电石膏等应防止受冻，如遭冻应融化后使用。

4）拌制砂浆所用的砂，不得含有冰块和直径大于1cm的冰结块。

5）拌和砂浆时，水的温度不得超过80℃，砂的温度不得超过40℃。

普通砖在正温度条件下砌筑应适当浇水润湿，在负温度条件下砌筑时，如浇水有困难，则需适当加大砂浆的稠度。

砖基础的施工和回填土前，均应防止地基遭受冻结。砖石工程的冬期施工应以采用掺盐砂浆法为主。对保温、绝缘、装饰等方面有特殊要求的工程，可采用冻结法或其他施工方法。冬期施工中，每日砌筑后应在砌体表面覆盖保温材料。

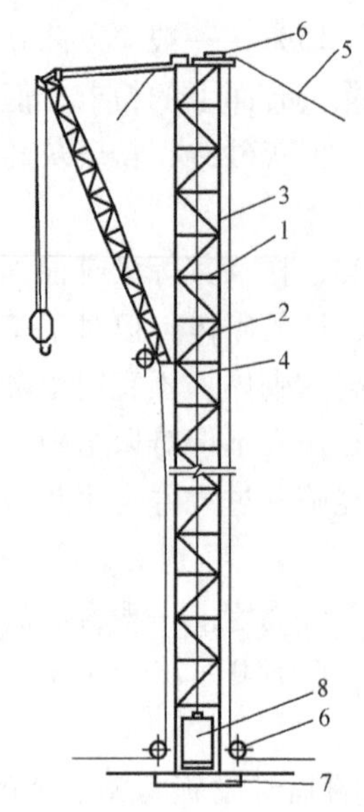

图13-7 井架

1—平撑 2—斜撑 3—立柱 4—钢丝绳
5—缆风绳 6—滑轮 7—垫木 8—内吊盘

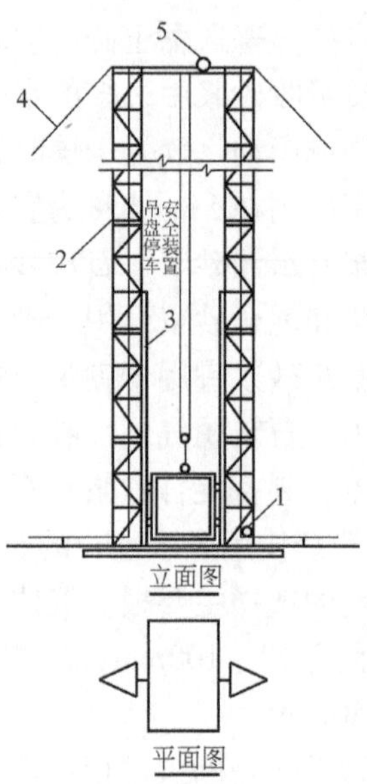

图13-8 龙门起重机

1—地轮 2—立柱 3—导轨
4—缆风绳 5—天轮

13.2.2 钢筋混凝土工程

钢筋混凝土工程包括钢筋工程、模板工程、混凝土工程。

1. 钢筋工程

(1) 钢筋工程概述 土木工程结构中常用的钢材有钢筋、钢丝和钢绞线三类。

钢筋按其化学成分，分为低碳钢钢筋和普通低合金钢钢筋（在碳素钢成分中加入锰、钛、钒等合金元素以改善性能）。钢筋分为热轧钢筋和热处理钢筋。热轧钢筋又可分为普通热轧钢筋和细晶粒热轧钢筋，根据力学性能指标的高低，分为HPB300（符号Φ）、HRB335（符号Φ）、HRBF335（符号Φ^{F}）、HRB400（符号Φ）、HRBF400（符号Φ^{F}）、RRB400（符号Φ^{R}）、HRB500（符号Φ）、HRBF500（符号Φ^{F}）八个种类。热轧钢筋的牌号是由英文字母和数字组成，其中HPB是代表热轧光圆钢筋，HRB是代表热轧带肋钢筋，HRBF是代表细晶粒热轧带肋钢筋，RRB是代表余热处理带肋钢筋。钢筋牌号中的数字代表钢筋的屈服强度值，单位为“N/mm^2”。

热处理钢筋分为40Si2Mn、48Si2Mn、45Si2Cr三个级别，钢筋的强度和硬度逐级升高，但塑性则逐级降低。HPB300级钢筋的表面为光圆，HRB335、HRB400级钢筋表面为人字纹、月牙形纹或螺纹，RRB400级钢筋表面则有光圆与螺纹两种。为便于运输，$\phi6\sim\phi9$的钢筋常卷成圆盘，大于$\phi12$的钢筋则轧成6~12m长一根。常用的钢丝有刻痕钢丝、碳素钢丝和冷拔低碳钢丝三类，而冷拔低碳钢丝又分为甲级和乙级，一般皆卷成圆盘。

钢绞线一般由7根圆钢丝捻成，钢丝为高强钢丝。目前我国重点发展屈服强度标准值为400MPa的新HRB400级钢的钢筋和屈服强度为1720~1860MPa的低松弛、高强度钢丝的钢绞线，同时辅以小直径（$\phi4\sim\phi12$）的冷轧带肋螺纹钢筋。同时，我国还大力推广焊接钢筋网和以普通低碳钢热轧盘条经冷轧扭工艺制成的冷轧扭钢筋。

钢筋一般在钢筋车间或工地的钢筋加工棚加工，然后运至现场安装或绑扎。钢筋加工过程取决于成品种类，一般的加工过程有冷拉、冷拔、调直、剪切、镦头、弯曲、焊接、绑扎等。

（2）钢筋的冷加工　钢筋的冷加工采用冷拉、冷拔的方法对钢筋进行冷加工，用以获得冷拉钢筋和冷拔钢丝。钢筋冷拉是在常温下对热轧钢筋进行强力拉伸，拉应力超过钢筋的屈服强度，使钢筋产生塑性变形，以达到调直钢筋、提高强度、节约钢材的目的。冷拉HPB300级钢筋多用于结构中的受拉钢筋，冷拉HRB335、HRB400、RRB400级钢筋多用作预应力构件中的预应力筋，其塑性、韧性及弹性模量都会有所降低。钢筋冷拉的控制方法有冷拉率控制法和应力控制法两种。冷拔是用热轧钢筋（直径8mm以下）通过钨合金的拔丝模进行强力冷拔。钢筋通过拔丝模时，受到轴向拉伸与径向压缩的作用，使钢筋内部晶格变形而产生塑性变形，因而抗拉强度提高（可提高50%~90%），塑性降低，呈硬钢性质。光圆钢筋经冷拔后称“冷拔低碳钢丝”。

（3）钢筋的连接　钢筋的连接包括以下三种方式：绑扎、焊接和机械连接。绑扎目前仍为钢筋连接的主要手段之一（见图13-9）。钢筋绑扎时，钢筋交叉点用铁丝扎牢；板和墙的钢筋网，除外围两行钢筋的相交点全部扎牢外，中间部分交叉点可相隔交错扎牢，保证受力钢筋位置不产生偏移；梁和柱的箍筋应与受力钢筋垂直设置，弯钩叠合处应沿受力钢筋方向错开设置。受拉钢筋和受压钢筋接头的搭接长度及接头位置符合施工及验收规范的规定。焊接分为对焊、电弧焊等几种方式；机械连接分为螺纹连接和挤压连接两种方式。

图 13-9　钢筋绑扎现场示意图

2. 模板工程

（1）模板工程的基本要求　模板是新浇混凝土成型用的模型，在设计与施工中要求能保证结构和构件的形状、位置、尺寸的准确，具有足够的强度、刚度和稳定性，装拆方便，能多次周转使用，接缝严密不漏浆。模板系统包括模板、支撑和紧固件。模板工程量大，材料和劳动力消耗多，正确选择其材料、形式和合理组织施工，对加速混凝土工程施工和降低造价有显著效果。

（2）常用模板工程　目前常用的模板包括木模板、组合模板、大模板等。木模板、胶合板模板在一些工程上仍广泛应用。这类模板一般为散装散拆式模板，也有的加工成基本元件（拼板），在现场进行拼装，拆除后也可周转使用（见图13-10）。拼板由一些板条用拼条钉拼而成（胶合板模板则用整块胶合板），板条厚度一般为25~50mm，板条宽度不宜超过200mm，以保证干缩时缝隙均匀，浇水后易于密封。但不限制梁底板的板条宽度，以减少漏浆。拼板的拼条（小肋）的间距取决于新浇混凝土的侧压力和板条的厚度，多为

400～500mm。

图 13-10 木制模板

组合模板是一种工具式模板，是工程施工用得最多的一种模板。它由具有一定模数的若干类型的板块、角模、支撑和连接件组成。用它可以拼出多种尺寸和几何形状，以适应多种类型建筑物的梁、柱、板、墙、基础和设备基础等施工的需要，也可用它拼成大模板、隧道模和台模等。施工时可以在现场直接组装，也可以预拼装成大块模板或构件模板用起重机吊运安装。组合模板的板块有钢的，也有钢框木（竹）胶合板的。组合模板不但用于建筑工程、桥梁工程，也广泛应用于地下工程。

大模板（见图 13-11）在建筑、桥梁及地下工程中广泛应用，它是一种大尺寸的工具式模板，如建筑工程中一块墙面用一块大模板。因为其重量大，装拆都需起重机械吊装，可提高机械化程度，减少用工量和缩短工期。大模板是目前我国剪力墙和筒体体系的高层建筑、桥墩、筒仓等施工用得较多的一种模板，已形成工业化模板体系。一块大模板由面板、次肋、主肋、支撑桁架、稳定机构及附件组成。

图 13-11 大模板构造

3. 混凝土工程

混凝土工程的施工环节包括混凝土制备、运输、浇筑捣实和养护等，各个施工过程相互联系和影响，任一施工过程处理不当都会影响混凝土工程的最终质量。故混凝土工程施工中的任何一个细小环节，都有严格的法律法规来规范。

（1）混凝土制备 混凝土制备是指将各种组成材料拌制成质地均匀、颜色一致、具备一定流动性的混凝土拌合物。混凝土配合比是按照细集料恰好填满粗集料的间隙，水泥浆又均匀地分布在粗细集料表面的原理设计的。如混凝土制备得不均匀就不能获得密实的混凝土，影响混凝土的质量，所以混凝土制备是混凝土施工工艺过程中很重要的一道工序。

混凝土的施工配合比应保证结构设计对混凝土强度等级及施工对混凝土和易性的要求，并应符合合理使用材料、节约水泥的原则。必要时，还应符合抗冻性、抗渗性等要求。

当混凝土的设计强度等级小于C60时，其施工配制强度可按下式确定

$$f_{cu,0}=f_{cu,k}+1.645\sigma \tag{3-1}$$

式中　$f_{cu,0}$——混凝土的施工配制强度（N/mm^2）；

$f_{cu,k}$——混凝土设计强度标准值（N/mm^2）；

σ——施工单位的混凝土强度标准差（N/mm^2）。

当设计强度等级不小于C60时，其施工配制强度应按下式确定

$$f_{cu,0}=1.15f_{cu,k}$$

当施工单位具有近期的同一品种混凝土强度的统计资料时，σ 可按下式计算

$$\sigma=\sqrt{\frac{\sum f_{cu,i}^2-N\mu_{f_{cu}}^2}{N-1}} \tag{3-2}$$

式中　$f_{cu,i}$——统计周期内同一品种混凝土第 i 组试件强度（N/mm^2）；

$\mu_{f_{cu}}$——统计周期内同一品种混凝土 N 组强度的平均值（N/mm^2）；

N——统计周期内相同混凝土强度等级的试件组数，$N \geqslant 25$。

应用上式计算时应注意：①“同一品种混凝土”指混凝土强度等级相同且生产工艺和配合比基本相同的混凝土；②对预拌混凝土工厂和预制混凝土构件厂，统计周期可取为一个月；对现场拌制混凝土的施工单位，统计周期可根据实际情况确定，但不宜超过三个月；③当混凝土强度等级不大于C30时，如计算得到的 $\sigma<3.0N/mm^2$，取 $\sigma=3.0N/mm^2$；当混凝土强度等级大于C30且小于C60时，如计算得到的 $\sigma<4.0N/mm^2$，取 $\sigma=4.0N/mm^2$。

施工单位如无近期同一品种混凝土强度统计资料时，σ 可按表13-2取值。

表13-2　混凝土强度标准值 σ

混凝土强度等级	低于C20	C25～C45	C50～C55
$\sigma/(N/mm^2)$	4.0	5.0	6.0

注：表中 σ 值反映我国施工单位的混凝土施工技术和管理的平均水平，采用时可根据本单位情况作适当调整。

混凝土制备的方法，除工程量很小且分散的场合用人工拌制外，皆应采用机械搅拌。混凝土搅拌机按其搅拌原理分为自落式和强制式两类（见图13-12）。自落式搅拌机的搅拌筒内壁焊有弧形叶片，当搅拌筒绕水平轴旋转时，弧形叶片不断将物料提高一定高度，然后自由落下而互相混合。因此，自落式搅拌机主要是以重力机理设计的。在这种搅拌机中，物料的运动轨迹是这样的：未处于叶片带动范围内的物料，在重力作用下沿拌合料的倾斜表面自动滚下；处于叶片带动范围内的物料，在被提升到一定高度后，先自由落下再沿倾斜表面下滚。由于下落时间、落点和滚动距离不同，使物料颗粒相互穿插、翻拌、混合而达到均匀。自落式搅拌机适宜于搅拌塑性混凝土。

双锥反转出料式搅拌机（见图13-13）是自落式搅拌机中较好的一种，宜用于搅拌塑性混凝土。双锥反转出料式搅拌机的搅拌筒由两个截头圆锥组成，搅拌筒每转一周，物料在筒中的循环次数多，效率较高而且叶片布置较好，物料一方面被提升后靠自落进行拌和，另一方面又迫使物料沿轴向左右窜动，搅拌作用强烈。它正转搅拌，反转出料，构造简易，制造容易。

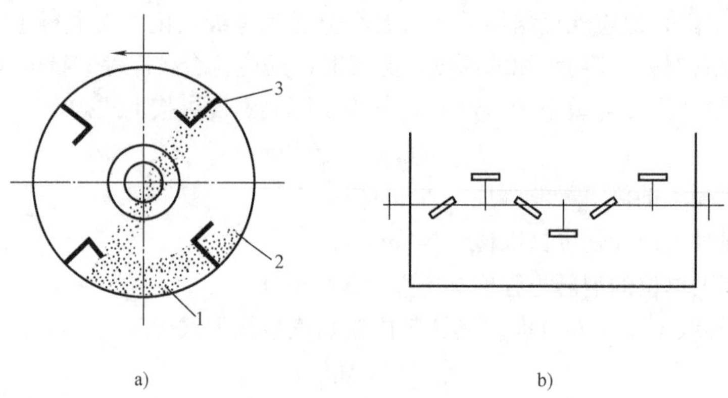

图 13-12　混凝土搅拌原理

a）自落式搅拌　b）强制式搅拌

1—混凝土拌合物　2—搅拌筒　3—叶片

双锥倾翻出料式搅拌机适合于大容量、大集料、大坍落度混凝土搅拌，在我国多用于水电工程、桥梁工程和道路工程。

强制式搅拌机（见图 13-14）主要是根据剪切机理设计的。在这种搅拌机中有转动的叶片，当物料通过这些不同角度和位置的叶片时，克服了物料的惯性、摩擦力和黏滞力，强制其产生环向、径向、竖向运动。这种由叶片强制物料产生剪切位移而达到均匀混合的机理，称为剪切搅拌机理。

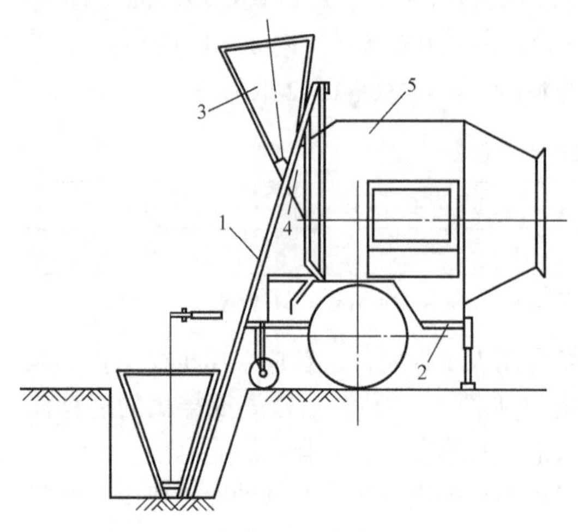

图 13-13　双锥反转出料式搅拌机

1—上料架　2—底盘　3—料斗

4—下料口　5—锥形搅拌筒

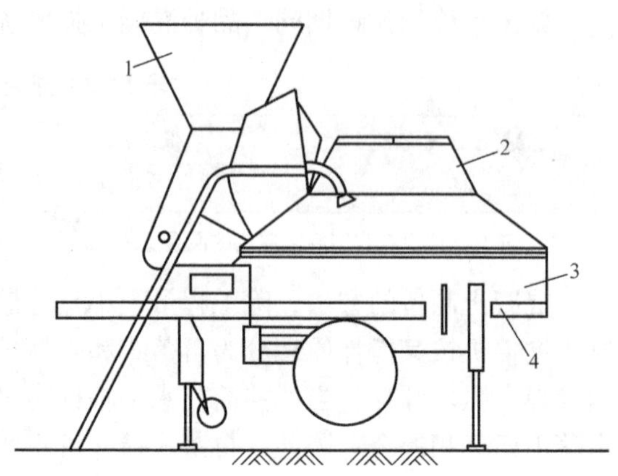

图 13-14　强制式搅拌机

1—进料口　2—拌筒罩

3—搅拌筒　4—出料口

强制式搅拌机的搅拌作用比自落式搅拌机强烈，宜于搅拌干硬性混凝土和轻集料混凝土。但强制式搅拌机的转速比自落式搅拌机高，动力消耗大，叶片、衬板等磨损也大。

强制式搅拌机分为立轴式与卧轴式，卧轴式有单轴、双轴之分，而立轴式又分为涡桨式和行星式（见表 13-3）。

表13-3　混凝土搅拌机类型

双锥自落式		强制式			
		立轴式			卧轴式（单轴、双轴）
		涡桨式	行星式		
反转出料	倾翻出料		定盘式	盘转式	

立轴式搅拌机是通过盘底部的卸料口卸料，卸料迅速。但如卸料口密封不好，水泥浆易漏掉，所以立轴式搅拌机不宜于搅拌流动性大的混凝土。卧轴式搅拌机具有适用范围广、搅拌时间短、搅拌质量好等优点，是目前国内外在大力发展的机型。

选择搅拌机时，要根据工程量大小、混凝土的坍落度、集料尺寸等而定。既要满足技术上的要求，也要考虑经济效益和节约能源。

我国规定混凝土搅拌机以其出料容量（m^3）×1000为标定规格，故我国混凝土搅拌机的系列为：50、150、250、350、500、750、1000、1500和3000。

对混凝土拌和物运输的基本要求是：不产生离析现象、保证浇筑时规定的坍落度和在混凝土初凝之前能有充分时间进行浇筑和捣实。

此外，运输混凝土的工具要不吸水、不漏浆，且运输时间有一定限制。普通混凝土从搅拌机中卸出后到浇筑完毕的延续时间不宜超过表13-4的规定。

表13-4　混凝土从搅拌机中卸出到浇筑完毕的延续时间　　（单位：min）

混凝土强度等级	气温	
	≤25℃	>25℃
≤C30	120	90
>C30	90	60

（2）混凝土运输　混凝土运输分为地面水平运输、垂直运输和高空水平运输三种情况。

1）混凝土地面水平运输：如采用预拌（商品）混凝土且运输距离较远时，多用混凝土搅拌运输车。混凝土如来自工地搅拌站，则多用小型翻斗车，有时还用带式运输机和窄轨翻斗车，近距离也可用双轮手推车。

2）混凝土垂直运输：多采用塔式起重机、混凝土泵、快速提升斗和井架。用塔式起重机时，混凝土多放在吊斗中，这样可直接进行浇筑。

3）混凝土高空水平运输：如垂直运输采用塔式起重机，一般可将料斗中混凝土直接卸在浇筑点；若用混凝土泵，则用布料机布料；若用井架等，则以双轮手推车为主。

混凝土搅拌运输车为长距离运输混凝土的有效工具，它有一搅拌筒斜放在汽车底盘上。在混凝土搅拌站装入混凝土后，由于搅拌筒内有两条螺旋状叶片，在运输过程中搅拌筒可进行慢速转动进行拌和，以防止混凝土离析，运至浇筑地点，搅拌筒反转即可迅速卸出混凝土。搅拌筒的容量一般为 2~10m^3。

(3) 混凝土浇筑 混凝土浇筑要保证混凝土的均匀性和密实性，要保证结构的整体性、尺寸准确和钢筋、预埋件的位置正确，拆模后混凝土表面要平整、光洁。

浇筑前应检查模板、支架、钢筋和预埋件的正确性，并进行验收。由于混凝土工程属于隐蔽工程，因而对混凝土量大的工程、重要工程或重点部位的浇筑，以及其他施工中的重大问题，均应随时填写施工记录。

混凝土浇筑应注意的问题：

1) 防止离析。浇筑混凝土时，混凝土拌合物由料斗、漏斗、混凝土输送管、运输车内卸出时，如自由倾落高度过大，由于粗集料在重力作用下，克服黏滞力后的下落动能大，下落速度较砂浆快，因而可能形成混凝土离析。为此，混凝土自高处倾落的自由高度不应超过2m，在竖向结构中限制自由倾落高度不宜超过3m，否则应沿串筒、斜槽或振动溜管等下料。

2) 正确留置施工缝。混凝土结构多要求整体浇筑，如因技术或组织上的原因不能连续浇筑时，且停顿时间有可能超过混凝土的初凝时间，则应事先确定在适当的位置设置施工缝。由于混凝土的抗拉强度约为其抗压强度的1/10，因而施工缝是结构中的薄弱环节，宜留在结构剪力较小而且施工方便的部位。

在施工缝处继续浇筑混凝土时，应除掉水泥薄层和松动石子，表面加以湿润并冲洗干净，先铺水泥浆或与混凝土砂浆成分相同的砂浆一层，待已浇筑的混凝土强度不低于1.2N/mm^2 时才允许继续浇筑。

(4) 浇筑捣实 混凝土振动密实的原理：产生振动的机械将振动能量通过某种方式传递给混凝土拌合物时，受振混凝土拌合物中所有的集料颗粒都受到强迫振动，它们之间原来赖以保持平衡并使混凝土拌合物保持一定塑性状态的黏着力和内摩擦力随之大大降低，受振混凝土拌合物呈现出所谓的“重质液体状态”，因而混凝土拌合物中的集料犹如悬浮在液体中，在其自重作用下向新的稳定位置沉落，排除存在于混凝土拌合物中的气体，消除孔隙，使集料和水泥浆在模板中得到致密的排列。

振动密实的效果和生产率与振动机械的结构形式和工作方式（插入振动或表面振动）、振动机械的振动参数（振幅、频率、激振力）及混凝土拌合物的性质（集料粒径、坍落度等）密切相关。混凝土拌合物的性质影响着混凝土的固有频率，它对各种振动的传播呈现出不同的阻尼和衰减，有着适应它的最佳频率和振幅。振动机械的结构形式和工作方式，既决定了它对混凝土传递振动能量的能力，也决定了它适用的有效作用范围和生产率。

振动机械按其工作方式分为内部振动器、外部振动器、表面振动器和振动台（见图13-15）。

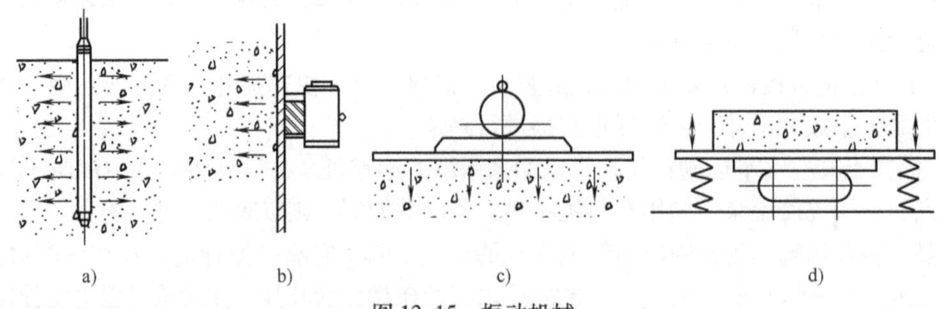

图13-15 振动机械

a) 内部振动器 b) 外部振动器 c) 表面振动器 d) 振动台

(5) 混凝土养护　混凝土养护包括人工养护和自然养护，现场施工多采用自然养护。混凝土浇捣后之所以能逐渐硬化，主要是因为水泥水化作用的结果，而水化作用则需要适当的温度和湿度条件。所谓混凝土的自然养护是指在平均气温高于+5℃的条件下于一定时间内使混凝土保持湿润状态。

混凝土浇筑后，如天气炎热、空气干燥，不及时进行养护，混凝土中的水分会蒸发过快，出现脱水现象，使已形成凝胶体的水泥颗粒不能充分水化，不能转化为稳定的结晶，缺乏足够的黏结力，从而会在混凝土表面出现片状或粉状剥落，影响混凝土的强度。此外，在混凝土尚未具备足够的强度时，其中水分过早的蒸发还会产生较大的收缩变形，出现干缩裂纹，影响混凝土的整体性和耐久性。所以混凝土浇筑后初期阶段的养护非常重要。混凝土浇筑完毕12h以内就应开始养护，干硬性混凝土应于浇筑完毕后立即进行养护。

自然养护分洒水养护和喷涂薄膜养生液养护两种：

1) 洒水养护，即用草帘等将混凝土覆盖，经常洒水使其保持湿润。养护时间长短取决于水泥品种，普通硅酸盐水泥和矿渣硅酸盐水泥拌制的混凝土，不少于7d；掺有缓凝型外加剂或有抗渗要求的混凝土不少于14d。洒水次数以能保证湿润状态为宜。

2) 喷涂薄膜养生液养护，适用于不易洒水养护的高耸构筑物和大面积混凝土结构。它是将过氯乙烯树脂塑料溶液用喷枪喷涂在混凝土表面上，溶液挥发后在混凝土表面形成一层塑料薄膜，将混凝土与空气隔绝，阻止其中水分的蒸发，以保证水化作用的正常进行。有的薄膜在养护完成后能自行老化脱落，否则，不宜用于喷洒在以后要做粉刷的混凝土表面上。在夏季，薄膜成型后要防晒，否则易产生裂纹。

地下建筑或基础，可在其表面涂刷沥青乳液以防止混凝土内水分蒸发。

混凝土必须养护至其强度达到1.2N/mm^{2}以上，才准在其上行人或安装模板和支架。

13.2.3　现代施工技术

1. 预应力混凝土工程

普通钢筋混凝土构件受力后，由于混凝土抗拉极限应变值只有0.0001~0.00015，如果要保证混凝土不开裂，刚受拉钢筋的应力只能达到20~30MPa，即使构件允许出现裂缝，当裂缝的宽度限制在0.2~0.3mm时，受拉钢筋的应力也只能达到150~250MPa。为了克服普通钢筋混凝土构件过早出现裂缝这一缺点，对混凝土预先施加压应力，使混凝土产生一定的压缩变形。当构件受力后，受拉区混凝土的拉伸变形首先由压缩变形抵消，然后随着外力的增加混凝土才继续被拉伸，这就延缓了裂缝的出现，提高结构的抗裂性能。通过合理的设计和精心施工，能使构件在使用荷载作用下不出现裂缝，这种由配置受力的预应力筋通过张拉或其他方法建立预加应力的混凝土结构称为预应力混凝土结构。

预应力混凝土的施工工艺有先张法、后张法、机械法和电热法等。

(1) 先张法　在浇筑混凝土之前张拉预应力筋的方法称为先张法。

先张法的主要施工工序：在台座上张拉预应力筋至预定长度后，将预应力筋固定在台座上，然后在张拉好的预应力筋周围浇筑混凝土，待混凝土达到一定强度（一般不低于混凝土强度标准值的75%），并使预应力筋与混凝土之间有足够黏结力时，切断预应力筋。由于预应力筋的弹性回缩，借助混凝土与预应力筋之间的黏结力，对混凝土施加预应力，具体流程如图13-16所示。

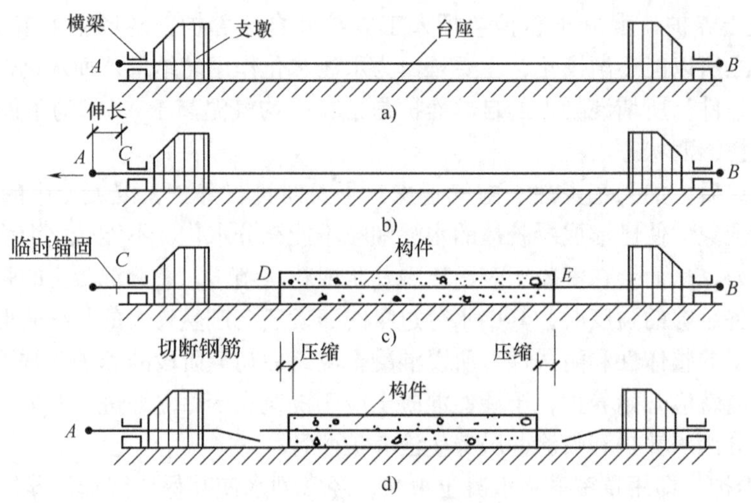

图 13-16　先张法施工工艺

a）钢筋就位　b）张拉钢筋　c）浇筑构件　d）切断钢筋

先张法通常适用于长线台座（50～200m）上成批生产配直线预应力筋的构件，如层面板、空心楼板等。先张法优点为施工工艺简单，生产效率高，锚夹具可多次重复使用等。

（2）后张法　在结硬后的混凝土构件预留孔道中张拉预应力筋的方法称为后张法。

后张法的主要施工工序：在混凝土构件制作时，在放置预应力筋的部位预先留有孔道，待混凝土达到规定强度后，孔道内穿入预应力筋，用张拉机具夹持预应力筋，并将其张拉至设计规定的控制应力，然后借助锚具，将预应力筋锚固在构件端部，最后可不进行孔道灌浆（也可灌浆），完全通过锚具施加预应力，形成无黏结预应力混凝土构件，具体流程如图 13-17所示。

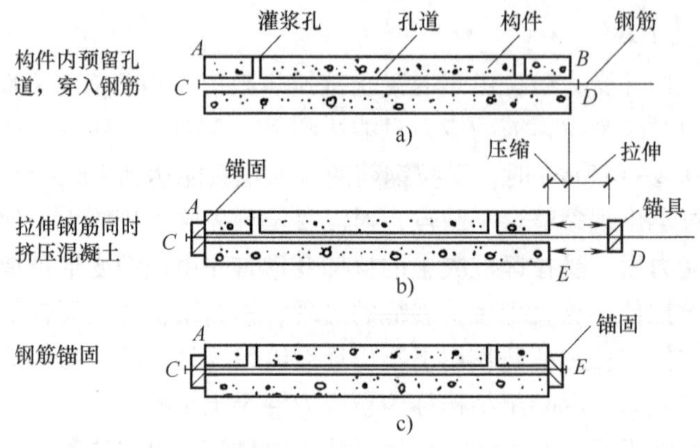

图 13-17　后张法施工工艺

a）预留孔道，浇筑混凝土　b）张拉钢筋　c）钢筋锚固

后张法不需要专门台座，便于在现场制作大型构件，适用于配直线及曲线的预应力筋的构件，但其施工工艺复杂，锚具消耗量大成本较高。

（3）机械法　机械法通常用液压千斤顶完成的，把特殊的千斤顶放置在构件之间或是构

件—岩石之间，通过千斤顶的伸长来对构件施加预压应力，实际工程中应用较少。

（4）电热法　电热法采用强大的电流通过预应力筋使其加热伸长来建立预应力的。其优点是，设备工艺简单，速度快等。其缺点是耗电量大，其预应力难以准确建立。

预应力混凝土结构与普通钢筋混凝土结构相比，优点颇多，可改善结构的使用性能；减小构件截面高度和减轻自重；充分利用高强度钢材；具有良好的裂缝闭合性能；提高抗剪承载力、抗疲劳强度；具有良好的经济性等。

2. 结构抗震工程

传统结构抗震通过增强结构本身的抗震性能（强度、刚度、延性）来抵御地震作用，即由结构本身储存和消耗地震能量，这是被动消极的抗震对策。按传统抗震方法设计的结构不具有自我调节的能力，因此结构很可能不满足安全性的要求，产生严重破坏或倒塌，造成重大的经济损失和人员伤亡。合理有效的抗震途径是对结构施加控制装置（系统），可以在很大程度上控制和降低地震所带来的巨大灾害。目前主要有结构减震控制系统和结构隔震控制系统两种控制方法。

（1）结构减震控制系统　由控制装置与结构共同承受地震作用，即共同储存和耗散地震能量，以调节和减轻地震的反应，这种结构抗震途径称为结构减震控制，这种积极主动的抗震对策是抗震对策的重大安全突破和发展。

（2）结构隔震控制系统　在建筑物基础与上部结构之间设置隔震装置（或系统）形成隔震层，把房屋结构与基础隔离开来，利用隔震装置来隔离和耗散地震能量以避免和减少地震能量向上部结构传输，从而减少建筑物的地震反应，实现地震时隔震层以上主体结构只发生微小的相对运动和变形，最终使建筑物在地震作用下不致损坏或倒塌。隔震系统一般由隔震器和阻尼器等构成，它具有竖向刚度大、水平刚度小、能提供较大阻尼的特点。传统抗震房屋与隔震房屋在地震中的情况对比如图13-18所示。

土木工程抗震设计一般包括概念设计、抗震计算和构造措施三个方面。概念设计在总体上把握抗震设计的基本原则，抗震计算为建筑抗震设计提供定量手段，构造措施则可以在保证结构整体性、加强薄弱环节等意义上保证抗震计算结果的有效性。接下来简单介绍一下抗震概念设计的总体原则，具体内容可以从相关书籍详细深入的学习。

抗震概念设计总则如下：

1）要选择有利于抗震的场地。

2）要选择有利于抗震的地基和基础。

3）选择对抗震有利的建筑平面和立面布置。

4）选择合理的抗震结构体系，如应具有合理的地震作用传递途径，有多道抗震防线，以及具备良好的变形能力和耗能能力。

5）选择合理的结构构件，如具有良好延性，力求避免脆性破坏或失衡破坏。

6）处理好非结构构件与主体结构的关系，如附着于楼层面的非结构构件、围护墙、幕墙等就与主体有可靠的连接。

7）注意材料的选用和施工质量。如种类抗震材料的强度等级应符合最低要求，钢筋接头及焊接质量就满足规范要求，在施工中不宜以强度等级高的钢筋替换原设计中的纵向受力钢筋，结构要有符合抗震要求的构造措施，设置合理的抗震缝，各构件间连接具有足够的强度、整体性、延性，选择合理的耗能减震和隔震装置等。常规的提高结构延性的措施如采用

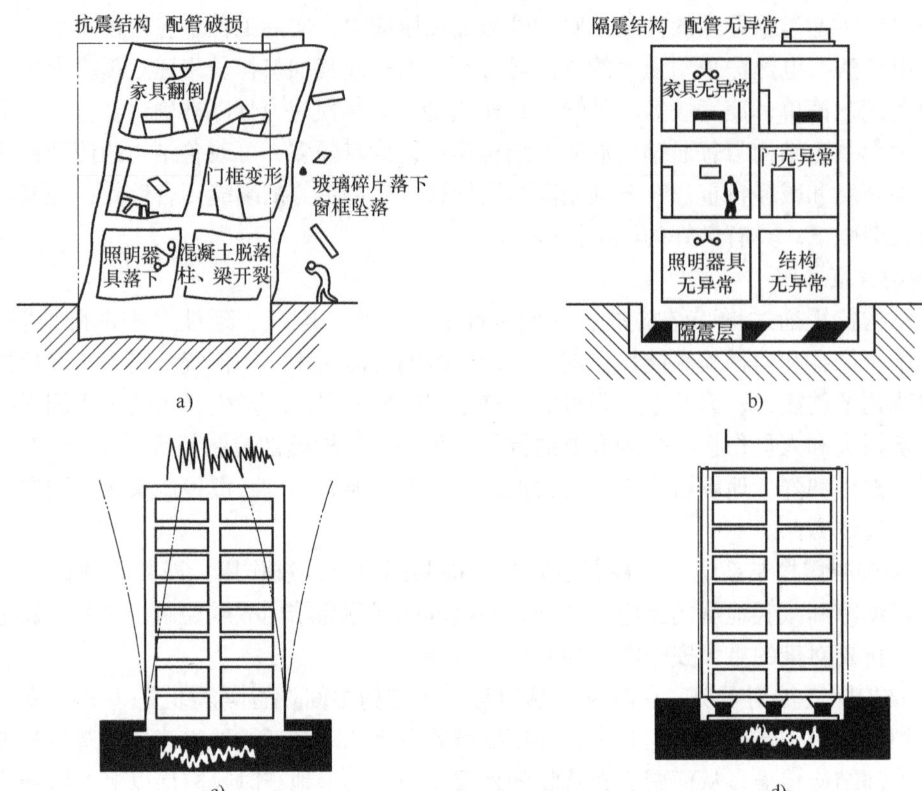

图 13-18 传统抗震房屋与隔震房屋在地震中的情况对比

a）传统抗震房屋——强烈晃动 b）隔震房屋——轻微晃动

c）传统房屋的地震反应 d）隔震房屋的地震反应

强柱弱梁、强剪弱弯、强节点弱构件等。

近年来，国内外抗震设防目标的发展总趋势是要求建筑物在使用期间，对不同频率和强度的地震，应具有不同的抵抗能力，即“小震不坏，中震可修，大震不倒”，这一抗震设防目标为我国《建筑抗震设计规范》所采纳，并提出了严格的三水准设防要求：

第一水准：在遭受低于本地区设防烈度（基本烈度）的多遇地震影响时，建筑物一般不受损害或不需修理仍可继续使用；

第二水准：在遭受本地区规定的设防烈度的地震影响时，建筑物（包括结构和非结构部分）可能有一定的损坏，但不致危及人民生命和生产设备安全，经一般修理或不需修理仍可继续使用；

第三水准：在遭受高于本地区设防烈度的预估罕遇地震影响时，建筑物不致倒塌或发生危及生命的严重破坏。

现代科学技术在建筑施工中的应用，在我国更多地反映在网络技术、全面质量管理和计算机应用技术等方面。在一些发达国家，已开始在建筑业研制和应用机器人，特别是在危险作业中代替人不能胜任的工作；建筑业工厂的自动化流水作业线和建筑机械的遥控作业也在发展中。今后，建筑施工技术将沿着工业化、现代化的道路发展，着重提高量大面广的住宅等一般建筑的功能、质量和效益，以及进行高、大、深、精、尖等特殊建筑物的技术攻关。

建筑工业化是建筑业从手工操作的小生产方式向社会化大生产方式过渡的全过程，在标准化和多样化结合的前提下，着重推进大开间、大柱网、多功能、灵活性大的工业化建筑体系，发展机械化、专业化施工和工厂化、社会化生产，努力掌握多种超高层、大跨度、深基础及各类建筑的施工成套技术及现代施工组织设计管理。

思　考　题

1. 土木工程施工包括几部分？设置这门学科的意义是什么？
2. 砌筑工程冬期施工需要注意些什么？
3. 混凝土浇筑应注意些什么问题？
4. 混凝土振动密实的原理是什么？
5. 试分别描述先张法和后张法的施工工艺原理。
6. 试简述抗震设防三水准的内容。

14

第 14 章 土木工程防灾、减灾

14.1 灾害含义与类型

14.1.1 灾害的含义

灾害就是指那些由于自然的、人为的或人与自然的原因，对人类的生存和社会发展造成损害的各种现象。灾害是事物运动、变化、发展的一种极端表现形式，其特点是损害人类的利益、威胁人类的生存和持续发展。

14.1.2 灾害类型

通常灾害是由自然原因和社会原因所引起。自然原因可能有地震、风灾、洪水、海啸、山崩、泥石流、山体滑坡、缺水等。社会原因有水质和大气污染、火灾、噪声、交通事故、坑道坍陷、地面下沉等。

在 20 世纪，自然或人为的灾害给全球人类造成了不可估量的损失。联合国公布了 20 世纪全球十项最具危害性的战争外灾难为：

1）地震灾害。2004 年 12 月 26 日印度洋海底发生里氏 8.9 级的强烈地震，周边各国遭受重大损失，死亡人数达 30 万人（见图 14-1）。2008 年 5 月 12 日中国汶川发生 8.0 级地震（见图 14-2），造成重大人员伤亡和财产损失，死亡人数高达 69227 人。

2）风灾。2005 年，一场名为“卡特里娜”的飓风席卷墨西哥湾，受灾最严重的新奥尔良城几乎被毁。这场灾难超过了“9·11”恐怖袭击，可与 1900 年致使上万人遇难的美国历史上危害最大的飓风“加尔维斯顿”相媲美。“卡特里娜”飓风的破坏性极强，为美国数十年来所罕见，给世界上科技最发达的国家也造成了如此严重的灾难，令人们至今仍心有余悸（见图 14-3）。

3）水旱灾。每年水旱灾占全部自然灾害的 60% 以上，2000 年发生在印度西孟加拉邦的连日大雨引发了洪水，有近 1000 人死于洪水（见图 14-4）。

4）火山喷发。20 世纪 10 万多人死于此灾难。

5）海洋灾难。2004 年印度洋由地震引发海啸，30 万人遇难。

6）生物灾难。1945 年缅甸的鳄鱼一天吞吃 900 人（见图 14-5）。

7）地质灾害。20 世纪最大的山体滑坡使得 19 万人死亡。

8）火灾。1938 年长沙纵火案烧死 3 万人，造成较大的财产损失（见图 14-6）。

图 14-1　印度洋海啸后满目疮痍的乌来来海滩

图 14-2　中国汶川地震灾区

图 14-3　“卡特里娜”飓风灾区

图 14-4　印度西孟加拉邦的洪水

图 14-5　缅甸的鳄鱼一天吞吃 900 人

图 14-6　长沙纵火案现场

9）交通灾害。1982年阿富汗隧道惨案死亡人数1100人。

10）城市灾害新灾源。城市污染、有害气体等。

1980年以来我国科学家多次考察了古代楼兰王国的遗迹，有大量证据表明楼兰古国的灭绝可能起因于一次大的自然灾害。楼兰是汉朝西域三十六国之一，早在公元前2世纪就已有城郭，位于盐泽附近（今罗布泊）。《史记·大宛传》载张骞第一次出使西域（前139～前126）后上书汉武帝说："楼兰，姑师邑有城郭，临盐泽"。楼兰古城是楼兰古国的经济、文化和政治中心，也是早期"丝绸之路"上的交通要塞。魏、晋和前凉时中央王朝均在此设置管理西域的最高军事行政长官——西域长史。大约在公元4世纪，楼兰古国突然在史书上消失，楼兰古城变成了一座死城。有人推测，当时的楼兰古国可能碰上了一次人类难以抵御的大沙尘暴，并因此湮灭。

各种灾害对人类的危害和破坏方式复杂多样，但概括起来主要表现在以下几个方面：

1. 危及人类生命和健康，威胁人类的正常生活

自然灾害直接危害人类生命和健康。一次严重灾害会导致千百万人乃至上亿人受灾，并造成巨大的人员伤亡。例如，1556年1月23日，陕西华县、潼关大地震造成83万人死亡；1976年7月28日河北省唐山大地震造成24.2万人死亡；1970年1月5日云南通海强烈地震造成15621人死亡。

2. 破坏公益设施和公私财产，造成严重的经济损失

自然灾害对房屋、公路、铁路、桥梁、隧道、水利工程设施、电力工程设施、通信设施、城市公共设施以及机器设备、产品、材料、家庭财产、农作物等常常造成严重破坏，其直接经济损失无疑是巨大的。

一些巨大的突发性灾害可以在大范围内造成十分严重的破坏，有的甚至使一些城市被彻底摧毁。例如，1981年7月，四川盆地发生历史上罕见的大洪水，119个县（市、区）1584万人受灾，57个县以上城镇和776个小城镇不同程度地被洪水淹没，除造成888人死亡、13010人受伤外，还冲毁耕地75万m^2，冲走粮食25万t，死亡牲畜13.9万头，倒塌房屋139万间。冲毁水库15座、塘堰1.4万处、渠道2576km、堤防641km、小电站130处、提灌站3401处，还导致成渝、宝成、成昆铁路多处塌方，8条国道、省道和482条县级公路冲断，直接经济损失约25亿元（当年价）。

3. 破坏资源和环境，威胁国民经济的可持续发展

灾害与环境具有密切的作用与反作用关系：环境恶化可以导致自然灾害，自然灾害又反过来促使环境进一步恶化。灾害和环境变化除了直接影响人类生活和生产活动外，还对人类必需的水土资源、矿产资源、生物资源、海洋资源等产生长远的影响，进而威胁人类的生存与发展。例如，干旱、风沙、洪水、泥石流及与之密切相关的水土流失、土地沙漠化、土地盐碱化等自然灾害，严重破坏水土资源和生物资源，森林火灾、生物病虫害等直接破坏生物资源。

随着社会的发展，灾害特别是工程灾害，每年给世界人民带来巨大的生命财产损失，因此如何防灾，已是土木工程界关注和研究的课题。

14.2 结构抗灾、检测与加固

14.2.1 结构抗灾

土木工程抗灾主要是工程结构抗灾和工程结构在受灾以后的检测与加固等。工程结构受到地震、风、火、水、冰冻、腐蚀和施工不当引起的灾害，涉及灾害材料学、灾害检测学、工程修复和加固等领域。

在工程结构的抗灾研究中，首要关注的是材料受灾后的性能变化，即灾害对材料物理力学性能的影响，也即材料在灾害作用下的损伤等。关于灾害对材料性能（如强度、弹性模量、本构关系等）的影响，国内外都已做了许多研究，定性和定量地得到了一些结论，但是系统性还是不够，故在土木工程领域中，灾害材料学还未形成一个专门的学科。而在工程结构的加固设计、工程鉴定和工程咨询等实践中又需要这方面的知识。

14.2.2 工程结构检测技术

利用仪器对结构进行现场检测可测定工程结构所用材料的实际性能，由于被测结构在试验后一般均要求能够继续使用，所以现场检测必须以不破坏结构本身使用性能为前提，目前多采用非破损检测方法，常用的检测内容和检测手段有以下几种：

1. 混凝土强度检测

非破损检测混凝土强度的方法是在不破坏结构混凝土的前提下，通过仪器测得混凝土的某些物理特性，如测得硬化混凝土表面的回弹值或声速在混凝土内部的传播速度等，按照相关关系推出混凝土强度指标。目前实际工程中应用较多的有回弹法、超声法、超声-回弹综合法，并已制定出相应的技术规程。半破损检测混凝土强度的方法是在不影响结构构件承载力的前提下，在结构构件上直接进行局部微破坏试验，或者直接取样试验获取数据，推算出混凝土强度指标。目前使用较多的有钻芯取样法和拔出法，并已经制定出相应的技术规程。

利用超声法还可以进行混凝土缺陷和损伤检测。混凝土结构在施工过程中因浇捣不密实会造成蜂窝、麻面甚至孔洞，在使用过程中因温度变化和荷载作用会产生裂缝。当混凝土内部存在缺陷和损伤时，超声脉冲通过缺陷时产生绕射，传播的声速发生改变，并在缺陷界面产生反射，引起波幅和频率的降低。根据声速、波幅和频率等参数的相对变化，可评判混凝土内部的缺陷状况和受损程度。

2. 混凝土碳化及钢筋锈蚀检测

混凝土结构暴露在空气中会产生碳化，当碳化深度到达钢筋时，破坏了钢筋表面起保护作用的钝化膜，钢筋就有锈蚀的危险。因此，评价现存混凝土结构的耐久性时，混凝土的碳化深度是重要依据。混凝土碳化深度可利用酚酞试剂检测，在混凝土构件上钻孔或凿开断面，涂抹酚酞试剂，根据颜色变化情况即可确定碳化深度。

钢筋锈蚀会导致保护层胀裂剥落，削弱钢筋截面，直接影响结构承载能力和使用寿命。混凝土中钢筋锈蚀是一个电化学过程，钢筋锈蚀会在表面产生腐蚀电流，利用仪器可测得电位变化情况，再根据钢筋锈蚀程度与测量电位之间的关系，可以判断钢筋是否锈蚀及锈蚀程度。

3. 砌体强度检测

砌体强度检测可采用实物取样试验，在墙体适当部位切割试件，运至试验室进行试压，确定砌体实际抗压强度。近些年，原位测定砌体强度技术有了较大发展，原位测定实际上是一种少破损或半破损的方法，试验后砌体稍加修补便可继续使用。例如，顶剪法利用千斤顶对砖砌体作现场顶剪，量测顶剪过程中的压力和位移，即可求得砌体抗剪及抗压强度；扁顶法采用一种专门用于检测砌体强度的扁式千斤顶，插入砖砌体灰缝中，对砌体施加压力直至破坏，根据加压的大小，确定砌体抗压强度。

4. 钢材强度测定及缺陷检测

为了解已建钢结构钢材的力学性能，最理想的方法是在结构上截取试样进行拉压试验，但这样会损伤结构，需要补强。钢材的强度也可采用表面硬度法进行无损检测，由硬度计端部的钢球受压时在钢材表面留下的凹痕推断钢材的强度。钢材和焊缝缺陷可用超声波法检测，其工作原理与检测混凝土内部缺陷相同。由于钢材密度比混凝土大得多，为了能够检测钢材或焊缝中较小的缺陷，要求选用较高的超声波频率。

14.2.3 工程结构补强与加固

工程结构应当满足安全性、适用性、耐久性三项基本功能要求，当结构物存在的缺陷和损伤使得其丧失某项或几项功能要求时，就应进行补强或加固。补强与加固的目的就是提高结构及构件的强度、刚度、延性、稳定性和耐久性，满足安全要求，改善使用功能，延长结构寿命。补强和加固工作包括设计与施工两部分，其内容与新建工程不尽相同，主要有下述特点：在加固设计时，应充分研究现存结构的受力特点、损伤情况和使用要求，尽量保留和利用现存结构，避免不必要的拆除；应根据结构实际受力状况和构件实际尺寸确定承载能力。结构承受荷载通过实地调查取值，构件截面采用扣除损伤后的有效面积，材料强度通过现场测试确定；加固部分属二次受力构件，结构承载力验算应考虑新增部分应力滞后现象，新旧结构不能同时达到应力峰值。

在加固施工时，受客观条件制约，要求在不停产或不中止使用的情况下加固。应在施工前尽可能扣除部分荷载或增加临时支撑，保证施工安全，同时又可以减少原结构内力，有利于新加部分的应力发挥；应注意新旧部分结合处连接质量，保证结合处应力传递，有助于新旧结构之间协同工作；由于腐蚀、冻融、振动、不良地基等原因造成结构损坏加固时，必须同时采取消除、减少或抵御这些不利因素的有效措施，以免加固后结构继续受害。

目前，补强与加固的方法主要有以下几种：

（1）加大截面法　加大截面法是用加大结构构件截面面积进行加固的一种方法，它不仅可以提高加固构件的承载力，而且还可增大截面刚度。这种加固方法广泛用于加固混凝土结构梁、板、柱，钢结构中的梁、柱及屋架，砌体结构的墙和柱等，但加大截面尺寸会减小使用空间，有时也受到使用上的限制。

（2）外包钢加固法　外包钢加固法是在结构构件四周包以型钢的加固方法。这种方法可以在基本不增大构件截面尺寸的情况下增加构件承载力，提高构件刚度和延性。这种加固方法适用于混凝土结构、砌体结构的加固，但用钢量较大，加固费用较高。

（3）预应力加固法　预应力加固法采用外加预应力钢拉杆或撑杆对结构进行加固，这种方法不仅可以提高构件承载能力，减小构件挠度，增大构件抗裂度。而且还能消除和减缓

后加杆件的应力滞后现象，使后加部分有效地参与工作。预应力加固法不但广泛用于混凝土梁、板等受弯构件以及混凝土柱的加固，还用于钢梁和钢屋架的加固，是一种很有前途的加固方法。

（4）改变传力途径加固法　改变传力途径加固法是通过增设支点或采用托梁拔柱的方法去改变结构受力体系的一种加固方法。增设支点可以减小构件的计算跨度，降低结构内力和变形，大幅度提高结构及构件的承载力；托梁拔柱是在不拆或少拆上部结构的情况下，拆除或更换柱子的一种处理方法，适用于要求改变房屋使用功能或增大空间的建筑物改造。

（5）粘钢加固法　粘钢加固法是一种用胶结剂把钢板粘贴在构件外部进行加固的方法。这种加固方法施工周期短、粘钢所占空间小，几乎不改变构件外形，却能较大幅度提高构件承载能力和正常使用阶段性能。

（6）化学灌浆法　化学灌浆法是用压送设备将化学浆液灌入结构裂缝的一种修补方法。灌入的化学浆液能修复裂缝，防锈补强，提高构件的整体性和耐久性。

（7）基础托换与纠偏　对已有结构物的地基和基础进行加固称为基础托换，基础托换方法可分为四类：加大基底面积的基础扩大技术；新做混凝土墩或砖墩加深基础的坑式托换技术；增设基桩支承原基础的桩式托换技术；采用化学灌浆固化地基土的灌浆托换技术。基础纠偏主要有两条途径：

1）在基础沉降小的部位采取措施促沉，将结构物纠正。

2）在基础沉降大的部位采取措施顶升，达到纠偏目的。

工程结构的加固与补强应以国家及有关部门颁布的规范或规程为依据，按照规范或规程要求选择加固方案，进行加固设计和施工。我国已颁布了 GB 50367—2006《混凝土结构加固设计规范》、CECS 78:96《砖混结构房屋加层技术规范》、YB 9257—1996《钢结构检测评定及加固技术规程》、JGJ 116—2009《建筑抗震加固技术规程》等一系列加固技术规范和规程。这些规范和规程是在总结大量工程经验的基础上，借鉴国内外有关科研成果编写而成，对于统一加固标准、保证工程质量起到重要作用。

14.3　我国地质灾害概况及成灾特点

地质灾害是指以地质应力为主要原因引起的自然灾害，即在地质应力作用下，自然环境恶化，造成人类生命财产损毁或人类赖以生存与发展的资源、环境发生严重破坏的现象或过程。由内动力地质作用、外动力地质作用和人为地质作用导致地质环境变化形成的灾害称为地质灾害。

地质灾害是自然灾害的一种。它具有自然灾害的基本特征，主要表现在下列两个方面：

1）强调致灾的动力条件。即因地质作用形成的灾害事件才是地质灾害。地质作用是指促使组成地壳的物质成分、构造形式和表面形态等不断变化和发展的各种作用。

2）强调灾害事件的后果。即对人类生命财产和生存环境产生损毁的地质事件称为地质灾害；而那些仅仅是使地质环境恶化，但并没有破坏人类生命财产和生产、生活环境的地质事件，则只是一种灾变，不构成灾害。

根据定义分析，地质灾害既是一种自然现象，又是一种社会经济现象。因此它既具有自然属性，又具有社会经济属性。自然属性是指围绕地质灾害的动力过程表现出的各种自然特

征，如地质灾害的规模、强度、频次以及灾害活动的孕育条件、变化规律等。这些特征主要应用动力地质学的理论加以阐述。社会经济属性主要指与成灾活动密切相关的人类社会经济特征，如人口、财产、工程建设活动、资源开发、经济发展水平、防灾能力等。地质灾害的社会经济属性可运用经济学、社会学等理论加以阐明。

14.3.1 中国地质灾害概况

中国地质灾害种类繁多，除地震外，还有崩塌、滑坡、泥石流、地面塌陷、地面沉降、地裂缝、海水入侵、特殊岩土等多种类型，这些灾害分布广泛、活动频繁、危害严重。

据初步调查估计，新中国成立以来，全国共发生明显破坏作用的突发性地质灾害事件（地震除外）达5万次；其中，一次死亡人数十人以上或经济损失千万元以上的比较严重的灾害事件有几千次；各种地质灾害共造成近十万人死亡，毁坏房屋达几千万间。此外，地质灾害还破坏铁路、公路和内河航运，破坏土地资源和农作物，每年造成的经济损失为几亿元到几十亿元。

1. 地震

地震就是地球表层的快速振动，在古代又称为地动，是一种自然现象，即因为地下某处岩层突然破裂，或因为局部岩层坍塌、火山喷发等引起的振动以波的形式传到地表引起地面的颠簸和摇动，这种地面运动称为地震。它就如同刮风、下雨、闪电、山崩、火山爆发一样，是地球上经常发生的一种自然现象。

引起地球表层振动的原因很多，根据地震的成因，可以把地震分为以下几种：

（1）构造地震　由于地下深处岩层错动、破裂所造成的地震称为构造地震。这类地震发生的次数最多，破坏力也最大，约占全世界地震的90%以上。

（2）火山地震　由于火山作用，如岩浆活动、气体爆炸等引起的地震称为火山地震。只有在火山活动区才可能发生火山地震，这类地震只占全世界地震的7%左右。

（3）塌陷地震　由于地下岩洞或矿井顶部塌陷而引起的地震称为塌陷地震。这类地震的规模比较小，次数也很少，即使有，也往往发生在溶洞密布的石灰岩地区或大规模地下开采的矿区。

（4）诱发地震　由于水库蓄水、油田注水等活动而引发的地震称为诱发地震。这类地震仅仅在某些特定的水库库区或油田地区发生。

（5）人工地震　地下核爆炸、炸药爆破等人为引起的地面振动称为人工地震。

据统计，世界上每年都会发生数百万次的地震，其中，能够造成严重破坏的强烈地震每年发生近20次。而我国地震灾害十分严重，且分布广泛，其主要分布在五个区域：台湾地区、西南地区、西北地区、华北地区、东南沿海地区和23条地震带上。

（1）华北地震区　包括河北、河南、山东、内蒙古、山西、陕西、宁夏、江苏、安徽等省的全部或部分地区。在五个地震区中，它的地震强度和频度仅次于“青藏高原地震区”，位居全国第二。由于首都圈位于这个地区内，所以格外引人关注。据统计，该地区有据可查的8.0级以上地震曾发生过5次；7.0~7.9级地震曾发生过18次。加之它位于我国人口稠密、大城市集中、政治和经济、文化、交通都很发达的地区，地震灾害的威胁极为严重。华北地震区共分四个地震带。

1）郯城-营口地震带。包括从宿迁至铁岭的辽宁、河北、山东、江苏等省的大部或部分地区，是我国东部大陆区一条强烈地震活动带。1668年山东郯城8.5级地震、1969年渤海7.4级地震、1974年海城7.4级地震就发生在这个地震带上，据记载，本带共发生4.7级以上地震60余次。其中7.0～7.9级地震6次；8级以上地震1次。

2）华北平原地震带。南界大致位于新乡—蚌埠一线，北界位于燕山南侧，西界位于太行山东侧，东界位于下辽河—辽东湾的西缘，向南延到天津东南。是对京、津、唐地区威胁最大的地震带。1679年河北三河8.0级地震、1976年唐山7.8级地震就发生在这个带上。1976年7月28日北京时间03时42分53.8秒，在中国河北省唐山、丰南一带（东经118.2°，北纬39.6°）发生了强度里氏7.8级（矩震级7.5级），震中烈度Ⅺ度，震源深度23km的地震。地震持续约12s。有感范围广达14个省、市、自治区，其中北京市和天津市受到严重波及。强震产生的能量相当于400颗广岛原子弹爆炸。整个唐山市顷刻间夷为平地，全市交通、通信、供水、供电中断。唐山地震没有小规模前震，而且发生于凌晨人们熟睡之时，使得绝大部分人毫无防备，造成24.2万人死亡，重伤16.4万人，名列20世纪世界地震史死亡人数第一（见图14-7）。

图14-7　唐山大地震真实图片

3）汾渭地震带。北起河北宣化—怀安盆地、怀来—延庆盆地，向南经阳原盆地、蔚县盆地、大同盆地、忻定盆地、灵丘盆地、太原盆地、临汾盆地、运城盆地至渭河盆地，是我国东部又一个强烈地震活动带。1303年山西洪洞8.0级地震、1556年陕西华县8.0级地震都发生在这个带上。1998年1月张北6.2级地震也在这带的附近。有记载以来，本地震带内共发生4.7级以上地震160次左右。其中7.0～7.9级地震7次；8.0级以上地震2次。

4）银川—河套地震带。位于河套地区西部和北部的银川、乌达、磴口至呼和浩特以西的部分地区。1739年宁夏银川8.0级地震就发生在这个带上。本地震带内，历史地震记载始于公元849年，由于历史记载缺失较多，据已有资料，本带共记载4.7级以上地震40次左右。其中6.0～6.9级地震9次；8.0级以上地震1次。

（2）青藏高原地震区　包括兴都库什山、西昆仑山、阿尔金山、祁连山、贺兰山—六盘山、龙门山、喜马拉雅山及横断山脉东翼诸山系所围成的广大高原地域。涉及青海、西藏、新疆、甘肃、宁夏、四川、云南全部或部分地区，以及原苏联、阿富汗、巴基斯坦、印度、孟加拉、缅甸、老挝等国的部分地区。

本地震区是我国最大的一个地震区，也是地震活动最强烈、大地震频繁发生的地区。据统计，这里8.0级以上地震发生过9次；7.0～7.9级地震发生过78次。均居全国之首。

此外，新疆地震区、台湾地震区也是我国两个曾发生过8.0级地震的地震区。这里不断发生强烈破坏性地震也是众所周知的。由于新疆地震区总的来说，人烟稀少、经济欠发达。尽管强烈地震较多，也较频繁，但多数地震发生在山区，造成的人员和财产损失与我国东部几条地震带相比，要小许多。

值得一提的是华南地震区的东南沿海外带地震带，这里历史上曾发生过1604年福建泉州8.0级地震和1605年广东琼山7.5级地震。但从那时起到现在的300多年间，无显著破坏性地震发生。

2. 崩塌、滑坡、泥石流灾害

崩塌、滑坡、泥石流是广泛分布在山地高原地区的地质灾害。它们形成条件和活动规律相近，区域分布密切共生，所以常称为崩滑流灾害。

我国崩滑流灾害十分严重，分布也十分广泛。除上海等直辖市或个别省外，均受到不同程度的危害，其中，川滇山地、鄂西山地、秦岭、黄土高原、燕山山地、辽东山地最严重。据初步调查，全国中型以上灾害点3万余处，小型灾害点100多万处，新中国成立以来，共发生破坏性较大的灾害4200多次。2010年8月7日夜22点左右，甘肃甘南藏族自治州舟曲县发生特大泥石流灾害，泥石流冲进县城，并形成堰塞湖，致1287人遇难，457人失踪（见图14-8）。

图14-8 甘肃舟曲泥石流灾害

其主要破坏作用包括：

1）造成人员伤亡。

2）破坏城镇、矿山和企业。

3）破坏铁路、公路和航道，威胁交通安全。

4）破坏水利、水电工程。

5）影响资源开发，阻碍山区经济发展。

3. 岩溶塌陷

我国岩溶塌陷灾害也十分严重。据初步调查，全国有岩溶塌陷3000多处，塌坑约50000个，塌陷总面积约为400km^2。广泛发育在24个省（市、自治区），以桂、湘、黔、粤、冀、赣、滇等省（自治区）最严重。

从地理分布看，主要分布在长白山—吕梁山—四川盆地以东区域。该区域以秦岭和淮河为界，又可划分为：以北为北方岩溶塌陷分布区，以南为南方岩溶塌陷分布区。

全国发生岩溶塌陷灾害的城市近70个，造成严重破坏的44个，主要有唐山、武汉、昆明、黄石、九江、桂林、柳州等。

受岩溶塌陷严重危害的大中型矿山有60多个，主要有湖南恩口煤矿、湖南水口山铅锌矿、湖北铜录山铜矿、广西泗顶铅锌矿、广东凡口铅锌矿、山东莱芜铁矿等。

近年，全国铁路沿线发生岩溶塌陷375处，其中危害严重的有55处，受害线路60多段，主要分布在贵昆线、湘桂线以及京广线、沈大线、胶济线的部分线段。有30多个车站受到危害，主要有黄石、大冶、昆明、秦安、桂林、柳州、玉林等。近40年来，因岩溶塌陷颠覆列车3次，中断行车达2000多小时。

岩溶塌陷的危害主要是破坏房屋、铁路、水坝、电站等工程设施和城市、矿山、企业环境。见图14-9。

图14-9　岩溶塌陷灾害图

4. 地面沉降

目前我国发生地面沉降的城市大约有70个。其中：累计沉降量≥2m的有上海、天津、台北、宜兰、嘉义等5个城市；累计沉降量1～2m的有西安、太原、沧州、苏州、无锡等5个城市；

从区域分布看，地面沉降活动主要发生在我国东部地区，尤其以沿海城市和华北平原等地区最严重。在该区域内，发生地面沉降的城市或地区有的孤立存在，有的则密集成群或断续相连，形成广阔的地面沉降区（带）：

1）下辽河平原的沈阳—营口沉降区。

2）北部黄淮平原的天津—沧州—衡水—滨州—东营—潍坊沉降区。

3）南部黄淮平原的徐州—商丘—开封—郑州沉降区。

4）长江三角洲的上海—苏州—无锡—常州—镇江—南通沉降区。

5）汾渭河谷平原的太原—侯马—运城—西安沉降区。

6）台湾山地边缘的宜兰—台北—台中—云林—嘉义—屏东沉降带。

地面沉降的主要危害包括以下几个方面：

1）严重破坏城市设施。

2）妨碍城市建设。

3）积水滞洪，水患和潮灾加剧洪水威胁（见图14-10）。

5. 地裂缝灾害

我国地裂缝类型复杂，除伴随地震、滑坡、冻融以及特殊土的胀缩或湿陷活动产生的地裂缝外，主要是伴随构造蠕变活动而产生的构造地裂缝。

构造蠕变地裂缝的分布十分广泛，在华北和长江中下游地区尤为发育。在该区域中，地裂缝主要集中在汾渭盆地、太行山东麓平原、大别山东北麓平原地区，形成了三个规模巨大的地裂缝密集带。此外，在豫东、苏北以及鲁中南等地区，还有一些规模较小的地裂缝发育带（区）（见图14-11）。

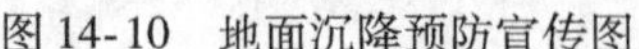

图14-10　地面沉降预防宣传图

图14-11　地裂缝灾害

（1）汾渭盆地地裂缝带　自六盘山南麓的宝鸡，沿渭河向东经西安到风陵渡转向北东方向，沿汾河经临汾、太原到大同，发育有一个宽近100km、长近1000km的地裂缝带。该带沿汾渭盆地边缘断裂带内侧的第四纪沉积区延伸。各地区地裂缝的成因、活动方式等具有基本一致的特征。自20世纪60年代后期开始出现灾害性地裂缝，70年代中期以来活动加剧，使西安、大同、宝鸡以及周至、临潼、渭南、华县、蒲城、韩城、万荣、运城、绛县、临汾、洪洞、祁县、太谷、榆次等近50个市、县出现较严重的地裂缝灾害。

汾渭盆地地裂缝带自南向北可分为四个段：渭河盆地地裂缝，分布在渭河两岸地区的20个县、市，以西安市地裂缝规模最大，危害最严重；运城盆地和临汾盆地地裂缝，分布在涑水河和汾河两岸的运城、韩城、临汾等20个县、市；太原盆地地裂缝，主要发生在太原市南部的榆次县、太谷县、祁县等地；大同盆地地裂缝，主要发生在大同市。

（2）太行山东麓倾斜平原地裂缝带　该地裂缝带始于1966年，很快形成一个沿太行山东侧和东南侧倾斜平原延伸的地裂缝分布带。其北起保定，向南经石家庄、邢台、邯郸进入豫北的安阳、新乡、郑州一带以后，向西延伸，经洛阳达三门峡一带，与渭河盆地和运城盆地的地裂缝带相连，全长约800km。共有50多个县市发生400多处地裂缝。其中，河北省有39个县市、200多处；河南省约15个市县、100多处。

（3）大别山北麓地裂缝带　始于1974年，1976年唐山地震前后，地裂缝活动加剧，其范围几乎扩展到整个淮河流域和长江、黄河中下游地区。据不完全统计，在豫、皖、苏、鲁四个省中有152个县市出现了地裂缝，形成三个规模较大的地裂缝分布带：从大别山北麓的信阳、六安向东到南通、如东的EW向地裂缝分布带；周口—阜阳—寿县和商丘—永城—蚌

埠两个相近平行延伸的 NW 向地裂缝分布带；沂水—郯城—宿迁 NE 向地裂缝分布带。

6. 海水入侵

海水入侵是由于滨海地区地下水动力条件发生严重变化，造成海水或高矿化咸水向大陆淡水含水层发生的入侵现象。海水入侵主要发生在城镇、矿山地区，通常是由于开采或疏干地下水，使地下水水位持续大幅度下降形成的。

其主要危害是破坏地下水水源，进而影响人民生活和工农业生产。

我国滨海地区发生明显海水入侵的地区主要有辽宁大连、河北秦皇岛、莱州湾和胶州湾沿岸、广西北海市等地。全国累计海水入侵面积在 1000km^2 左右，最大入侵距离超过 10km，最大入侵速率超过 400m/a。

7. 膨胀土的胀缩灾害

膨胀土是一种胀缩能力极大的黏性土，对工程建筑具有很大的破坏性。它使房屋等建筑地基发生变形，进一步引起房屋沉陷开裂；对铁路、公路以及水利工程的危害也十分严重，导致路基变形，铁轨移动，大坝开裂等，破坏了运输安全和水利工程的正常运行。

我国膨胀土分布广泛，主要发育在云南、贵州、四川、广西、湖南、湖北、江苏、安徽、山东、河南、河北、山西、陕西等 21 个省（自治区）的 205 个县（市），其中以云南、广西、河北等地区尤为发育（见图 14-12）。

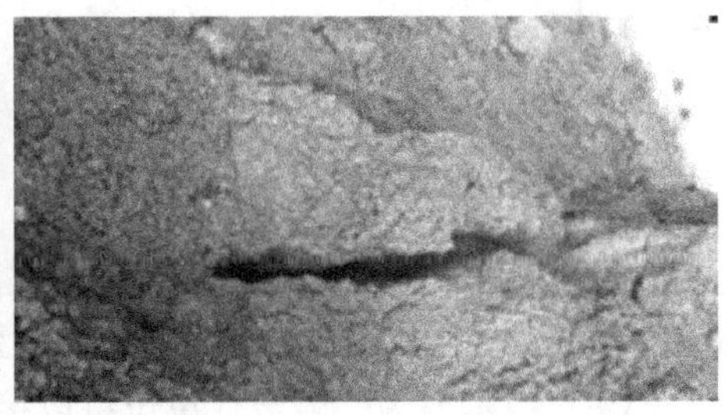

图 14-12　膨胀土胀缩灾害

14.3.2　地质灾害成灾特点

1）地质灾害数量特别多，但单点灾害的危害范围都比较小，因此是属于漫布的“星点状”灾害。

2）在一定条件下，某些地质灾害与其他自然灾害同时或连续发生，形成破坏比较严重的灾害群或灾害链。

3）地质灾害分布广泛，但不同地区地质灾害发育水平和成灾规模不同。

4）地质灾害时间分布具有不规则的周期性和不断严重化趋向。

5）中国地质灾害具有比较严重的潜在危险性。

6）人类活动和社会经济条件是地质灾害系统的重要组成部分。

14.4　土木工程的防灾减灾

14.4.1　现代减灾系统简介

现代减灾系统不再是简单的灾害发生以后的抢险救灾，而是一个复杂的有机的系统工程，一般应由三个相互联系的子系统组成，即灾害监测、预报与评估，防灾、抗灾、救灾，安置与恢复、保险与援助、宣传与立法。

1）灾害监测是减灾工程的先导性措施。

2）灾害预报是减灾准备和各项减灾行动的科学依据。

3）灾害评估是指对灾害规模及灾害破坏损失程度的估测与评定。灾害评估分为灾前预评估、灾时跟踪评估、灾后终评估。

14.4.2 防灾措施

（1）灾前的防灾抗灾　对于新建工程项目，在设计和施工时应严格按照国家相关抗灾规范的要求进行，确实保证土木工程设施的抗灾可靠性；对于已建工程设施，主要指对那些建造时间较早、没有进行抗灾设防或抗灾性能已不满足现行抗灾标准的工程设施，应进行检测、鉴定、评估和必要的加固，或增设相应的抗灾设施，以保证其具有足够的抗灾能力。

（2）灾害中的抗灾减灾　应加强监测工作，为灾害重建及土木工程防灾减灾科学的发展积累宝贵的资料；采取必要的抗灾减灾应急措施。

（3）灾后的恢复重建　灾害过后，建筑、桥梁、道路等土木工程设施可能遭到严重破坏，灾后的恢复重建任务繁重而急迫，必须根据灾害情况和以后的抗灾要求，统筹规划、安排灾区的恢复重建工作。

14.4.3 未来土木工程防灾减灾发展前景

1. 计算机辅助设计（CAD）

计算机辅助设计，简称CAD。其最初的发展可追溯到20世纪60年代，美国麻省理工学院的Sutherland首先提出了人机交互图形通信系统；到了80年代，由于计算机设备价格的降低，使得CAD技术成为一般设计单位可以接受的系统，并开始在微机上应用CAD。我国对CAD的应用和研究，始于20世纪70年代，在80年代中期进入了全面开发应用阶段。目前由中国建筑科学研究院开发的PKPM系统是我国土木工程领域中应用较广的计算机辅助设计软件。

2. 土木工程结构的力学分析与计算

对土木工程结构进行力学分析与计算是结构设计工作的重要组成部分，结构设计人员根据计算结果判断所设计的结构是否具有足够的强度与刚度，是否能够满足规范规定的使用功能和承载能力的要求。如果不能满足要求，则需要改变构件尺寸或结构材料，然后再重新计算，直到满足各项要求为止。现在有了计算机，大量的力学计算工作可以由计算机完成，不仅速度快而且精度高。

目前在土木工程结构的力学分析与计算中应用较广泛的商业软件有：我国北京大学研制开发的SAP软件，我国大连理工大学研制开发的JIEFEX软件，美国的ABARQUS、ANSYS、NASTRAN软件等。

3. 计算机辅助施工管理与专家系统

（1）计算机辅助施工管理　使用计算机对施工企业进行现代化科学管理，不仅可以快速、有效、自动、系统地存储、修改、查找及处理大量的数据，而且对施工过程中发生的施工进度的变化及可能的工程事故能够进行跟踪，以便迅速查明原因，采取相应处理措施。

（2）专家系统 所谓专家系统，是指具有相当于专家水平的知识，且能应用这些知识去解决一些特定领域中较为复杂问题的计算机智能程序系统。

4. 模拟结构试验

工程结构在各种作用下的反应，特别是破坏过程和极限承载力，是人们关心的问题。人们常常借助于结构的模型试验来检测其受力性能，但模型试验往往受到场地和设备的限制。若用计算机仿真技术，在计算机上做模拟试验，则可以进行足尺寸的试验，还可以很方便地修改试验参数。此外，有些结构难于进行直接试验，用计算机仿真就更能体现出优越性，如汽车高速碰墙的检验试验。

5. 计算机仿真在土木工程中的应用

（1）工程事故的反演分析 计算机仿真技术可以用于工程事故的反演，以便寻找事故的原因。如核电站、海洋平台、高坝等大型结构，一旦发生事故，损失巨大，又不可能做真实试验来重演事故。计算机仿真则可用于反演，从而确切地分析事故原因。

（2）施工过程的模拟仿真 利用计算机仿真技术可以在屏幕上把超高层建筑、大坝、大桥的施工的全过程预演出来，施工中可能发生的风险、技术难点以及许多原来预想不到的问题就能够形象且逼真的暴露出来，便于人们制定相应的有效措施，对工程施工的质量、进度和投资的控制更加可靠。

（3）在岩土工程中的应用 岩土工程处于地下，往往难于直接观察，而计算机仿真则可把受力后的内部变化过程展现出来，有很大实用价值。

思 考 题

1. 什么是灾害？土木工程防灾的意义是什么？
2. 混凝土检测有几种方法？
3. 为什么工程结构需要补强与加固？目前常用的方法是什么？
4. 我国地质灾害的类型和特点是什么？

15

第 15 章 计算机在土木工程中的应用

15.1 土木工程的历史和现状

自 1946 年世界诞生出了第一台计算机以来，计算机科学技术发展极为迅猛，计算机已经从一种单纯的快速计算工具发展成为能高速处理一切数字、符号、文字、语音、图像以致知识等的强大手段。其应用领域已覆盖社会全方位。计算机科学技术已经成为人类社会巨大的生产力。计算机与通信的结合更深刻地影响和改善了人类生产与生活方式，大大促进了人类文明的进步。1991 年世界计算硬件总产值为 1097 亿美元；到 2000 年，计算机产业已是年产值约 8000 亿美元的世界第一产业；到 2012 年时，仅我国的计算机产业就已经达到年产值 8000 亿人民币。计算机科学技术水平已经成为衡量一个国家经济实力和技术进步的重要标志。目前，欧、美、日等许多发达国家和地区正从工业化时代向信息化时代发展，远程教育、电子商务、电子邮件、虚拟显示的发展使人们的生产、学习和生活方式发生着深刻的变化。

计算机应用于土木工程始于 20 世纪 50 年代，早期主要用于复杂的工程计算，随着计算机的普及，计算机硬件和软件水平的不断提高，应用范围已逐步扩大到土木工程设计、材料检测、施工管理、仿真分析及信息管理等各个方面。

15.2 人工智能与专家系统

人工智能是计算机科学的一门研究领域。它试图赋予计算机以人类智慧的某些特点，用计算机来模拟人的推理、记忆、学习、创造等智能特征，主要方法是依靠有关知识进行逻辑推理，特别是利用经验性知识对不完全确定的事实进行的精确性推理。

现代工程设计方法是以人工智能为出发点，以包括先进设计理论、设计方法与设计技术规范的专家系统为基础，以计算机为工具的一项智能工程。人工智能是现代设计方法的核心，专家系统是人工智能的一个分支，它模拟专家的智能，储存专家的专门知识，模仿专家的推理过程，最后生成最优化的设计方案。计算机辅助设计系统是工程设计专家系统的初级阶段，它可以帮助工程设计人员进行结构计算，通过储存在计算机内的专门图形库绘制施工图。

神经网络是人工智能科学中的基础技术，由此而出现了不同特点的智能设计系统，即专

家系统、基于人工神经网络的智能设计系统和体现复合智能的神经网络专家系统等。

15.2.1 专家系统

专家系统（Expert System，ES）是一种计算机程序，是基于知识的智能程序，是以专家的水平来完成一些重要问题的计算机应用系统（见图15-1）。其知识库存有相当数量的权威性知识，并能运用这些知识解决特定领域内的实际问题。它拥有某个领域内专家的知识经验，并能模拟专家运用这些知识，通过推理作出智能决策。专家系统擅长符号处理和逻辑推理，特别适合于解决自动计算、问诊和启发式推理等基于规则的问题。它不仅能利用定义严格的逻辑性知识，而且还能利用经验知识和启发性知识来完成工程设计任务。专家系统具有强大的解释功能，对设计推理过程和结果作出解释，这种推理过程的透明性有利于设计人员理解和使用系统的设计结果。专家系统的知识库和推理机为系统的两大组成部分，知识库的丰富和修正，不会涉及推理机程序体，这使系统更易适应不同设计环境，更易采用新的设计技术。专家系统的知识主要来源于专家的经验知识，用于求解较复杂或高难度问题，辨别有希望的求解途径，并有效地处理错误或不完全数据。

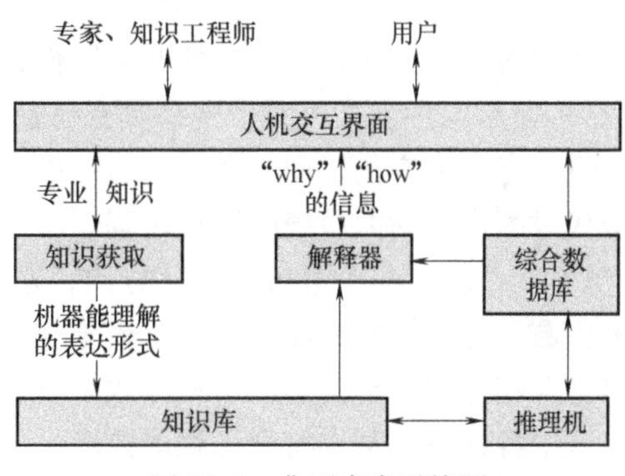

图15-1 典型专家系统图

其本身固有的缺陷：一方面在于设计知识获取的“瓶颈”。专家系统的智能水平很大程度取决于知识的数量和质量，而实际工程设计中涉及的因素很多，很难建立一个完整全面的关系模型。有些专家的经验知识、感性知识和潜意识里运用的设计知识，要归纳和描述成计算机程序或基于规则的知识形式非常困难，甚至不能实现。即使能用计算机程序来描述专家的设计知识，相应的知识库也必然十分庞大，构造和维护非常不易。另一方面在于其推理能力相对较弱。专家系统的本质特征是基于规则的推理思维，由于逻辑推理理论还不完善，推理方法简单，控制策略不灵活，当多个设计专家的知识间发生矛盾或获取的知识间夹杂有很大干扰时，容易出现匹配冲突、组合爆炸及无穷递归等问题，使专家系统的处理能力受到很大影响。

15.2.2 人工神经网络

人工神经网络（Artificial Neural Networks，ANN）是由大量简单的神经元相互连接而成的自适应非线性动态系统（见图15-2）。人工神经网络作为生物控制论的一个成果，其触角几乎已延伸到各个工程领域，吸引着不同专业的领域专家从事这方面的研究和开发工作，并且在这些领域中形成了新的生长点。人工神经网络从理论探索进入大规模工程实用阶段，到现在也只有短短十

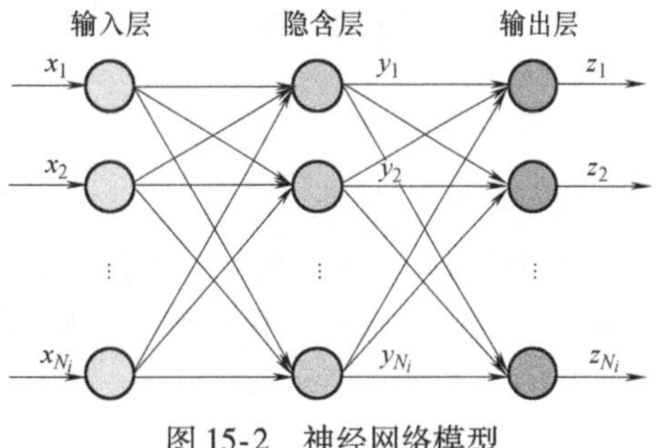

图15-2 神经网络模型

几年的时间。它的工作原理和功能特点接近于人脑，不是按给定的程序一步一步地机械执行，而是能够自身适应环境，总结规律，完成运算、识别和控制工作。

一般人工神经网络的主要特征为：

1）非线性。非线性关系是自然界的普遍特性。大脑的智慧就是一种非线性现象。人工神经元处于激活或抑制两种不同的状态，这种行为在数学上表现为一种非线性关系。具有阈值的神经元构成的网络具有更好的性能，可以提高容错性和存储容量。

2）非局限性。一个神经网络通常由多个神经元广泛连接而成。一个系统的整体行为不仅取决于单个神经元的特征，而且可能主要由单元之间的相互作用、相互连接所决定。通过单元之间的大量连接模拟大脑的非局限性，联想记忆是非局限性的典型例子。

3）非常定性。人工神经网络具有自适应、自组织、自学习能力。神经网络不但处理的信息可以有各种变化，而且在处理信息的同时，非线性动力系统本身也在不断变化。经常采用迭代过程描写动力系统的演化过程。

4）非凸性。一个系统的演化方向，在一定条件下将取决于某个特定的状态函数。例如能量函数，它的极值相应于系统比较稳定的状态。非凸性是指这种函数有多个极值，故系统具有多个较稳定的平衡态，这将导致系统演化的多样性。

这些特征使它基本符合工程的要求。

由于构成网络的输入层、隐含层和输出层中，同一层处理单元上层是完全并行的，只有各层间信息传递是串行的，且同层中处理单元的数目要比网络的层数多，因此神经网络的推理过程是一种典型的并行推理，速度很快，且不存在当多条规则的前提均与某一事实匹配时产生冲突的问题。这对于规模较大、构成较复杂的工程设计问题尤为有效。神经网络的推理过程只与网络自身的参数有关，其参数又可通过学习算法进行自适应训练，因此它有很强的自学和自适应能力。在工程设计中只要向它提供足够多的设计样本，经过训练后，设计知识就存在网络的互联结构中，这大大减轻了知识收集和知识库建立的负担。神经网络的知识表达采用的是一种隐式表达，它把知识蕴含于网络的互联结构与连接权中，这使工程设计中一些难以规则化或程序化的知识更易于表达出来，更易于实现经验思维。实际工程中，许多设计都是多输入多输出的决策问题，神经网络的特点使其在解决这类问题上有很大的优势。

然而，人工神经网络虽然反映了人脑功能的基本特征，但远不是自然神经网络的逼真描写，而只是它的某种简化抽象和模拟。在工程设计应用中人工神经网络也有不足：

1）难于精确分析神经网络的各项性能指标。

2）不宜用来求解必须得到的准确答案的问题。

3）不宜用来求解用数字计算机求解的很好的问题。

4）体系结构通用性差。

15.2.3 复合智能

专家系统和人工神经网络两者结合起来，实行优势互补，便构成了复合智能（Neural-Expert Hybrid）。表15-1给出了各自系统的智能属性。在整体水平上，人的能力与人工智能系统相比，仍遥遥领先。专家系统与人工神经网络的研究都是“部分智能”，在多方面的属性是互补的：

表15-1　智能属性比较

智能属性	人	专家系统	神经网络
数值运算	3	2	1
知识获取	1	3	2
知识表达	1	3	2
并行处理	1	3	2
低层知识处理	1	3	2
高层知识处理	1	2	3
不精确推理	1	2	3
启发式推理	1	2	3
学习能力	1	3	2
容错能力/坚韧性	1	3	2
知识领域的敏感性	1	3	2
创造性思维	1	3	3
应用的成熟程度	1	2	3

注：表中数字表示一项智能属性的水平高低，数值越小，表示性能越好。

1）专家系统擅长基于知识的逻辑推理、逻辑思维及在宏观功能上模拟人的知识推理能力，其硬件结构是诺依曼（Von Neumann）式的计算机，工作机制是串行处理；人工神经网络则在知识获取、经验思维和在微观结构上模拟人的认知能力方面存在优势，其硬件结构是连接主义（Connectionism）系统，工作机制是并行处理。

2）利用专家系统来求解问题，若能求出解，一定是准确的和最优的，但若求不出，则彻底失败；而利用神经网络求解问题，它往往给出的是一个次最优解，并且总能得到解。

3）专家系统的操作特征是软件编程，主要用于求解推理学习一类问题；而神经网络的操作特征是非编程的集体计算，主要用于求解示例学习一类问题。

在这种复合智能系统中，神经网络主要负责知识的获取与表示，实现知识的利用与推理；专家系统则负责用户接口界面、系统内部连接与协调，以及基于规则的知识处理。目前两者结合的方式主要有：分立模型、交互模型、松耦合、紧耦合及完全集成等几种。常用的复合智能系统由初始方案专家系统、用户接口、方案调整与优化神经网络及方案确定专家系统构成。其中方案专家系统由知识库和推理机组成，知识库存放与初始方案有关的知识，一般为产生式规则，推理机可进行正向、反向双向推理；用户接口实现用户与专家，以及专家系统和神经网络的接口功能，负责将专家系统得到的初试方案转换为神经网络的输入模式，并将方案确定专家系统选择的方案传递给用户；方案调整与优化神经网络的每个输入层对应于设计性能和约束的满足程度，输出层对应设计参数的调整程度，训练时将专家的调整示例输入网络，通过自我学习得到网络参数；方案确定专家系统则按基于规则方法从神经网络通过不精确推理产生的几个可能的输出中选择出最佳的方案。

15.3　计算机辅助设计

计算机辅助设计（Computer Aided Design，CAD）是指在设计活动中，利用计算机作为工具，帮助工程技术人员进行设计的一切适用技术的总和。

计算机辅助设计是人和计算机相结合、各尽所长的新型设计方法。在设计过程中，人可以进行创造性的思维活动，完成设计方案构思、工作原理拟定等，并将设计思想、设计方法经过综合、分析，转换成计算机可以处理的数学模型和解析这些模型的程序。在程序运行过程中，人可以评价设计结果，控制设计过程；计算机则可以发挥其分析计算和存储信息的能力，完成信息管理、绘图、模拟、优化和其他数值分析任务。一个好的计算机辅助设计系统应该既能充分发挥人的创造性作用，又能充分利用计算机的高速分析计算能力，找到人和计算机最佳结合点。

15.3.1　计算机辅助设计的发展

在20世纪70年代之前，工程设计及科研使用计算机主要是完成数值计算结构分析，使用的计算机一般都是体积很大、速度较慢、容量较小且使用不方便的国产计算机，如TQ16、709机等，这种机器输入程序及数据采用纸带穿孔方式，不易被理解，检查和修改都非常不便，而且因为价格昂贵，所以只有一些大单位才有能力拥有这样的计算机。而且实用软件较少，这可以说是土木工程行业计算机应用的初级阶段。

80年代初期在进口机和部分低档的微机上，采用了键盘输入、建立数据文件的办法。为了保证计算速度、精度及小机算大题等问题，广大计算机应用人员研制了很多有效、优秀的数值方法。特别是1981年IBM推出第一台PC以后，一些有敏锐眼光的软件开发人员就开始把大机器上的程序移植到PC上来。但早期程序的输入、输出数据量都很大，数据整理、分析仍是专业人员头痛的问题。

80年代后期，软件开发技术人员学习国外先进技术，开发了具有图形前后处理功能的结构设计程序。前处理采用数据文件或人机交互输入数据，由程序对输入数据进行处理，可以生成结构计算简图和荷载图，对用户输入数据的正确性有了充分保证。后处理可以生成变形图、内力图、振型图、配筋表等，便于使用者理解分析结果以改进结构。这样的软件大大提高了工作效率，也为计算机知识不足的专业人员上机创造了条件。这一阶段软件人员对计算机图形技术的摸索与实践孕育了计算机辅助设计（CAD）软件的产生。

计算机辅助设计首先取得成功的是结构CAD软件，其后是建筑及设备专业的CAD软件。开发结构CAD软件的工作量较大，它除了系统所需的图形、汉字等软件技术外，更重要的是涉及众多计算理论，规范要求及各种不同的设计成图的习惯作法等。从上部结构到基础，从计算数据准备、结构分析、配筋设计到出施工图，既要求方便的人工干预又要尽可能提高自动化水平。我国自己开发的结构设计软件有PK结构设计绘图软件、平面体系结构CAD软件等。

建筑CAD的应用过程复杂，处理信息量大，表达形式多种多样，因此要求计算机容量大，计算速度快和显示分辨率高，即对硬件要求很高。随着计算机性能的不断提高，特别是引进国外高性能的图形支撑软件，使国内出现众多AutoCAD平台上的建筑及设备专业CAD软件，可以进行三维造型，自动生成平、立、剖面施工图，渲染图可以表现光影、质感和纹理，我国自己开发的建筑设计软件有：HOUSE建筑CAD软件包、AUTOBUILDING（ABD）建筑绘图软件、天正建筑CAD和PKPM（见图15-3）等。国外引进的图形处理软件有3D Studio、3DMAX、Adobe Photoshop和CorelDraw等。专业软件功能强大，三维模型解决了碰撞问题，

丰富的零件库为 CAD 设计提供了极大的方便。CAD 应用在真实感的建筑设计、建筑规划、建筑装修行业、建筑施工和施工管理等方面，相对结构设计来说还需要做更多的工作。

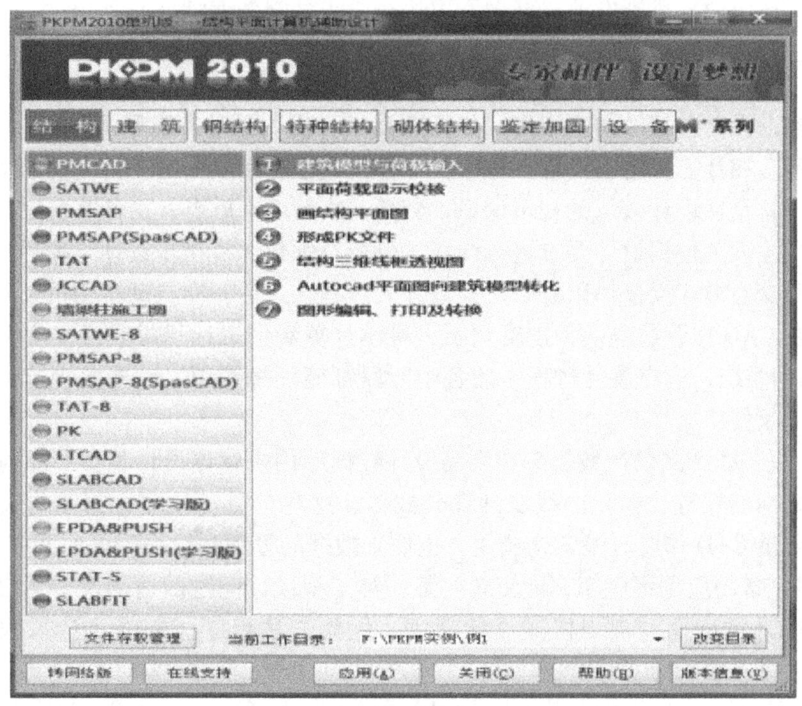

图 15-3　PKPM 结构设计软件主界面

随着计算机硬件和软件的飞速发展，计算机推广应用的条件成熟了。CAD 软件的发展和普及，使我国的设计水平缩小了与发达国家的距离。CAD 的应用水平已成为衡量一个设计单位或工程施工单位技术水平的重要标志及对外竞争投标的强有力的手段。建筑工程 CAD 可以从建筑设计方案、结构布置和分析、施工图到预算等全部由计算机完成。

我们今天处于高科技不断创新的时代，国际上 CAD 系统在技术上以日新月异的速度发展，而历史又一次给我们以发展自己的机遇，在集成化、协同化、智能化及其相关技术的研究与开发领域，可以说我们同发达国家是站在同一起跑线上的。

集成技术是指在工程设计阶段和各专业的有关应用程序之间，信息提取、交换、共享和处埋的集成，即信息流的整体化，将设计的各阶段及涉及的各专业有机地形成一个整体。

协同技术是指在集成的基础上，在网络技术的支持下，实行并行工程处理作业。以工程项目为核心，使不同地域的生产“虚拟群体" 能及时共享图形库、数据库、材料库及一切上网资源。这要求协同各点对工程项目有着共同的描述，可以随时进行超越障碍（包括地域间、系统间）的信息交换以修改、评价设计工作的每个环节。

智能技术既把具有学习、记忆和推理功能的专家系统运用于 CAD 系统，使系统的性能得到更大的改善，可靠性进一步提高，灵活性更大，能够适应千变万化的工程设计的实际需要。

CAD 技术只能在创新中求发展，创新一方面必须跟踪国际计算机技术发展的先进水平，另一方面需适应国内市场的需求。商品软件的每一个功能细节，都要受到用户的欢迎，市场的认可。例如，数据输入要尽可能的少；操作要方便，高度的自动化和人工干预要有机结合；输出图形要简洁、排版灵活，数据表格化，便于查阅及理解等。

15.3.2 计算机辅助设计的内容、条件和优势

计算机辅助设计包括的内容很多，如概念设计、优化设计、有限元分析、计算机仿真、计算机绘图等。在计算机辅助设计工作中，计算机的任务实质上是进行大量的信息加工、管理和交换。也就是在设计人员的初步构思、判断、决策的基础上，由计算机对数据库中大量设计资料进行检索，根据设计要求进行计算、分析及优化，将初步设计结果显示在图形显示器上，以人机交互方式反复加以修改，经设计人员确认之后，在自动绘图机及打印机上输出设计结果。在CAD作业过程中，逻辑判断、科学计算和创造性思维是反复交叉进行的。一个完整的CAD系统，应在设计过程中的各个阶段都能发挥作用。而要实现这一点，就必须具备以下三个条件：

1）建立完备的产品设计数据库。产品设计数据库用来存储设计某类产品时所需的各种信息，如有关标准规范、经验曲线、计算公式等，这些信息都按照数据结构关系存入计算机。数据库可供CAD作业时检索或调用，也便于数据的管理和数据资源的共享。

2）建立完备的应用程序库，即将解决某一类工程设计问题的通用及专用设计程序，如通用数学方法计算程序、常规机械设计程序、优化方法程序、有限元计算程序等，汇集备用。

3）建立多功能交互式图形程序库。利用图形程序库可以进行二维及三维图形的信息处理，能在此基础上绘制工程设计图，建立标准件库、零部件库等图形处理工作。

与传统的土木工程设计相比，无论在提高生产率、改善设计质量方面，还是在降低成本、减轻劳动强度方面，CAD技术都有着巨大的优越性。主要表现在以下几个方面：

1）CAD可以提高设计质量。在计算机系统内存储了各种有关专业的综合性的技术知识，为设计提供了科学的基础。计算机与人交互作用，有利于发挥人、机各自的特长，使设计更加合理化。CAD采用的优化设计方法有助于结构的优化。另外，由于不同部门可利用同一数据库中的信息，保证了数据的一致性。

2）CAD可以节省时间，提高生产率。设计计算和图样绘制的自动化大大缩短了设计时间。CAD和CAM的一体化可显著缩短从设计到制造的周期，与传统的设计方法相比，其设计效率可提高3~5倍以上。

3）CAD可以较大幅度地降低成本。计算机的高速运算和绘图机的自动工作大大节省了劳动力。同时，优化设计也带来了原材料的节省。CAD的经济效益有些可以估算，有些则难以估算。由于采用CAD/CAM技术，生产准备时间缩短，产品更新换代加快，大大增强了产品在市场上的竞争能力。

4）CAD技术将设计人员从繁琐的计算和绘图工作中解放出来，使其可以从事更多的创造性劳动。在产品设计中，绘图工作量约占全部工作量的60%，在CAD过程中这一部分的工作由计算机完成，产生的效益十分显著。

CAD技术也存在着一些不足，主要表现在以下两个方面：

1）CAD技术对设计思想的束缚。CAD的精确性要求每一笔都要有准确的数据使得方案

设计中需要的模糊性、随机性被扼杀，设计缺乏灵感。

2）CAD技术对建筑艺术的影响，表现在它缺少手绘图所体现的个性，以及设计师笔下流露的特有感觉。

15.4 模拟仿真技术

模拟（Modeling）是指选取一个物理的或抽象的系统的某些行为特征，用另一个系统来表示它们的过程。仿真（Simulation）是指用另一数据处理系统，主要用硬件来全部或部分地模仿某一数据处理系统，以至于模仿的系统能像被模仿的系统一样接受同样的数据，执行同样的程序，获得同样的结果。

但是，人们在许多场合却习惯于将模拟仿真两个词连用，并用Simulation来表示，指的是：用模型（物理模型或数学模型）来模仿实际系统，代替实际系统来进行实验和研究，而模拟（Analog）却被用来仅指应用模拟计算机进行仿真。

事实上，习惯定义的模拟仿真，即用模型来模仿实际系统进行实验和研究，从来就是产品开发中的常用技术手段。例如，人们要设计一架飞机，为了研究其空气动力学性能，总是要先制造一个缩小的飞机模型，放在气流场相似的风洞中进行实验研究；人们要设计一艘轮船，为了了解轮船的各种性能，常常要先做一个缩小的轮船模型，在水池中进行各种试验等。当然，这些模拟仿真用的都是几何相似的物理模型。自从计算机问世以后，模拟仿真这个概念就越来越紧密地与计算机联系在一起了，人们越来越多地通过数学模型应用计算机来进行模拟仿真。例如，国家地震局工程力学研究所赵振东进行了桩贯入地基过程的动画仿真的研究。这一事例充分显示计算机模拟仿真技术的当代发展水平，同时也说明计算机模拟仿真已成为现代产品开发中的重要支撑技术。

岩土工程处于地下，往往难于直接观察而计算机仿真则可把内部过程展示出来，有很大的实用价值。例如，地下工程开挖全过程计算机仿真以预示和防止出现基坑支护倒塌或管涌、流砂等问题。

在建筑系统工程中，目前已有不少直接面向系统仿真的计算机高级语言，如CSSL（Continuous System Simulation Language）等。系统仿真已广泛应用于企业管理系统、交通运输系统、经济计划系统、工程施工系统、投资决策系统、指挥调度系统等方面。

对一个工程技术系统进行模拟仿真，包括了建立模型、实验求解和结果分析三个主要步骤：

（1）建立系统数学模型　模拟仿真是一项基于模型的活动，是用模型模拟来代替真实系统进行实验和研究。因此，首先就要对待仿真的问题进行定量描述，也就是建立系统的数学模型。模型是对真实世界的模仿，真实世界是五彩缤纷的，因此模型也是千姿百态的：根据模型中是否包含随机因素，可分为随机型和确定型模型；根据模型是否具有时变性，可分为动态模型和静态模型；根据模型参数是否在空间连续变化，可分为分布参数模型和集中参数模型；根据模型参数是否随时间连续变化，可分为连续系统模型和离散系统模型；根据模型的数学描述形式，又可分为常微分方程、偏微分方程、差分方程、离散事件模型等。

对于上述不同类型的模型，这里不作深入的论述，只讨论建立系统数学模型中的几个共性问题：

1）建模的过程是一个信息处理的过程，换而言之，信息是构造模型的“原材料”。根据建模所用的不同类型“原材料”可将建模方法归为两类：一类是演绎法建模，即利用先验的技术信息建模。其过程是：从某些前提、假设、原理和规则出发，通过数学逻辑推导来建立模型。因此，这是一个从一般到特殊的过程，即根据普遍的技术原理推导出被仿真对象的特殊描述。另一类是归纳法建模，即利用对真实系统的试验数据信息建模。其过程是：通过对真实系统的测试获得数据，这些数据中包含着能反映真实系统本质的信息，然后通过数据处理的方法，从中得出对真实系统规律性的描述，如最小二乘回归模型等。这是一个从特殊到一般的过程。但是实际应用中，常常是通过上述两类方法的结合完成模型的建立，即混合法建模。不管用哪种方法建模，其关键都在于真实系统的了解程度。如果对真实系统没有充分的和正确的了解，那么所建的模型将不能准确地模仿出真实系统的本质。

2）模型的可信度。既然模型是对真实系统的模仿，那么就有一个模仿得像不像的问题，这就是模型的相似度、精度的可信度的问题。模型的可信度取决于建模所用的信息“原材料”（先验知识、试验数据）是否正确完备，还取决于所用建模方法（演绎、归纳）是否合理、严密。此外，对于许多仿真软件来说，还要将数学模型转化为仿真算法所能处理的仿真模型。因此，这里还有一个模型的转换精度问题。建模中任何一个环节的失误，都会影响模型的可信度。为此，在模型建立好以后，对模型进行可信度检验是不可缺少的重要步骤。检验模型可信度的方法通常是：首先由熟悉被仿真系统的专家对模型作分析评估，然后对建模所用数据进行统计分析，最后对模型进行试运行，将初步仿真结果与估计结果相比较。

（2）仿真计算　仿真计算是对所建立的仿真模型进行数值实验和求解的过程，不同的模型有不同的求解方法。例如，对于连续系统，通常用常微分方程、传递函数，甚至偏微分方程对其进行描述。由于要得到这些方程的解析解几乎是不可能的，所以总是采用数值解法，如常微分方程主要采用各种数值积分法，偏微分方程则采用有限差分法、特征法、蒙特卡罗法或有限元方法等。又如离散事件系统通常采用概率模型，其仿真过程实际上是一个数值实验的过程，而这些参数又必须符合一定的概率分布规律。对于不同类型的离散事件系统（如随机服务系统、随机库存系统、随机网络计划等）有不同的仿真方法。随着被仿真对象复杂程度的提高和对仿真实时性的迫切要求，研究新的仿真算法是一项重要的任务，特别是研究各种并行的仿真算法。

（3）仿真结果的分析　要想通过模拟仿真得出正确、有效地结论，必须对仿真结果进行科学的分析。早期的仿真软件都是以大量数据的形式输出仿真的结果，因此有必要对仿真结果数据进行整理，进行各种统计分析，以得到科学的结论。现代仿真软件广泛采用了可视化技术，通过图形、图表，甚至动画生动逼真地显示出被仿真对象的各种状态，使模拟仿真的输出信息更加丰富、更加详尽、更加有利于对仿真结果的科学分析。

此外，计算机仿真在土木工程教学中具有广泛的应用，例如结构构件的试验是土建类专业学生在学习期间必修的课程。但是利用计算机模拟仿真同样可以获得试验效果。如果能采取计算机模拟的方法，利用计算机图形系统构成一个模拟的试验环境，学生向计算机输入构件数据后，就可以在屏幕上观察到构件破坏的全过程及其内外部的各种变化。而且，这比单纯让学生看教学试验更能调动学生的积极性，让学生更有动手参与的机会，能在计算机上操作“破坏”和“修复”。同时计算机模拟仿真在结构工程中也有很广泛的应用，工程结构在

各种外加荷载作用下的反应，特别是破坏过程和极限承载力，是工程师们关心的课题，当结构形式特殊、荷载及材料特性复杂时，这种试验有时就受到场地等的限制。利用计算机模拟技术，在计算机上做模拟试验就方便多了。但由于结构工程的计算机仿真技术应用和发展受制于结构工程的研究进展和计算技术的发展，历史较短，因此国内外对结构工程的计算机仿真技术的研究还不是很深入。数值仿真因主要问题在于结构数学模型的确定，国内外的研究相对较多，但因问题的复杂性，还存在较多的分歧和问题；而图形仿真既有结构数学模型方面的问题，还有计算机图形、图像技术方面的问题，还处于起步阶段，所以还需要进一步的努力和发展。

15.5　土木工程设计中计算机技术的应用展望

近几年来，随着计算机技术的不断进步，计算机在我国取得了突飞猛进地发展。在计算机迅速普及的同时，计算机应用水平也得到了很大程度的提高，多媒体、网络等技术遍地开花。特别是网络技术的推广应用，改变了人们传统的工作方式，给土木工程工作者带来很多的便利。

人—机交互（Human Computer Interactive，HCI）理论和技术是当前发展计算机应用的一个关键。多媒体、可视化和虚拟现实技术代表了 HCI 技术的不同侧面的要求。多媒体技术（Multimedia Technology）是利用计算机对文本、图形、图像、声音、动画、视频等多种信息综合处理、建立逻辑关系和人机交互作用的技术，它的出现极大地改善了当今社会生产和生活的方式。

15.5.1　网络技术的利用

网络化是计算机应用发展的大趋势。计算机网络可供网上用户共享软件和硬件资源，为用户提供一种完善和高效的使用环境。网络还可以改变一个部门的结构和管理模式，在完成一工程项目时，所有的设计人员及管理人员无需在同一区域，通过计算机网络把他们联系起来，组成一个“虚拟群体”，能及时地共享资源。这样也可使不同工种设计部门如建筑、结构、水电、暖通等工种对设计数据的进一步共享与交流。

计算机网络可以是一个或几个办公室、一幢大楼或紧邻的楼群间的联网，称为局部网；也可以是长距离的跨地区、跨城市的联网，称为广域网。此外还有国际联网。

因特网是世界上最大的计算机互联网，是个巨大的信息库，它提供成千上万的信息资源，这些资源分布在世界各地 170 多个国家和地区近亿台计算机上，用户达数亿。通过因特网可进行全球电子邮件通信，可查阅和检索各种信息，共享各科学领域的研究成果。

15.5.2　3S 系统的应用

3S 系统，即遥感技术（RS）、全球定位系统（GPS）、地理信息系统（GIS）的集成组合，构成整体，实时、动态的对地观测，判别，分析应用，在土木工程界已发挥了巨大的作用，并具有广阔的前景。近年来提出的“数字城市”的要领就是在“3S”系统的基础上发展起来的。动态监测管理和辅助决策服务，显然，“数字城市”是以数字化信息处理技术的网络通信技术为背景的技术服务系统。这一系统的使用和全国推广，必将把我国的城市规划

建设与运营提升到一个新的水平。

地理信息系统（简称GIS）是20世纪60年代发展起来的，它是对空间信息进行分析与研究的一项边缘科学，它是在计算机硬件、软件系统支持下，对整个或部分地球表层（包括大气层）空间中的有关地理分布数据进行采集、存储、管理、运算、分析、现实和描述的技术系统。它是近几十年来迅速发展的信息技术（IT- Information Technology）的重要组成部分，它的应用已经从早期的环境保护和矿产资源管理拓展到与空间地理相关联的更广泛的领域。

随着计算机技术、网络技术和人工智能的发展，以及人们日益广泛的关注，相信地理信息系统在土木工程中的应用将得到进一步深入和推广。而土木工程在地理信息系统的不断支持下也将得到更好的发展。

15.5.3 可视化技术的利用

科学计算可视化（Visualization in Scientific Computing）是20世纪80年代中后期提出并发展起来的，它是90年代计算机应用新技术的热点之一。近年来，可视化技术在国内已开始研究和应用，并取得了一定的成果。中国力学学会计算力学专业委员会、中国图像图形学会可视化专业委员会及中国工程设计计算机应用协会于1995年4月召开了第一届科学计算和工程设计可视化学术交流会。自此，在我国可视化技术的研究和应用进入了一个新的发展阶段。

虽然计算机用于科学计算已有50多年的历史，但由于受到计算机硬件技术的限制，科学计算不能以交互方式进行处理，使用者不能对计算过程进行干预和引导，只能被动地等待计算结果的输出；而且大量的输入输出数据只能手工处理，或简单地用二维图形输出。这样处理不仅不能及时地得到有关计算结果的直观、形象的整体概念，而且手工处理数据十分烦琐、易出错，所花的时间往往是计算时间的十几倍甚至几十倍。正是在这样的背景下，科学计算可视化技术应运而生。科学计算可视化的基本思路就是将科学计算中从建立计算模型到计算结果均采用图形的输入和输出来实现，将复杂的数据计算和数据处理推向后台，用户主要和图形打交道。用户通过使用多媒体技术在屏幕上作图和修改图形，形成计算模型后，自动生成后台的输入文件，用户可以通过交互方式获取中间结果和图形仿真以了解计算过程，干预和引导计算并最终获得计算结果的图形、颜色、静态和动态画面，使研究者了解全部过程和发展趋势。

进行科学计算的第一步是建立计算模型。除了常见的用输入数据或直接画图的方法外，近年来已发展了通过对摄录图像扫描来采集数据，从而建立计算模型，以及通过射线、超声、核子或磁共振进行断层扫描，再经重建技术把物理模型转化为计算模型等方法。这一技术的发展很大程度上得益于计算机数据处理能力和视频技术的飞速发展。特别是由于光栅技术日趋完善，数字用图形或图像来表示和由图像转化为数字方面以及其存取方法等的发展，为可视化技术奠定了坚实的基础。但围绕着对这一相互转移的真实可靠、迅速有效等要求，仍有一系列问题需要解决。其中，有软件上的问题（如数据建模、绘制算法、图形数据结构、人机界面等），也有硬件上的问题（如计算速度、容量、显示精度、颜色数等）。如将三维数据集映射到二维图像平面上，并作等值面、等值线、矢量、条纹线、流线等表示，为观察三维数据内部结构及物理现象提供可能及方便。在实现以上变换过程中应始终贯彻可视

化思想，并用屏幕操作通过改变图形而改变数据，干预引导计算。

设计工作是一个从无到有的反复修正过程。设计人员根据所掌握的知识、经验、规范，通过分析、计算、判断，多次修改，最后形成一项满足预定功能要求的设计。实践证明，计算机辅助设计（CAD）在提高设计质量、加快设计进度、节省人力物力上起到不可估量的作用。然而，综观传统的 CAD 软件，计算机的辅助设计的重要作用之一主要表现在建模上，即通过图形的输入建立计算模型和获取相应的数据。这一阶段一般不进行或很少进行物理或功能上的分析计算，基本上仅涉及问题的几何方面，即将设计人员的思想用几何图形表示出来。分析计算通常在后续阶段单独进行。在确定每一图形元素时以几何坐标来定位，相互之间不发生直接关系，只有等最后集成时通过其几何坐标的一致来建立相互关系，形成整体结构。因此原则上讲这仅是一个计算机绘图的过程，某一操作所产生的物理作用及对其他部分的影响很难考虑。这一做法的另一个缺点是机时利用率很低。因为当某一操作命令发布后，计算机在刹那间就已执行完成并显示图形。在人从这一操作转向下一操作的动作过程中，计算机处于等待状态。

实际上设计人员在一开始进行方案设计的建模阶段，就希望能紧密联系设计的物理概念及功能要求。因此要求操作具有量化的智能反应，使一部分重要操作所带来的影响能由计算机立即反映出来。为此在建模时必须按照逻辑关系来定位，建立各方面的联系，只有在这一基础上计算机才能通过分析计算将结论反馈出来，告诉设计人员下一步应该怎么做。在操作上强调接近自然，应有尽可能多的可逆性和灵活性，能迅速频繁地进行图与数的交换，把操作所引起的数据进行加工。因此人的操作动作转换过程中，计算机有很大的余力可做此事。在分析计算阶段不能是单纯的计算，应同时在屏幕上产生图形，并通过对图形的操作变换数据，改变和引导计算进程，作出优化选择。形象地讲，操作如同用纸（屏幕）、笔（鼠标器）及橡皮（消影操作），将屏幕当做有思维能力和计算能力的纸，画画改改，人机交互地指挥计算机做出设计。至于最后设计成果的图形表示及修改，则是不言而喻的事。

综上所述，可视化技术在设计工作中的反映关键在于图形显示与分析计算的紧密结合，这就是所谓工程设计可视化（Visualization in Engineering Design）。由于可视化技术的有效性，当前有些 CAD 软件中已或多或少地融入了这一技术思想，具有可视化的某些功能。但不能认为在 CAD 中屏幕上出现了图形而认为是可视化。在工程设计中应用可视化技术，采用视算一体化（Visual-Computing Integration）这一术语更为确切。这一技术的引用，将使科学计算和工程设计工作方式的面貌大大改观，并由此带来巨大的社会效益和经济效益，前景十分广阔。而作为工程设计重要组成部分的 CAD，可以预见，视算一体化应该也必将成为其发展的重要方向之一。

在可视化的多数应用领域中，由于可视化技术涉及的学科多、算法复杂、设备多，现有的可视化软件常常不能满足要求，因而不可避免地涉及可视化编程。目前可用于编程的可视化软件多数表现为一些图形库或图像处理程序，如 PHIGS +、GL、GKS、SIG GRAPH 等。它们是一些基本的图形、图像处理程序，借助高级语言编程。

可视化编程环境是指开发可视化软件的程序设计环境。这是一种面向图形、图像处理的编程环境，并且模块化、动态集成，使用者可以在不需要了解各功能模块细节的基础上，通过简单的模块组合，即可生成自己的可视化软件。如 AVS（Application Visualization System）和 GIVE 等可视化系统等。可视化编程环境的基本原理是将可视化过程看成一个循环过程：

由计算得到数值结果，通过数据分析得到数据的可视化图像，通过图像的观察分析，再按需要修改计算方案、边界及网格，然后重新计算。可视化编程环境把此循环中的基本功能归纳为一个可以由计算机实现的统一模式，它包含过滤（数据变换及提取）、映射（把数据映射为几何图元）、绘制（由几何数据绘制成浓淡画面）等基本模块，使用者按使用要求，通过菜单交互动态的连接生成所需要的可视化软件。

有限元分析已广泛应用于各种工程领域，为当代计算机辅助设计的核心技术。可视化技术在有限元分析中最为活跃的研究方向有实体造型、非线性现象、动态和稳定问题、网格的自适应选择等。可视化技术对提高有限元法应用的可靠性和精确度起着非常重要的作用。

推动可视化技术发展的动力来自应用。当前在土木工程领域出现了大量的可视化应用程序，如拱坝的建模和计算结果的图形表达、流场计算分析结果的处理、桥梁结构动力分析结果的可视化表达等。此类软件一般由掌握一定软件知识的专业人员开发研制。应用 Windows 操作系统进行可视化的研究和开发可以充分利用操作系统的优势和基于操作系统的各种图形处理软件，如在 Windows 95 平台上的 FORTRAN Power Station 4.0 就为在土木工程计算分析中常用的 FORTRAN 语言的继续应用提供了新的广阔前景。

15.5.4 信息化施工在土木工程中的应用

所谓信息化施工，就是指施工过程中所涉及的各部分、各阶段广泛应用计算机信息技术，对工期、人力、材料、机械、资金、进度进行收集、存储、处理和交流，并加以科学地综合利用，为施工管理及时、准确地提供决策依据。例如在隧道及地下工程中将岩石、土样性质的信息，掘进面的位移信息收集集中，快速处理及时调整并指挥下一步掘进及支护，可以大大提高工作效率并可避免不安全的事故。

15.5.5 虚拟现实技术在土木工程中的应用

信息技术是现代文明的基础，是开展科学研究和技术开发的重要支撑手段。人类在漫长的信息交流历史中掌握了一种重要的信息处理技术：抽象。人们用一个非常简单的概念就可以表示非常丰富的内容。在信息传递过程中，用比较简练的语言就可以描述复杂的场景，传递大量的信息。

但是，这种信息的处理与传递方式有一个前提：信息的接受者与发送者应有相同（至少相似）的认知空间。因为接受者在接收到抽象信息后，需要将信息还原到相应的认知空间才能理解。人们是以全方位的感知和认知能力理解事物的，即人们生活在一个多维信息空间中，而抽象表示方法则往往丢失一部分原来不重要的细节，实际上丢失的一部分内容也是很重要的信息。多维信息经过抽象后，常常变成单维信息。这样一来，接收者就难于理解所收到的抽象信息。为了克服这样的困难，人们常借助实物来进行交流。要彻底解决这个问题，需要寻求一种多维信息表示方法，用它既可以表示真实世界，也可以表示虚拟世界。表示真实世界时，可以突破物理空间和时间约束，做到“超越现实”；在表示虚拟世界时，又能使其中的虚拟物体表现出多维逼真感，以达到“身临其境”的感受；最后形成一种“人能沉浸其中、超越其上、进出自如、交互作用的多维信息空间”。虚拟现实（Virtual Reality, VR），是20世纪80年代初提出来的，其具体是指借助计算机及最新传感器技术创造的一种崭新的人机交互手段。1992年美国国家科学基金资助的交互式系统项目工作组的报告中对

VR提出了较系统的论述，并确定和建议了未来虚拟现实环境领域的研究方向。可以认为虚拟现实技术综合了计算机图形技术、计算机仿真技术、传感器技术、显示技术等多种科学技术，它在多维信息空间上创建一个虚拟信息环境，能使用户具有身临其境的沉浸感，具有与环境完善的交互作用能力，并有助于启发构思。所以说，沉浸、交互、构想是VR环境系统的三个基本特性。

虚拟现实中的景物可以是真实物体的模型，如还没施工的房屋、正在设计中的工厂或产品的工程模型，也可以是现实中看不到的抽象模型，如化学分子结构、飞机机翼的超声速气流模型，甚至可以是利率、股票等金融信息的三维模型表示。无论怎样，它们都利用了现实世界中存在的数据，将计算机产生的电子信号，通过多种输出设备转换成能够被人类感觉器官所感知的各种物理现象，如光波、声波、力等，使人感受到虚拟境界的存在。这种现实是计算机生成的，又是现实世界的反映，是现实的一种表现形式。

虚拟现实在土木工程中将会有很好的应用前景。人们常说“百闻不如一见”“一幅图能抵千言万语”，VR技术带给我们的不仅仅是“一见”“一幅图”，而是具有真实感的序列立体图像，这样就大大方便了我们对于对象的认识和理解。例如，在兴建建筑物以前，设计人员需要与建设方讨论设计方案。在建筑物竣工之前，便需要开始推销房子，因此需要向客户介绍房子的各种情况。如果采用传统的方法，那么无论在设计时，还是推销时，都需要向其他人员做很多的说明，而且效果并不怎么理想。如果采用虚拟现实技术，我们就可以在建造房子之前，先用计算机建造一座虚拟的房子。当设计人员与建设单位讨论设计方案时，或在推销房子时，只需让对方带上头盔及数据手套，到虚拟建筑物里走一走。通过头盔，他可以看到建筑物的三维形状，同时，他所看到的内容与他所在的位置、眼睛所注视的方向相一致。因此他可以走在建筑物里，看一看建筑物的各个角落，甚至还可以打开建筑物内的门和窗，体验一下建筑物的采光情况。建设单位就可以很容易地提出修改意见或选择方案，一般的购房者也可以非常轻松地选择自己满意的房子。显然，这种方法比传统的方法更有效，可以给客户更直观、自然的感受。

VR技术还可应用于设计、规划、工程管理等，随着输入输出设备价格的降低，视频显示质量的提高，以及功能强、易使用的软件的实用化，VR技术的应用必然会推广开来。

15.5.6　其他计算机技术的应用

1. 大型土木工程数据库系统的建立与完善

建立与完善大型土木工程数据库、图形库系统，与网络技术结合，可以让土木工程工作者可以共享数据，避免重复输入带来的浪费和错误。统一化标准化是保证设计质量的重要手段，除了有好的操作系统和应用软件外，还必须建立起一个内容丰富的图形库，图形库应包括统一制图标准、常用标准图、符合规范的构造节点详图等，这是一个量大面广的基础工作，而且应有不同层次的图形库，如国家级的、地区性的和单位自有的图形库。

将数据库技术与多媒体技术结合，开发多媒体数据库。采用多媒体数据库技术进行信息的存储和管理，可以对土木工程领域中大量的文档、设计方案、图样等资料进行有效的管理。如用多媒体数据库存储城市地理信息、城市建设现状信息、城市交通和市政信息等，便于规划师进行统筹考虑、合理规划。多媒体数据库为土木工程提供了新型高效的信息工具，将会得到更广泛的应用。

2. 各种计算机模拟的试验系统

由于计算机硬件技术和软件技术的飞速发展，很多试验可以在计算机上模拟，如采用数值模拟方法预测建筑物表面的风压。建立模拟试验系统有许多优点：比起实验室里做试验要简单、节省费用；对一些复杂的试验可起到指导作用，两者结果可相互校核；可以把不可见的东西可视化。

例如，美国国家宇航局 Ames 研究中心的分布式虚拟风洞，这一共享的分布式虚拟环境用来观察三维不稳定流场。两个人协同工作，每人可在一个环境中从不同视点和观察方向观察同一流场数据。

相信随着各种新技术的普及，多媒体、可视化和虚拟现实技术，智能技术，CAD 与 MIS 系统的结合，网络技术，协同工作环境都会适应普及与提高的需要而进入我们的研究与开发领域，进而成为工程设计、施工及科研的有效手段。

思 考 题

1. 试比较专家系统与人工神经网络的优缺点，分别可适用于土木工程中的哪些方面?
2. 对一个工程技术系统进行模拟仿真的主要步骤是什么?
3. 试述计算机辅助设计在土木工程方面的现状和发展方向。

参 考 文 献

[1] 李必瑜. 房屋建筑学 [M]. 武汉：武汉工业大学出版社，2000.
[2] 张咸恭，李智毅. 专门工程地质学 [M]. 北京：地质出版社，1986.
[3] 蔡德民. 建筑教育改革理论与实践 [M]. 武汉：武汉理工大学出版社，2003.
[4] 范立础. 桥梁工程：上册 [M]. 北京：人民交通出版社，1989.
[5] 李国豪. 中国桥梁 [M]. 2 版. 上海：同济大学出版社，1993.
[6] 姚玲森. 桥梁工程 [M]. 北京：人民交通出版社，2001.
[7] 王午生，等. 铁道与城市轨道交通工程 [M]. 上海：同济大学出版社，2003.
[8] 李振山. 铁路建设工程质量监督 [M]. 北京：中国铁道出版社，2003.
[9] 江见鲸，叶志明. 土木工程概论 [M]. 北京：高等教育出版社，2001.
[10] 丁大钧，蒋永生. 土木工程总论 [M]. 北京：中国建筑工业出版社，2000.
[11] 刘瑛. 土木工程概论 [M]. 北京：化学工业出版社，2005.
[12] 刘光忱，刘志杰. 土木建筑工程概论 [M]. 大连：大连理工大学出版社，1999.
[13] 叶志明. 土木工程概论 CAI [M]. 北京：高等教育出版社，2000.
[14] 简洪珏. 建筑结构 CAD [M]. 武汉：武汉工业大学出版社，1997.
[15] 工程地质手册编委会. 工程地质手册 [M]. 3 版. 北京：中国建筑工业出版社，1992.
[16] 吴科如. 土木工程材料 [M]. 北京：同济大学出版社，2003.
[17] 黄晓明. 土木工程材料 [M]. 南京：东南大学出版社，2001.
[18] 傅国华. 现代航空航站楼设计 [M]. 北京：中国建筑工业出版社，2003.